포도빛 바람이 불어오는 곳
부르고뉴

포도빛 바람이 불어오는 곳, 부르고뉴
와인과 미식 그리고 역사, 문화, 예술을 만나다

초판 1쇄 2025년 8월 11일 발행

지은이 이석인
펴낸이 김성실
책임편집 김성은
표지 디자인 형태와내용사이
제작 한영문화사

펴낸곳 시대의창   **등록** 제10 - 1756호(1999. 5. 11)
주소 03985 서울시 마포구 연희로 19 - 1
전화 02)335 - 6121   **팩스** 02)325 - 5607
전자우편 sidaebooks@daum.net
페이스북 www.facebook.com/sidaebooks
트위터 @sidaebooks

ISBN 978 - 89 - 5940 - 870 - 2 (03980)

잘못된 책은 구입하신 곳에서 바꾸어드립니다.

포도빛 바람이 불어오는 곳
부르고뉴

와인과 미식 그리고 역사, 문화, 예술을 만나다

이석인

시대의창

──── 여행을 시작하며 ────

이 글은 2015년 5월, 프랑스 부르고뉴^{Bourgogne}에 다녀온 일주일의 여행 기록이다. 부르고뉴는 전 세계에서 가장 비싼 고급 와인을 생산하는 지역이다. 당시에도 '일반 관광객이 유명 부르고뉴 와이너리에 방문할 수 있는 방법은 오직 신이 함께할 때뿐이다'라고 할 정도로 어려운 일이었다. 2015년은 부르고뉴 와인이 세계 와인 시장의 판도를 막 바꾸던 때였다. 와인 전문가나 애호가 들의 잔에 담긴 보르도 와인은 점차 부르고뉴 와인으로 채워졌다. 같은 해 가을에는 부르고뉴 포도밭들과 도시 디종^{Dijon}이 유네스코 세계 문화 유산에 지정되어 역사적 가치를 인정받았다. 그런 면에서 부르고뉴가 세계적으로 더 큰 조명을 받기 직전에 다녀온 것은 내게 큰 행운이었다.

당시 나는, 결혼을 하고 싱가포르와 홍콩으로 이주하면서 커리어의 방향을 결정해야 할 시점이었다. 한국의 대학에서 경영학과 세부적으로는 마케팅을 전공하고 외국계 컨설팅 회사, 대기업 마케팅팀, 잡지사에서 짧게는 몇 달, 길게는 몇 년의 경험을 쌓은 후였다. 당시 나의 짧은 경력과 학업 배경은 한길을 가리키고 있었고, 싱가포르의 한 럭셔리 브랜드의 PR 업무 자리를 제안받은 상태였지만 내 몸과 마음은 그곳을 향해 움직이지 않았다. 어쩌면 정답을 알고 있었는지도 모른다. 마음으로는 '와인' 공부에 깊이 쥐어들고 싶었다. 하지만 현실적인 상황, 세상과 사회와 주변이 내게 요구하는 것과 시선, 소심함, 열정 없음, 자신 없음 들이 뒤섞여 나를 꽉 붙들고 있었다. 나는 이러지도 저러지도 못하는 늪에 빠져 있었다.

많은 나이는 아니지만 평생을 살아온 한국을 떠나 외국으로 향하기 직전 홀연히 나를 사로잡은 것은 와인이었다. 나에게 와인은 그저 그런 평범한 술이 아니었다. 그 안에는 온 세상이 담겨 있었다. 포도로 빚은 단순한 술에 세상의 온갖 화려하고 다채로운 과일과 이름 모를 꽃과 풀, 흙과 돌멩이, 바다와 숲속의 맛과 향이 뒤섞여 어쩜 그리도 황홀하게 뿜어내는지 온몸의 감각을 깨우는 듯했다. 감각이 예민해질수록 나의 영혼도 깨어났다.

당시만 해도 한국에서 와인은 대중에게 친숙한 술이 아니었다. 1990년대 초 일본에서 선풍적인 와인 붐이 일었고 그 영향으로 한국에도 몇몇 와인 동호회가 생겼지만 대개는 소수 중심의 호사스러운 취미로 여겼을 뿐이다. 적어도 내 생활의 환경에서는 와인을 공부한다고 하면, 왜 좋은 대학 나와서 술 공부를 하냐는 말을 비아냥처럼 듣던 때였다. 그땐 왜 그랬는지 한 모금 맛을 본 와인으로 내 모든 감각을 깨우는 기쁨과 희열 따위를 설명할 여유가 없었다. 내 마음이 와인 한 잔에 얼마나 위로를 받는지 설명할 틈도 없었다. 항변할 만한 와인 업계의 인맥도 경력도 경험도 자격도 없었다.

싱가포르와 홍콩으로 거주지가 바뀐 것은 내게 큰 기회였다. 홍콩은 아시아 전체를 통틀어 가장 큰 와인 시장이었다. 전 세계 와인의 집결지였고 무엇보다 내가 간절히 원했던 영국의 WSET Diploma 과정을 아시아에서 유일하게 영어로 수료할 수 있는 곳이었다. 이제 결정해야 할 시점이라는 것을 본능적으로 직감했다. 나의 학업적 배경과 쌓아온 커리어를 완전히 뒤로 하고 그동안 모은 돈을 탈탈 털고 대출까지 받아 적어도 3년 혹은 그 이상 걸릴지 모르는, 아니 완전히 포기해서 커리어가 꼬일지도 모르는 길을 선택하거나 내 영혼의 갈증을 모른 척하고 덮어버리거나였다. 언제까지 결심을 미룰 수는 없었다. 그야말로 이판사판이었다.

2015년 봄, 기적 같은 일주일의 부르고뉴 여행이 펼쳐졌다. 와인에 대한 전문적인 자격도, 경력이나 경험도 없고 와인 업계 종사자도 아닌, 한국이라는 작은 나라의 젊은 부부가 전설적인 와인 메이커를 만나 그의 셀러에 초대받고, 직접 오크통에서 꺼내주는 와인들을 테이스팅하며 와인을 이야기하고 웃고 떠들며 오랜 대화를 나눌 수 있는 확률은 과연 얼마나 될까? 우연히 이어진 만남은 예상치 못한 일주일을 내게 선물했고, 여행이 끝날 즈음 삶은 내게 말을 걸었다. 여행 말미에 '인생의 3년 쯤은 진짜 내가 원하던 것에 모든 자원을 올인해도 좋겠'다는 결정을 내렸다.

그렇다고 2015년의 여행이 '와인'과 '기적적인 사건들', '운명과도 같은 우연'으로만 꽉 채워진 것은 아니었다. 포도주로 보는 역사책 《포도에서 와인으로》를 저술한 것처럼, 나는 오랫동안 와인 전문가 이전에 역사 애호가였다. 요한 하위징아Johan Huizinga의 《중세의 가을Herfsttij der Middeleeuwen》을 읽으며 부르고뉴 공극의 역사와 발루아 공작들의 스토리에 굉장한 매력을 느꼈지만, 부르고뉴라는 지방이 품고 있는 역사에 관해서는 어쩐지 썩 풀리지 않는 갈증이 있었다. 다행히 부르고뉴 여행을 통해 이 지방이 품고 있는 유적을 따라가며 비로소 부르고뉴의 역사를 어느 정도 통합하여 이해하게 되었다.

개인적으로 부르고뉴의 중세 역사를 크게 두 가지 '정체성'으로 나누고 싶은데, 하나는 초기 중세 기독교 문화의 중심으로서의 부르고뉴이고, 다른 하나는 유럽의 궁중 문화와 미술과 음악, 예술의 꽃을 피웠던 부르고뉴 공국이다. 부르고뉴는 '신의 시대'였던 유럽 중세 시대 전체를 사실상 주도했던 유수의 수도원의 시작점이다. 중세 시대 유럽 전역에 가장 큰 영향을 미친 수도원을 꼽으라면 '클뤼니 수도원Abbey de Cluny'과 '시토회 수도원Abbey de Cistercian'일 텐데 두 수도원 모두 부르고뉴에 각각 910년, 1098년에 설립되었으니 이것만으로도 부르고뉴는 중세 기독교 문화의 중심지였던 셈이다. 중세 교회 권력의 정점인 '십자군 원정'을 제창했던 교황 우르바누스 2세Urbanus II가 클뤼니 수도원 출신이었고, 그가 교황이 될 수 있게 뒷받침한 선대 교황 그레고리우스 7세Gregorius PP. VII도 클뤼니 수도원 출신이었다.

부르고뉴는 14~15세기 황금기의 화려하고 기세등등했던 '부르고뉴 공국'의 역사를 품고 있다. 발루아 가문Maison de Valois의 120년의 통치 전성기 때는 프랑스 왕국을 위협할 정도로 힘이 세고 부유했으며 나아가 유럽 최고의 화려한 예술 문화를 꽃피웠다. 부르고뉴 공국은 유럽 문화와 경제의 중심지였던 풍요로운 지대를 통치하며 건축과 회화, 장식, 음악의 막대한 후원자가 되었고, 부르고뉴 궁전은 예술 기술자들로 붐볐다. 플랑드르 회화 작가인 얀 반 에이크Jan van Eyck, 휘호 반 데르 후스Hugo van der Goes, 조각가 클라우스 슬뤼터르Claus Sluter 등이 활발하게 활동했으며 이들은 후에 렘브란트Rembrandt Harmenszoon van Rijn와 같은 거장이 배출되는 네덜란드 회화의 밑거름이 되었다. 뿐만 아니라 클래식 음악(종교 음악) 역사의 첫 태동과도 같은 부르고뉴 악파가 시작되고 꽃 피운 곳이었다.

부르고뉴 D974 도로를 한 시간 가량 달리다 보면 양옆으로 포도밭이 끝없이 보이는 황금빛 언덕, 코트 도르Côte d'Or가 펼쳐진다. 중간중간 보이는 돌담 앞에 서면 이름만 듣던 유수한 그랑 크뤼 포도밭을 마주할 수 있다. 물론 부르고뉴는 와인만 있는 곳이 아니다. 화려한 역사를 대변하는 수많은 유적을 마주칠 수 있는 곳이자, 프랑스 외곽의 전원 풍경의 아름다움을 물씬 느낄 수 있는 곳이다. 또 프랑스 미식의 심장이라 불릴 만큼 미식 문화가 발달한 곳이기도 하다. 와인의 가짓수만큼이나 다채로운 체험을 하는 동안 여행의 정서와 분위기를 느끼고 즐길 수 있다. 나는 와인 전문가라는 정체성 이전에 역사와 미술, 여행과 미식 문화를 사랑하는 사람으로서 그 전반의 기행을 이 책에 녹여 다루었다.

여행을 다녀온 후, 어느 정도 작업해둔 기행문 초안을 꺼냈다. 몇 개월간 작업을 하다가 디플로마 과정이 시작되자 원고는 노트북 안에서 긴 시간 잠을 자다가 이제야 세상 밖으로 나오게 됐다. 때문에 2015년의 기록과 나의 배경 지식 등 추가 설명을 위해 삽입한 내용도 함께 채워졌다. 글을 쓰면서 2015년 부르고뉴 여행 중에 작성한 와인 테이스팅 노트를 보는 것은 나에게 또 다른 즐거움이었다. 디플로마가 된 지금, 아마추어 수준이었던 당시의 와인 테이스팅 노트를 보고 와인의 맛과 향을 묘사하는 방식, 표현하는 방식이 현재의 테이스팅 노트와는 비교하지 못할 정도로 생생하고 매력적이고 창의적인 것에 놀랐다. 맛과 향을 찾아내는 내 입맛 역시 디플로마 훈련을 받기 전인데도 꽤나 정확해서 일종의 뿌듯함마저 느꼈다. 과거의 나와 현재의 내가 소통할 수 있도록 연결해 준 와인과 그 기록에 새삼 고마운 마음을 전하고 싶다.

이석인

차례

넷째 날
코트 드 본에서 코트 샬로네즈까지

부르고뉴 미리 알기

AOC^{Appellation d'Origine Contrôlée} 프랑스의 원산지 통제 명칭. 와인, 치즈 등 지역 특산물 보호 제도. 2009년 이후 유럽연합의 공통 규정인 AOP^{Appellation d'Origine Protégée} 체계로 통합되었으나 프랑스 안팎에서는 여전히 AOC라는 전통 명칭이 사용되고 있다.

MLF^{Malolactic Fermentation} 와인에서 신맛이 강한 말산을 부드러운 젖산으로 바꾸는 과정. 산미가 줄어들고 질감이 부드러워진다. 일반적으로 알코올 발효 직후 진행됨.

WSET 디플로마^{Wine & Spirit Education Trust Diploma} 세계적인 와인 교육 기관 WSET의 최고 수준 자격.

가스트로노미^{Gastronomie} 음식, 문화, 역사, 미학, 철학이 어우러진 프랑스식 미식학을 뜻함.

그랑 크뤼^{Grand Cru} 가장 우수한 포도밭에서 나온 최고 등급 와인.

네고시앙^{Négociant} 자체 포도밭 없이 외부에서 포도나 와인을 구입해 숙성·병입 후 판매하는 와인 상인.

네고시앙-엘레베르^{Négociant-Éleveur} 숙성과 병입뿐 아니라 포도밭을 직접 소유하거나 경작하기도 하는 생산자 겸 숙성자. 부르고뉴에서는 도멘과의 경계가 흐려지며 중요한 와인 생산 주체로 자리잡음.

데세르^{Dessert} 식사의 마지막 코스로 케이크, 타르트, 과일, 치즈 등 다양한 후식류가 포함된다. 프랑스 식문화에서 중요한 마무리 단계.

도멘^{Domaine} 프랑스어로 '영지', '사유지'를 뜻하지만 와인에서는 포도밭과 양조장을 직접 소유하고 운영하는 와인 생산자를 의미. 부르고뉴 지역에서 중요한 개념으로 도멘은 자신의 포도밭에서 수확한 포도로만 와인을 생산한다. 네고시앙과 대비되는 의미이기도 함.

도멘 드 라 로마네 콩티^{DRC(Domaine de la Romanée-Conti)} 부르고뉴를 대표하는 최고급 와인 생산자로, 로마네 콩티를 포함한 그랑 크뤼 포도밭을 단독 소유 및 양조.

레지오날^{Régional} 부르고뉴 와인의 가장 기본 등급. 넓은 지역명을 라벨에 사용.

로마네 콩티^{Romanée-Conti} 부르고뉴의 전설적인 그랑 크뤼 와인. 세계에서 가장 희귀하고 비싼 와인 중 하나.

리브엑스Liv-ex 런던에 본사를 둔 글로벌 와인 거래소. 주식처럼 와인을 사고팔 수 있는 B2B 와인 시장이며, 실시간 데이터와 지수를 통해 고급 와인 시장의 흐름과 투자 가치를 파악하는 창구 역할.

리예트Rillette 다진 고기를 천천히 익혀 만든 프랑스식 고기 스프레드.

리우디Lieu-dit 프랑스어로 '이름 붙은 장소'라는 뜻으로, 특정 포도밭 구역을 세분화한 전통적 명칭. 부르고뉴에서는 법적으로 지정된 AOC, 즉 포도밭보다 더 세밀한 광뙈기 구분을 나타냄.

마세레이션Macération 포도 껍질, 씨, 과육 등을 일정 기간 침용해 색과 타닌 등을 우려내는 과정으로 특히 레드 와인에서 사용됨.

마크 드 부르고뉴 Marc de Bourgogne 프랑스 부르고뉴 지방에서 생산되는 포도주 증류주로 와인 양조 후 남은 포도 껍질, 씨, 줄기 등을 증류하여 만듦.

모노폴Monopole 단 한 명의 생산자가 독점적으로 소유하고 있는 포도밭. 부르고뉴처럼 포도밭이 여러 생산자에게 나뉘어 있는 지역에서 모노폴 포도밭은 그 자체로 와이너리의 정체성을 상징함.

미기후Microclimate 포도밭의 아주 작은 구역, 심지어는 포도송이 주변의 공기층까지도 일컫는 아주 국소적인 기후를 뜻함. 토양, 배수, 경사, 바람의 흐름, 햇빛의 각도 등이 포함되며, 와인의 품질과 스타일에 세밀하게 영향을 미침.

바루자이Bareuzai 부르고뉴 지역 방언으로 포도를 발로 밟아 즙을 짜는 전통적인 수확자 또는 그 모습을 묘사한 인물을 뜻함.

배럴 에이징barrel ageing 오크통에서 와인을 숙성시키는 과정.

버건디Burgundy 프랑스 부르고뉴 지역의 영어식 명칭.

보보족Bobo(Bourgeois-Bohéme) 프랑스에서 부르주아의 경제력과 전문성, 보헤미안의 문화 감성을 동시에 지닌 도시 중산층.

보졸레 누보 Beaujolais Nouveau 보졸레 지방에서 매년 11월 셋째 주 목요일에 출시되는 신선한 햇와인. 빠르게 숙성되어 가볍고 과일향이 풍부함.

부셰리Boucherie 정육점, 고기 전문 판매점.

블렌딩Blending 와인 양조에서 서로 다른 포도 품종 또는 서로 다른 배럴의 와인을 섞어 풍미, 구조, 균형을 조율하는 과정.

비오디나미 농법 Biodynamie 루돌프 슈타이너의 인지학 이론에 기반한 유기농을 넘어선 농법.

천체의 주기와 자연의 에너지를 고려하여 포도밭을 하나의 생명체로 바라보며 경작한다. 가장 엄격한 인증 제도 중 하나인 '디미터Demeter' 인증으로 대표됨.

빌라주Village 특정 마을에서 생산된 와인. 지역적 특성이 드러나는 중급 등급.

사부아Savoir 프랑스어로 '앎', '지식'을 의미하는 단어로 프랑스 철학에서 단순히 무엇을 '아는 것'이 아니라, 왜 그렇게 되는지를 이해하고 삶에 녹여내는 철학적 태도와 연결됨. 사부아 페르Savoir-Fair는 '노하우', '손끝의 지혜', '장인 정신' 등을 뜻하며 와인에 적용하면 와인을 만드는 장인의 감각과 축적된 경험과 기술을 의미함. 사부아 데구스테Savoir-Déguster는 소비자 입장에서 '음미하는 방법을 아는 것'을 의미함. 단순히 마시는 것이 아니라 느끼고 음미하고 이해하는 안목을 뜻함.

샤퀴테리Charcuterie 햄, 소시지, 파테 등 육가공 식품을 전문으로 다루는 매장 또는 제품군.

세이버리Savoury 미식 용어로 짭짤하거나 감칠맛 나는 맛을 뜻하는 표현. 와인에서는 과실 풍미fruity 중심의 와인과 대비되는 개념으로 허브, 흙, 담뱃잎, 흑후추 등 비과실적이고 감칠맛 나는 풍미를 가진 와인을 설명할 때 사용됨.

소더비Sotheby's 세계적인 경매 회사로 미술품 뿐만 아니라 고급 와인도 다룸.

아페리티프Apéritif 식전주. 식욕을 돋우기 위해 마시는 술.

앙트레Entrée 프랑스어로 '입장'이라는 뜻. 프랑스 정찬 코스에서는 전채 요리를 의미하며, 메인 디시에 앞서 입맛을 돋우기 위한 비교적 가벼운 요리로 구성됨.

오트 퀴진 Haute Cuisine 프랑스 상류층과 왕실에서 발전한 고급 요리 문화. 정교한 조리법, 미적 플레이팅, 고급 식재료 사용이 특징이며 요리사 중심의 체계적인 조리법과 서빙 방식이 확립된 형식미의 결정체.

장봉Jambon 돼지 뒷다리로 만든 햄을 뜻하며 훈연 또는 건조 등의 전통적 방식으로 가공한 프랑스식 햄.

카브cave 프랑스어로 '지하 저장고'를 뜻하며 와인에서는 와인을 저장, 숙성하는 공간, 즉 와인 셀러를 의미함. 온도와 습도를 일정하게 유지하여 와인의 숙성을 도움.

캐스크cask 와인 숙성에 사용되는 나무통.

코냑Cognac 프랑스 코냑 지역에서 생산되는 브랜디. 포도주를 증류하여 오크통에서 숙성한 고급 증류주.

코트 도르Côte d'Or 부르고뉴의 핵심 와인 산지. '황금의 언덕'이라는 뜻.

퀴베cuvée 와인의 한 배치batch를 뜻하는 단어. 같은 포도밭, 수확 연도, 숙성 방식 등에 따라 여러 '퀴베'가 존재할 수 있음.

퀴진 부르주아즈 Cuisine Bourgoise 프랑스 중산층 가정에서 발전한 요리 스타일. 제철 식재료와 지방 전통 조리법을 고수하며, 귀족 요리처럼 화려하진 않지만 정성스럽고 전통적인 가정식이 특징. 프랑스 요리의 근간이 된 중요한 요리 문화.

크레망Crémant 샹파뉴 지역 외에서 전통 방식으로 만든 프랑스 스파클링 와인을 일컫는 명칭. '거품이 크림처럼 부드럽다crémeux'는 의미에서 유래.

클로Clos 고대 프랑스어로 '닫힌'을 뜻하는 말에서 유래. 원래는 수도원 등에서 돌담으로 둘러싼 포도밭을 의미했으며, 부르고뉴 지방에서 많이 사용됨. 오늘날에는 담장이 없어도 'Clos' 명칭을 사용하는 경우가 많지만, 전통성과 희소성을 상징하는 이름으로 남아 있음.

클론Clone 포도나무를 접목 등 무성 생식으로 복제한 유전적으로 동일한 개체. 같은 품종 내에서도 아로마, 산도, 수확량 등의 차이를 만들어내며, 품질 관리와 테루아 적용을 위해 중요하게 활용됨.

클리마Climat 부르고뉴 지역에서만 사용하는 독특한 용어로 같은 마을 안에서도 미세하게 구분된 포도밭 구획을 의미함. 토양, 경사, 일조, 바람, 배수 조건 등 지극히 미세한 테루아르 차이까지 반영되어 하나의 독립된 와인 성격을 형성함. 2015년 '부르고뉴 코트 도르 클리마'는 유네스코 세계 유산으로 등재됨.

키르Kir 부르고뉴 디종에서 유래한 전통적인 아페리티프. 전통적으로 알리고테 화이트 와인에 크렘 드 카시스(블랙커런트 리큐르)를 섞은 음료로 프랑스에서 널리 사랑받는 아페리티프. 화이트 와인 대신 샴페인을 사용할 경우 '키르 로열'이라고 부름.

태피스트리Tapisserie 장식용 벽걸이 천을 뜻하며 색실로 그림이나 문양을 짜넣는 직조 예술. 중세 시대 플랑드르 지역이 최고 수준의 태피스트리 생산지로 명성을 얻음.

테루아르terroir 프랑스어로 '토양'을 의미하지만 와인에서는 토양, 기후, 지형 등 포도밭의 모든 환경적 요소가 와인의 맛과 향, 개성과 스타일을 형성한다는 역사적이고 철학적인 개념으로 사용.

프로마제리Fromagerie 치즈를 전문으로 판매하거나 제조하는 가게 또는 장소.

프르미에 크뤼 Premier Cru 1등급 포도밭에서 생산된 와인. 고급 와인이지만 그랑 크뤼보다는 한 단계 아래.

플라Plat 메인 요리의 프랑스어. 고기나 생선 요리를 중심으로 구성되며 식사의 핵심.

필록세라Phylloxera 19세기 유럽 전역의 포도밭을 황폐화시킨 해충. 진딧물의 일종으로 포도나무 뿌리와 잎에 붙어 수액을 흡수하며 번식하여 와인 산업에 막대한 피해를 입혔다. 현재는 미국산 저항성 뿌리에 접목하는 방식으로 대부분 극복됨.

일러두기

* 본문에 등장하는 이본느는 현재 활동 중인 가이드이므로 가명을 사용했습니다.
* 《 》는 책 제목입니다.
* 〈 〉는 조각, 그림, 영화 등 작품입니다.
* 외래어 표기는 국립국어원의 외래어 표기법에 따르되, 일부 와인 용어와 지명의
  경우에는 업계와 대중 사이에 널리 쓰이는 표기에 따랐습니다.
* 사용된 이미지 가운데 저작권자가 확인되지 않은 이미지는 저작권자가 확인되는
  대로 적절한 절차에 따라 처리하도록 하겠습니다.
* 본문 내용에 부합하는 그림이나 사진은 따로 화보로 엮었습니다.

여행의 이유

———

"와이너리로 가자."

들뜬 목소리로 그가 말했다. 엄청난 아이디어라도 떠오른 듯이.

"응? 와이너리?"

나는 심드렁했다.

"어디로?"

와이너리 여행을 제안한 남편의 아이디어가 싫거나 마음에 들지 않아서가 아니다. 자신이 없…, 아니 걱정이 앞섰다. 자칫 그저 그런 투어 내지는 관광이 되고 만다면…, 그런 식의 여행이라면 차라리 집에 콕 박혀 있는 게 낫다고 생각했다. 명색이 첫 와이너리 방문인데 차라리 그 돈으로 맛있는 와인이나 실컷 사 마시는 편이 나을 수도 있다. 수박 겉핥기 식의 여행으로 꿈 같은 나의 첫 와이너리 여행을 망치고 싶지 않았다.

"당신이 원하는 곳, 제일 가보고 싶은 곳이 어디야?"

'이제 와인은 그만 마셔'라고 마치 누군가에게 강요 당한 것처럼 내 표정은 일그러졌다. 왜 나는 들뜨고 기쁘고 행복한 표정으로 소리치듯 내 꿈의 와이너리를 말하지 못하는 걸까. '부르고뉴'—마음속 깊은 곳에서 부르고뉴가 떠올랐다. 마치 풍선이 떠오르듯 붕-. 하지만 나는 들뜬 풍선을 꾸욱 눌러버리고 말았다. '상자로 들어가!' 하고 말이지. 부르고뉴에 갈 수는 없다. 부르그뉴에 갈 수 있을 리가. 자신이 없다. 차라리 보르도나 나파밸리로 가야겠어. 아니면 하와이안 셔츠에 반바지를 입고 카메라를 배에 두른 관광객이 바글바글한 바캉스용 와이너리 관광 패키지가 훨씬 나을지도 모르지.

"몰라."

나는 회피해버렸다.

"어디로 갈까?"

"어느 와이너리로 갈래?"

"와이너리 여행 가고 싶지 않아?"

남편은 그 후로도 무엇 때문에 여행을 꺼리는지 진심으로 궁금해하며 내게 물었다.

"와이너리 여행가는 거 정말 싫어?"

'아니, 그럴 리가.' 정확히 말하면 두려웠다. 이제야 싫은 이유가 명확해졌다. 싫은 이유는 셀 수 없이 많았다. 나에게 부르고뉴는 와인 여행의 시작이자 최종 정착지이기 때문에 어느 정도의 자격은 갖추어야 한다고 생각했다. 가슴 깊이 사랑하는 사람을 만나러 가는데 씻지도 않고 목이 늘어진 셔츠에 슬리퍼를 쩍쩍 끌고 나갈 수는 없지 않은가? 와인 공부가 구만 리인 나 따위가 어슬렁어슬렁

시시껄렁하게 갈 곳이 아니었다. 안 그래도 바빠서 손이 부족한 부르고뉴 와이너리에 민폐를 끼치고 싶지 않았다. 방문이 가능한지 묻는 이메일 따위로도 그들을 귀찮게 하고 싶지 않았다. 그토록 신비하고 아름다운 와인을 만드는 곳에 나 같은 애송이가!

"솔직히 부르고뉴에 가고는 싶은데…."

왜 갈 수 없는지, 아니 가기 싫은지 설명하려던 참이었다. 남편의 눈이 반짝였다.

"부르고뉴? 그래, 가자!"

"아니, 그게 가고는 싶은데. 그러니까…."

"가고 싶은 와이너리는 당신이 정하도록 해. 나머지는 내가 다 알아볼게."

마음 한편에서 '부르고뉴는 그렇게 쉽게 갈 수 있는 곳이 아니야'라고 끊임 없이 메아리쳤다. '남편은 부르고뉴가 가지는 의미를 몰라, 네가 말려야 해.' 감히 가서는 안 될 곳을 쉽게 가겠다고 결정해버린 것에 대한 묘한 죄책감이 올라왔다.

가고 싶은 와이너리라…. 가고 싶은 곳을 다 대자면 하룻밤도 모자랄 판이었다. 마음을 가다듬고 머릿속에 부르고뉴 지도**(화보149쪽)**를 찬찬히 그려보았다. 디종Dijon을 기점으로 남쪽으로 천천히 내려온다. 부르고뉴의 위대한 포도밭들은 모조리 코트 도르Côtes d'Or라고 불리는 디종 남쪽 좁고 긴 띠처럼 내려가는 언덕을 따라 위치해 있으니까.

주브리 샹베르탱Gevrey-Chambertin! 디종의 남쪽으로 찬찬히 내려오다가 머릿속 지도에서 가장 먼저 번뜩인 이름은 주브리 샹베르탱이었다. 맙소사, 주브리 샹베르탱이라니.

부르고뉴의 레드 와인은 섬세하고 우아하고 여성스럽다고들 말한다. 특히 보르도 레드 와인과 비교하면 말이다. 부르고뉴 레드 와인은 피노 누아Pinot noir라는 단일 포도 품종으로 만드는데, 피노 누아는 다른 적포도 품종에 비해 훨씬 부드러운 타닌과 가벼운 바디감으로 꽃향과 붉은 열매 계열의 과실 향이 섬세하게 버무려진 것이 특징이다. 그에 반해 보르도 레드 와인은 카베르네 소비뇽Cabernet Sauvignon이라는 포도 품종을 섞어 높은 타닌과 묵직한 바디감, 어둡고 검은 열매 계열의 과실 향과 거친 듯한 삼나무 향 등을 내뿜는데 단순하게는 이런 이유들 때문에 부르고뉴는 여성스럽다, 보르도는 남성스럽다는 식으로 표현된다. 이처럼 주관적이고 애매모호하며 스테레오 타입에 충실한 표현이 어디 있을까? 여성스러운 것은 무엇이고 남성스러운 것은 무엇인가. 이런 주제로 넘어가면 해야 할 말은 무수히 많아진다.

이런 식의 스테레오 타입에 충실하자면 주브리 샹베르탱을 마셔보라. 웬만한 보르도 와인보다 훨씬 더 멋진 남자의 모습을 떠올릴 수 있다. 물론 취향이나 이상형은 사람마다 다르다. 와인을 두고 이상형 운운하는 것이 무척 우습게 느껴지겠지만 주브리 샹베르탱 와인은 매우 남성적이라고 표현되는 보르도의 포이약Pauillac 와인보다도 훨씬 남성적인 면모가 있다. 전적으로 개인의 취향이지만 보르도 와인이 사뭇 전통적이고 보수적이며 기품 있고 종종 무게를 잡는 남자 같다면 주브리 샹베르탱의 와인은 그보다 친절하며 자상하고 뭐든지 앞서 해결해주는 다정다감한 남자 같다. 다시 말해 자상하면서도 군더더기 없이 딱 떨어지는 매력은 주브리 샹베르탱이 우위라고 주장하고 싶다. 섬세하고 우아하며 복잡하기로 소문난 부르고뉴 와인이 그렇다고? 그렇다.

부푼 마음으로 가보고 싶은 와이너리를 적다가 주브리 샹베르탱에서 멈칫, 생각에 잠겼다.

클로드 뒤가Claude Dugat, 단연 첫 번째로 적어야 할 와이너리였다. 내 생애 첫 주브리 샹베르탱 와인이었고 나로 하여금 와인 공부를 결심하게 한 생산자였으니까. 정확한 빈티지는 기억나지 않는다. 그땐 와인에 대해 잘 몰랐다. 확실한 건 그 와인을 맛본 후 나는 모든 것을 접어 두고 와인 공부를 하기로 결심했다. 이런 와인이 세상에 존재한다면.

나는 홍콩의 소호 거리 한복판을 걷고 있었다. 몇 년 후, 내가 홍콩이라는 도시에서 와인 공부를 하게 될지 그때는 몰랐다. 스무 살로 돌아가 누군가가 '너는 10년 후에 홍콩에 살면서 와인을 공부하고 있을 거야'라고 내게 말했다면, 풉! 하고 코웃음을 쳤을 것이다.

"와인이요? 제가요?"

삶의 길은 정해져 있는 게 아닐까? 엉뚱한 말 같지만 인간의 삶에는 모종의 힌트가 곳곳에 숨어 있는지도 모른다. 마치 보물찾기라도 하듯이. 예리하고 명석한 사람은 자그마한 힌트 하나도 그냥 지나치지 않겠지?

당시 나는 힘든 일을 겪으면서 지친 상태였다. 거기서 벗어나기 위해 찾은 여행지가 홍콩이었다. 아무런 준비도 없이 혼자 떠난 여행이어서일까? 혼자 딤섬을 먹는 것마저 지겨워진 나는 하루쯤은 호텔방에 틀어박혀 간단하게 맥주와 스낵이나 먹으면서 시간을 보내야겠다고 생각했다. 홍콩의 소호를 벗어나 호텔 쪽으로 터덜터덜 걷고 있는데 간판이 빨간 와인 숍 한 곳이 눈이 들어왔다. 어디서 구했는지 판자를 대충 덧대어 간신히 만든 것 같은 허술한 간판이었다. 금방이라도 떨어져 나갈 것만 같아 불안했다. 게다가 분명 도로 1층에 위치한 가게인데 마치 반은 지하에 잠긴 것마냥 존재감이 없었다. 순간 맥주도 좋지만 와인도 나쁘지 않겠다는 생각이 들었다. 대부분의 와인 가게는 반짝반짝 깨끗하게 닦아 놓은 유리문에 직원과 눈이라도 마주치면 그들의 적극적인 세일즈에 '당할 것' 같아 꺼렸는데 이런 정도면 가볍게 둘러보아도 괜찮겠다고 판단했다. '딸랑!' 가게 문을 열고 들어선 순간, 그곳은 내가 생각한 것보다 훨씬 허름했다. 디스플레이에는 전혀 신경쓰지 않은 것처럼 와인병들이 켜켜이 포개져 있었다. 표정을 숨기며 와인을 둘러보는데 머리가 희끗하고 배가 불룩 나온 서양인 할아버지가 카운터로 나왔다. '와인이라도 한잔 걸치셨나?' 나는 속으로 생각했다. '무엇을 도와드릴까요' 내지는 '찾는 와인 있으세요?'와 같은 지극히 일반적인 인사조차 하지 않은 그는 '무엇을 찾느냐'고 눈빛으로 내게 물었다. 몇 초의 정적이 맴돌았다. 나 역시 눈으로 '딱히'라는 표정을 지었고 그는 마치 알아듣기라도 한 것처럼 고개를 끄덕이더니 카운터 뒤쪽으로 가서 와인 한 병을 들고 와 나에게 건넸다.

그 와인이 바로 클로드 뒤가의 주브리 샹베르탱이다. 그분이 나한테 왜 그 와인을 건넸는지는 지금도 미스터리다. 그땐 한두 병쯤 남은 와인을 처분한다고 생각했지만, 그러기엔 클로드 뒤가의 주브리 샹베르탱은 아무리 마을급 와인이라 해도 그리 쉽게 구할 수 있는 와인이 아니다. 당시 홍콩 돈으로 500달러가량에 샀는데, 한국에서라면 결코 그 돈을 주고는 와인을 사지 않았을 것이다. '여행'이란 그렇다. 가진 게 없어도 허세와 인심을 두둑하게 만들어 주는 핑계와 기회를 제공한다.

호텔로 돌아가 마셨던 와인의 맛은 지금까지도 잊을 수 없다. 한 모금 입안에 머금은 순간 무언가가 내 머리를 댕- 치는 것 같았다.

"뭘 그리 망설여? 뭐가 그렇게 조급하고 두려워?"

와인이 내게 말을 걸었나 싶을 정도로 생생했다.

"어떻게 하면 너처럼 그렇게 당당할 수 있어? 기품 있고 또 자신 감 넘칠 수 있어?"

어쩌면 그날 밤, 내 미래가 정해졌는지도 모르겠다. 정말로 나는 홍콩에서 와인 공부를 하게 되었으니까. 그 후로 줄곧 와인 공부를 제대로 해보고 싶다는 생각을 했고, 남편을 만나 연애를 하면서 우리는 '와인'이라는 공통분모로 급격히 가까워졌다. 남편은 나보다 오랜 와인 애호가였다(지금은 내가 더 열렬하지만). 우리는 결혼을 했고 싱가포르를 거쳐 홍콩에 자리를 잡았다. 그러면서 나는 영국의 와인 전문가 과정 공부를 시작했다. 이 모든 것이 그날 밤에 예견된 것이라고 한다면 억지일까? 빨간 간판의 와인 가게, 산타클로스를 닮은(하지만 와인에 취해 있던) 주인, 그가 건넨 와인, 이 모든 것이 나의 미래를 알려준 힌트였다고 생각하는 것은 오버이고 단순한 착각일까?

까맣게 잊고 살았다. 어떻게 마법처럼 와인을 만나고 남편을 만나 타지에서 와인 공부까지 하게 되었는지. 모든 것은 클로드 뒤가 주브리 샹베르탱 와인에서 시작된 것이다. 여행이 아니었다면 결코 쓰지 않았을 500홍콩달러를 건네고 받았던 그 와인, 클로드 뒤가는 내 와인 여정의 시작점이었다. 이쯤되니 반드시 가고야 말겠다고 다짐하며 주먹을 불끈 쥐었다. 부르고뉴에, 주브리 샹베르탱에. 만약 신의 가호가 있다면 클로드 뒤가에도.

방문하고 싶은 와이너리 리스트를 죽 적고 나서 나는 크게 숨을 쉬었다. 그러고는 중얼거렸다. '갈 수 있을 리가 없잖아.' 내가 적은 와이너리는 부르고뉴 톱 50위에 드는 곳들이었다. 그 말은 그들이 생산한 와인은 전 세계적으로도 물량이 딸릴 정도로 희귀하고 무척 비싸서 프랑스에 직접 가지 않고서야 구할 방법이라고는 와인 경매나 와인 스페셜리스트 등을 통해서 뿐이라는 뜻이다. 심지어 이 와이너리들의 절반은 웹사이트도 없었다. 하물며 방문에 관해 문의할 메일 주소조차 있을 리 만무하다. 그나마 몇몇 와이너리의 전화 번호는 알아낼 수 있었는데 전화를 받을지도 의문이었고, 영어로 의사 소통이 가능할지도 물음표였다. 내 프랑스어 실력은 그토록 엄청난 장벽을 허물고 제발 방문을 허락해 달라고 설득할 만큼 유창하지도 않았다. 그렇다고 '몇 월 며칠 두 명, 더블룸 예약합니다' 정도의 일방적인 대화로 끝날 만한 것도 아니잖는가.

구글을 켜고, '부르고뉴 와이너리 투어'와 비슷한 검색어 들을 마구잡이로 넣어 보았다. 찾아보니 역시 부르고뉴 관광청이나 사설기관에서 운영하는 훌륭하고 알찬 프로그램이 많았다. 내가 꼭 가고 싶어하는 와이너리들은 프로그램 리스트에 없었지만 와이너리를 방문해 와인을 테이스팅하는 프로그램뿐 아니라 치즈와 와인 페어링, 전통 프랑스 음식과 함께하는 와인, 유적지와 함께하는 와인 등 유익한 것이 많았다. 이런 것들도 나쁘지 않으리라. 우리는 충분히 즐길 수 있을 것이다. 하지만….

하지만….

나 자신을 설득하기 시작했다. 굳이 클로드 뒤가에 방문하지 못해도, 이름만 대도 알 만큼 유명한 와이너리에는 가지 못해도, 그랑 크뤼 포도밭을 구경할 수 있다는 건 얼마나 멋진 일인가? 어마어마한 와인들이 발에 차일 정도의 부르고뉴 와인 가게들은 또 얼마나 매력적일까? 원한다면 자전거를 타고 하루 종일 포도밭을 산책할 수도 있을 테고, 부르고뉴의 지형과 테루아르도 체험 학습할 수 있는 절호의 기회다. 운이 좋다면 나의 와이너리 리스트 중 한 군데 정도는 방문할 수 있을지도 몰랐다. 혹시 위대한 생산자 중 한 명이라도 포도밭 어디쯤에서 마주칠 수 있지는 않을까?

역시 남편이 운을 떼고 나는 그 아이디어에 더 깊이 몰입했다. 이제 부르고뉴에 가지 않는다는 것은 내 머릿속에 없었다. 이젠 정말 부르고뉴에 가야만 했다. 혹시 엄청난 행운이 따를 수도 있잖아.

——— 부르고뉴, 아는 만큼 보인다 ———

부르고뉴, 버건디, 부르고뉴 프랑슈 콩테

많은 사람이 '부르고뉴Bourgogne'와 '버건디Burgundy'를 헷갈려하는데 이 둘은 '프랑스어'와 '영어'의 차이일 뿐이다. 부르고뉴는 지역/지방을 말하기도 하고, 부르고뉴 와인을 일컫기도 한다. 프랑스는 행정 구분상 22개 지역(화보 01)으로 나뉘었는데 2015년부터 13개 지역(화보 02)으로 통합되었다. 부르고뉴 지역은 이웃하는 '프랑슈 콩테Franche-Comté'와 통합되어 '부르고뉴 프랑수 콩테Bourgogne-Franche-Comté'로 공식 명칭이 되었다. 하지만 보통 부르고뉴를 지역으로 일컬을 때는 여전히 전통적인 부르고뉴 지역을 의미하고 특별히 와인 생산지로서의 부르고뉴를 일컬을 때는 더욱 그렇다.

부르고뉴 프랑슈 콩테 지역은 행정적으로 다시 8개의 지역으로 나뉜다. 하지만 행정 구분과 상관없이 '부르고뉴 와인 생산지'에는 샤블리Chablis, 코트 드 뉘Côte de Nuits, 코트 드 본Côte de Beaune(코트 드 뉘와 코트 드 본을 합쳐 코트 도르라고 한다), 코트 샬로네즈Côte Chalonnaise, 마코네Mâconnais가 속한다(화보 03). 이 중에서 샤블리만이 다른 스타일의 와인을 생산하기 때문에 따로 카테고리화하기도 한다. 이외에도 마코네 바로 밑에 이웃한 보졸레Beaujolais라는 와인 생산지가 있는데 이곳의 와인 역시 부르고뉴 와인과 연결되는 포도 품종과 와인 스타일이 있기 때문에 편의상 부르고뉴 와인 카테고리에 넣기도 한다. 하지만 위의 와인들과는 다른 등급 체계를 사용하므로 공식적으로는 부르고뉴 와인에 포함되지 않고, 행정구역상으로도 부르고뉴 프랑슈 콩테에 포함되지 않는다. 쥐라Jura 또한 부르고뉴 프랑슈 콩테에 속한 와인 생산지이지만, 본래 프랑슈 콩테 지역에 포함되어 있던 곳이기도 하고, 부르고뉴 와인과는 완전히 다른 스타일의 와인을 생산하기 때문에 부르고뉴 와인과는 구별된다.

프랑스의 지명이 생소할 수 있지만 적어도 코트 드 뉘와 코트 드 본 그리고 이 둘을 합쳐 부르는 코트 도르 지역이 부르고뉴 와인의 핵심 생산지라는 것은 기억해두길 권한다. 이 책에서 다루는 와인 생산지의 범위는 코트 도르에서 코트 샬로네즈까지이고 샤블리와 마코네 와인에 관해서는 매우 간략하게 소개했다.

부르고뉴 와인 포도 품종

a. 부르고뉴 와인은 품종을 블렌딩Blending하지 않는다. 즉 품종을 섞지 않고 단일 품종 100퍼센트만을 사용하여 생산한다.

b. 부르고뉴 와인의 90퍼센트 이상의 레드 와인은 '피노 누아'라는 단일 품종이고 화이트 와인은 '샤르도네Chardonnay'라는 단일 품종으로 생산한다. 그 외 적포도 품종인 가메Gamay와 청포도 품종인 알리고테Aligoté를 사용하기도 하는데, 이후 별다른 설명 없이 '부르고뉴의 레드 와인', '부르고뉴의 화이트 와인'을 지칭할 때는 포도 품종 피노 누아와 샤르도네 와인이라고 생각하면 된다.

부르고뉴 와인 생산지

a. 부르고뉴 와인 생산지는 크게 코트 도르, 코트 샬로네즈, 마코네 세 부분으로 나눌 수 있는데 코트 도르의 북쪽은 코트 드 뉘이고 남쪽은 코트 드 본이다.

b. 전통적으로 코트 드 뉘는 레드 와인이 유명하다. 유명 부르고뉴 레드 와인 생산지는 모두 코트 드 뉘에 있다.

c. 전통적으로 코트 드 본은 화이트 와인이 유명하다. 유명 부르고뉴 화이트 와인 생산지는 모두 코트 드 본에 있다.

d. 코트 도르에 비해 코트 샬로네즈와 마코네 와인의 가격이 좀 더 싸고 전통적으로 품질이 더 낮다고 알려져 있다.

부르고뉴 와인 등급 체계

a. 부르고뉴 와인의 핵심과 철학은 등급 체계Classification에 모두 녹아 있으므로 이를 알기 위해서는 이 체계를 이해해야 한다.

b. 부르고뉴 와인은 레지오날Régional, 빌라주Village, 프르미에 크뤼 Premier Cru, 그랑 크뤼Grand Cru 네 등급으로 나뉜다(**화보 04**).

c. 와인의 등급은 피라미드 형태로 위로 올라갈수록 희귀하고 고가이며 아래로 내려갈수록 생산량이 많고 값도 싸다. 레지오날 와인은 부르고뉴 전체 와인 생산량의 절반 이상을 차지하며 가격이 가장 싸다. 그랑 크뤼 와인은 부르고뉴 전체 와인 생산량의 1퍼센트밖에 되지 않으며 매우 고가이다.

d. 부르고뉴 와인 등급 체계는 '땅(테루아르terroir)'을 중심으로 한다. 쉽게 말해 경상북도 영천시(레지오날) 〉 고경면(빌라주) 〉 ○○포도밭(프르미에 크뤼 혹은 그랑 크뤼)이라고 인식하면 된다. 레지오날 와인은 경상북도 영천시 전역에서 생산된 포도로 만든 와인이고 빌라주 와인은 그중에서도 특정 마을인 '고경면'에서 생산된 포도로만 만든 와인이다. 프르미에 크뤼 혹은 그랑 크뤼 와인은 고경면에서도 우수한 '특정 포도밭' 포도로만 만든 와인이다.

e. 각 등급별로 사용할 수 있는 '이름'은 정해져 있다. '레지오날' 와인에 붙일 수 있는 이름의 범위와 규칙이 정해져 있고, '빌라주'에 속하는 44개의 마을이 있으며, 프르미에 크뤼 포도밭은 562개, 그랑 크뤼 포도밭은 33개다.

부르고뉴 와인 스타일

부르고뉴 레드 와인_ 연한 루비 빛을 띠며 알코올 도수가 13도 전후로 가볍고 낮은 타닌을 함유하여 비교적 가벼운 무게감의 와인 스타일이다. 체리, 딸기, 라스베리 등 붉은 과실 풍미와 히비스커스 같은 꽃향기가 난다. 등급과 숙성 정도에 따라 숲속 버섯, 젖은 낙엽, 이끼 같은 '음습한' 뉘앙스를 표현하기도 하며, 스파이스나 미네랄리티가 느껴지기도 한다. 등급이 낮을수록 '주시juicy'한 과실 풍미 위주의 와인이 만들어진다. 등급이 높을수록 집중도 높은 과실 풍미와 더불어 무게감 있는 타닌 질감과 지역에 따라 다양한 꽃, 스파이스, 미네랄리티, 버섯과 젖은 낙엽 등 복합적인 풍미를 가진다. 등급이 낮을수록 숙성 없이 바로 음용하기를 권하며 등급이 높을수록 10년 이상의 병 숙성 기간을 요한다.

부르고뉴 화이트 와인_ 레지오날 등급의 부르고뉴 화이트 와인의 경우 아주 신선한 풋사과와 레몬과 같은 시트러스 풍미를 중심으로 산뜻하고 가벼운 매력이 있다. 시원하게 칠링해서 마시기를 권한다. 등급이 높아지고 코트 드 본처럼 좋은 지역 와인인 경우 잘 익은 '과수원 과실orchard fruits' 풍미가 두드러진다. 잘 익은 사과나 배, 서양배, 살구, 복숭아, 메이어레몬(레몬과 오렌지를 접붙인 감귤류) 등의 다채로운 과실 풍미와 더불어 오크 숙성에서 오는 우아하고 고소한 견과류, 토스트 빵, 시나몬, 버터 등의 풍미가 어우러진다. 화이트 와인 중 무게감이 있고 알코올 도수도 높은 편이다. 마코네 지역처럼 남쪽으로 내려가면 파인애플, 허니듀멜론과 같이 이국적인 열대과일 풍미와 함께 헤이즐넛과 스파이스 등의 오크 풍미의 와인도 발견할 수 있다. 다만, 부르고뉴 화이트 와인이지만 샤블리Chablis 지역의 와인은 스타일이 다르다. 레몬 껍질이나 라임, 풋사과, 산도가 두드러지는 서양배 등의 과실 풍미를 바탕으로 하지만 등급이 높을수록 농축된 과실 풍미와 함께 굴껍데기, 조개껍데기, 돌멩이 등으로 표현되는 짭조름한 미네랄리티를 가진다. 실제로 굴이나 다양한 해산물과 잘 어울린다. 등급이 높을수록 화려하고 화사한 매력을 뽐내는 코트 드 본의 화이트 와인과 달리 샤블리의 경우 등급이 높을수록 집중도와 구조감이 좋고 샤프한 매력이 있다.

——— 디종으로 가는 길, 프랑스 청년 아르망 ———

기차가 온다. 프랑스의 기차역은 어쩜 이리도 멋질까. 나는 10대 때부터 프랑스를 사랑했다. 프랑스어는 듣기만 해도 매료될 정도로 아름다웠다. 운 좋게 외국어 고등학교에 진학하여 프랑스어과에 배정된 나는 '고등학생치고' 프랑스어 공부를 '쓸데없이' 많이 했다. 프랑스어를 듣고 있자면 마치 내가 파리 한복판에 있는 것 같아서 다른 공부를 할 때에도 프랑스어를 틀어 놓았다. 당시 초등학교 저학년이던 내 남동생은 프랑스어를 무서워하기까지 했다. 프랑스어 특유의 발음 때문 같은데 나는 개의치 않았다. 책도 프랑스 소설만 읽고 영화도 프랑스 영화만 봤다. 영어 사전 대신 프랑스어 사전을 들고 다녔고 프랑스어 책과 사전도 틈틈이 모았다(사실은 '쌓아만' 두었다). 그러다 보니 대략 스물한 살까지는 프랑스어로 간단한 회화도 가능했다. 하지만 지금은 머릿속에 남은 것이 거의 없다. 대부분 잊혔지만 그래도 기본은 남았는지 10여 년 후 와인 공부를 하는 데 꽤 유용하게 써먹었다. 특히 프랑스어 단어를 올바르게 발음할 수 있다는 것이 가장 큰 도움이었다. 물론 부르고뉴 여행에서도 마찬가지였다.

파리 기차역에서 남편은 나를 존경에 가까운 눈으로 바라보았다. "디종으로 가는 기차는 어디에서 타야 합니까?" 정도의 간단한 프랑스어를 구사한 후 자신만만한 표정으로 남편을 보며 "이리 와, 이쪽이야"라고 말한 직후였다. 남편은 어느 나라어 가든지 그 나라의 언어와 상관없이 의사소통이 가능한 상당히 부러운 재능을 가졌는데, 안타깝게도 유독 프랑스에서만은 그 능력을 발휘하지 못했다. 다행인지 몰라도 그가 프랑스에는 흥미가 없는 편이라 덕분에 나는 으쓱할 수 있었다.

기차에 앉아 창밖을 바라보았다. 차창에 내 모습이 비친다. 이번 여행에서 파리지엔 느낌을 내보려고 야심차게 오버사이즈 트렌치코트도 사 입었는데 역시 내게는 그런 시크함이 묻어나지 않는다. 적당히 대범하면서 무관심하고 여유로워야 하는데 시크라고는 전혀 찾아 볼 수 없다. 타인의 시선을 온몸에 칭칭 감고 나 자신을 구속하는 스타일이니 과감하고 다소 일탈스러운 파리지엔 느낌은 이번 생엔 물 건너 간 셈이다. 남편은 킨들을 꺼내 책을 읽고 있었다. 차라리 그가 더 파리지엔에 가깝군. 프랑스를 동경하는 나보다 그가 오히려 무심해 보이다니. "무슨 책 읽어?" 무심하겠다고 기껏 다짐해 놓고 대답 없는 그에게 말을 걸었다(책을 읽을 때 그는 내 말을 못 듣는 편이다). 나도 《부르고뉴 와인*Les vins de Bourgogne*》을 꺼냈다.

기차가 막 떠나려는데 한 쪽 팔에 단단히 깁스를 한 청년이 기차에 올라탔다. 어쩐지 전형적인 '유럽의 젊은이' 느낌이었다. 곱슬거리는 밝은 갈색 머리에 깎지 않은 수염, 어딘지 부실해 보이는 안경, 아무렇게나 입은 듯한 청바지에 스니커즈(유러피안 감성이 물씬 느껴졌다), 짐이 가득 들어가 볼록한 빈티지(아니, 상당히 낡아 보이는) 가방 여러 개를 둘러맸다. 유쾌해 보이지만 한편으로는 무척 산만해 보이는 그는 우리 쪽으로 걸어왔다.

창가 자리를 싫어하는 나는 언제나 복도 쪽에 자리를 잡는데 그는 복도를 사이에 둔 옆 자리로 와서 나에게 영어로 말을 걸었다.

"부르고뉴 와이너리에 가세요?"

내가 읽고 있는 책의 제목을 본 모양이다. 청년의 영어 발음은 참으로 인상 깊었다. 프랑스인들의 영어 발음에는 특유의 악센트가 묻어나는데 그의 영어에는 그런 뉘앙스가 적었다.

"Oui."

밝은 표정으로 당당하게 대답하자 그는 나에게 불어를 할 줄 아냐고 물었고, 나는 "아주 조금요*en peu*"라고 한 뒤 겸연쩍은 표정으로 더듬거리는 불어와 영어를 섞어가며 대화를 이어갔다. 10년 전이었다면 남편의 입이 딱 벌어지게 프랑스어를 구사했을 텐데! 그는 자신의 이름이 '아르망Armand'이라고 소개했다 나는 자연스럽게 '아르망 루소Armand Rousseau'를 떠올렸다.

도멘 아르망 루소Domaine Armand Rousseau는 주브리 샹베르탱을 대표하는 위대한 와이너리 이름 중 하나다. 지금은 천정부지로 가격이 올라 접근조차 불가능하지만 진정한 주브리 샹베르탱을 맛보기 위해서는 아르망 루소의 와인을 마셔야 한다는 바로 그 주브리 샹베르탱 와인의 대명사다. 나는 결국 유혹을 이기지 못하고, "아르망 루소 와인을 좋아하세요?"라고 말해버렸다. 으악, 농담도 아니고 재미도 없는 무의미한 말이었다. 그가 아르망 루소를 알면 다행이지만 모른다면 더없이 불쾌하게 느껴질 일이었다. 말을 내뱉고 나서 실없는 미소를 짓자 그는 유쾌하게 웃어댔다.

"아르망 루소! 너 정말 와인을 좋아하는구나?"

디종으로 향하는 기차 안에서 우리 셋은 꽤나 길고 깊은 대화를 나누었다. 아르망은 고향이 디종이고 현재는 파리에 살고 있으며 종종 디종에 가족들을 보러 간다는 것과 파리에서는 엘리베이터가 없는 건물 6층에 살고 있다고 시시콜콜한 것까지 말했다. 그러고는 여행을 다닐 때마다 매번 여행 가방을 힘겹게 들고 오르내리지만 가격 대비 좋은 선택이라는 말까지 덧붙였다. 아르망은 한국, 싱가포르, 홍콩 등 우리의 삶을 궁금해했고 아시아에 관심이 많았다. 남편이 인도에서 3년가량 살았다고 말하자 아르망의 눈은 반짝반짝 빛이 났다. 남편과 아르망은 각 국가와 도시의 주거 비용과 물가에 관해 이야기했고, 나는 차창 밖을 내다보다가 그들의 화제가 부르고뉴 와인으로 흘러가자 다시 대화에 끼어들었다. 아르망은 부르고뉴에서의 우리의 계획을 물었고, 레스토랑이나 숙소 관련 정보를 주다가 자연스럽게 부르고뉴 와이너리로 대화가 흘렀다.

"클로드 뒤가 와인을 좋아한다고? 클로드 뒤가 할아버지는 우리 할머니 친구이신데?"

나는 너무 놀라서 입이 다물어지지 않았다.

─────── 디종에는 머스터드소스만 있는 게 아니다 ───────

부르고뉴 지방, 특히 코트 도르 지역 와이너리 여행을 위해 거처를 정한다면 디종 만한 곳이 없을 것이다. 물론 와이너리 자체에서 에어비앤비와 같은 숙박을 제공하는 곳도 있고, 디종보다 조금 더 밑으로 내려가면 전원적인 풍경의 도시인 본^{Beaune}도 있지만 며칠 더 부르고뉴에 머무를 예정이라면 디종을 추천한다.

우선 디종에는 기차역이 있다. 디종빌^{Dijon-Ville} 기차역은 파리나 샤를드골 공항, 리옹 등 프랑스 내에서 뿐 아니라 스위스 바젤, 제네바에서도 오는 기차편이 있어 접근성이 매우 좋다(파리에서 TGV 기차는 디종까지 1시간 30분 정도 걸린다). 디종 기차역에서 시내와 구시가지까지는 택시로 10분도 걸리지 않는다. 디종 하면 머스터드소스를 떠올리겠지만 이외에도 둘러봐야 할 세 가지 이유가 더 있다.

그랑 크뤼 포도밭 도로Route des Grands Crus의 시작

무엇보다 부르고뉴의 와이너리는 디종에서 시작하는 D974(구 N74)도로를 타고 내려오면서 시작되기 때문에 디종은 부르고뉴 와이너리 여행의 시작점이 된다. D974 도로만 타고 쭉 내려오면 부르고뉴 유수의 포도밭과 도멘 들을 양옆으로 쫘악 구경하면서 드라이브할 수 있다. 부르고뉴 와인의 핵심이자 영혼은 '땅', 즉 '포도밭'에 있기 때문에 특히 코트 드 뉘와 코트 드 본 지역에는 전설적이고 유명한 포도밭들이 작은 언덕을 중심으로 위아래로 길게 위치해 있다. 부르고뉴의 포도밭들은 그 가치를 인정받아 내가 여행을 다녀온 직후인 2015년 7월에 유네스코 세계 문화 유산으로 지정되었다. 디종에서 시작되는 이 길의 시작점에는 'Route des Grands Crus(그랑 크뤼 포도밭 도로)'라는 표지판이 있는데 아름다은 포도밭을 바라보며 내려갈 수 있는 드라이브 길로도 유명하다.

역사의 도시

디종은 유네스코 세계 문화 유산으로 등록된 도시로, 도보나 간단한 트램 혹은 버스를 이용한 짧은 동선만으로도 다양한 시대의 유적들을 돌아볼 수 있다. 13세기 고딕 양식으로 지은 51개의 독특한 가고일이 있는 '디종 노트르담 성당Notre-Dame Dijon과 14~15세기 최전성기를 누린 화려한 부르고뉴 공국의 역사를 고스란히 담고 있는 '부르고뉴 대공 궁전Palais des ducs et des états de Bourgogne', 궁전 안의 미술관Musée des Beaux-Arts de Dijon이 대표적이다. 특히 부르고뉴 대공 궁전과 내부의 미술관에서는 14세기부터 18세기까지 이어지는 유수한 미술품을 관람할 수 있다. 뿐만 아니라 〈모세의 우물〉과 같은 북유럽 사실주의 화풍의 시초로 보는 14세기 플랑드르 조각품을 볼 수 있는 샹몰 수도원 또한 미술 애호가라면 꼭 들러야 할 곳으로 꼽힌다. 프랑스에서도 손꼽히게 아름답다는 리베라시옹 광장Place de la Libération과 달시 광장Place Darcy, 달시 공원Jardin Darcy에서는 아름다운 도심 속 산책이 가능하다. 또한 파리 개선문의 '라 마르셰에즈La Marseillaise'를 조각한 디종 출신 프랑스 대표 조각가 프랑수아 뤼드François Rude(1784~1855)의 작품을 모아둔 뤼드 미술관Musée de Rude도 꼭 가봐야 할 곳이다. 이러한 유서 깊은 건축물들은 여행의 시각적 즐거움을 더한다.

미식의 도시

부르고뉴는 본래 프랑스 미식의 심장이라고 불릴만큼 미식 문화가 발달해 있다(**화보 05**). 프랑스 대표 요리인 뵈프 부르기뇽Bœuf Bourguignon, 코쿠뱅Coq au Vin, 에스카르고 드 부르고뉴Escargots de Bourgogne, 치즈 빵인 구제르Gougères 등의 요리뿐 아니라 마코네Mâconnais와 에푸아스Époisses, 아바이 드 시토Abbaye de Cîteaux 등의 치즈도 있다.

디종은 부르고뉴 미식을 경험하기 좋은 도시로 매주 열리는 레잘Les Halles 마켓에서 다양하고 신선한 식재료를 구매하며 구경할 수 있고 레스토랑 선택의 폭도 넓다. 또한 특산품인 디종 머스터드,

꿀, 진저브레드 등을 구하기도 쉽다.

매년 가을에는 2주간 디종 국제 미식 박람회Foire Internationale et Gastronomique de Dijon가 열린다. 프랑스 최대 규모의 미식 박람회 중 하나이며 500개 이상의 출품 업체가 참가해 부르고뉴 지역을 포함한 프랑스 전역 및 전 세계의 요리와 와인을 선보인다. 요리 시연, 시음회, 미식 체험 행사 등이 열리며 매년 '특별 초대국'이 초대받아 다양한 나라의 요리를 경험할 수 있다.

첫째 날
섬세하고 우아한 부르고뉴 미식 여행

파리에서 디종까지는 기차로 약 1시간 30분. 아르망과 연락처를 교환하고 기차에서 내렸다. 아르망은 자신의 할머니께서 클로드 뒤가 할아버지를 소개해줄지도 모른다고 했다. 할머니께서 소일거리로 부르고뉴 와이너리 가이드를 하시기 때문에 어쩌면 우리의 부르고뉴 와이너리 방문을 도와줄 수도 있을 것이라고 덧붙였다. 나와 남편은 무척 잘된 일이고 비로소 마음이 놓인다며 즐거워하며 맞장구쳤다. 아르망은 어쩜 저렇게 명랑하고 친절할까, 아르망의 스니커즈 브랜드가 뭐였더라…. 나는 기억을 더듬으며 아르망의 머리는 원래 곱슬머리일까 펌을 한 걸까 등의 생각에 빠져있었다.

디종역(디종빌Dijon-Ville)에서 내린 후 택시를 타고 예약한 숙소로 향했다. 이번에도 나의 프랑스어 실력이 발휘되었는데, 거리 이름과 번지수를 택시 기사님이 한 번에 알아듣는 데 성공한 것이다. 남편은 미소를 지으며 다시 한번 내게 눈을 찡긋했다. 말 한두 마디 성공한 것이 그리도 기특했나 보다. "쎄뜨, 휘(뤼) 오드하(라)" 오드

라 거리, 7번지.

에어비앤비 사이트에서 숙소 사진을 보고 홀린 듯 예약을 했다.

"저렴한 호텔보다는 비싸지만 평이 좋은 몇몇 호텔과는 비슷한 수준의 가격으로 2층짜리 집을 통째로 빌릴 수 있어."

나는 남편을 설득했다. 남편도 동의한다는 듯 그개를 끄덕였다. 그 집을 예약한 것은 전적으로 나의 애틱attic을 향한 로망 때문이었다. 번역하자면 다락집인데 뾰족한 첨탑 지붕을 천장으로 만든 맨 꼭대기층을 의미한다. 일명 지붕 아래 집.

동서양을 막론하고 '다락'이라는 공간은 웬지 신비롭고 아늑하고 묘한 장소다. 어느 문화권에서든 다락은 쓰지 않는 물건을 넣어 두는 창고로 사용하거나 집안에서 일을 하는 사람들의 잠자리 공간인데 어떤 이유인지 마법 같은 이야기가 시작될 것만 같은 상상력을 자극한다. 나는 영화 〈주만지〉의 한 장면을 떠올렸다. 아이들이 다락방에서 먼지 쌓인 (마치 체스판처럼 생긴) 주만지 게임판을 발견하고 어쩌면 다시는 되돌아올 수 없는 위험한 여행을 시작한다. 뿐만 아니라 〈빨간머리 앤〉의 아늑한 다락방엔 따뜻한 햇살이 있고, 일본 애니메이션 속 다락에는 귀엽고 기괴한 요괴들이 살고 있다.

다락에 대한 나의 향수의 8할은 아빠와의 추억이기도 하다. 어릴 적 살던 집에도 작은 다락방이 있었는데, 아빠는 다락방에 관해 온갖 상상력을 자극하는 이야기를 해주셨다. "저기 천장에 색깔 보이지? 모두 흰색인데 저 부분만 약간 누렇잖아. 그러니까 여기 이곳을 이렇게 열면 바로 숨은 공간이 나오지. 만약 네가 어디론가 숨어야 한다면 언제든 이곳을 사용할 수 있을 거야." 그러면서 아빠는 다락방과 관련해 '지하 벙커'라든지 '외계인', 밝힐 수 없는 우리 집안의 오랜 비밀 등 장르를 넘나들었고 나와 동생은 열심히 종이로 다락방 열쇠를 만들었다. SF소설 마니아였던 30대의 젊은 아빠는 '다락방'이라는 소재 하나로도 온갖 흥미진진한 이야기를 무궁무진하게 쏟아내는 이야기꾼이었다(환갑이 지난 지금도 그 재주는 녹슬지 않았다).

택시가 숙소 앞에 다다랐다. 집의 외관은 내 상상과 달리 전혀 그럴 듯해 보이지 않았다. 그저 길가에 있는 '어떤 집' 정도의 느낌이었다. 나는 무엇을 기대한 것일까? 택시에서 짐을 내리고 나니 숙소 열쇠를 주러 온 관리인이 우리를 반겨주었다. 그는 아주 유쾌한 표정으로 말했다.

"이 집이 최근에 팔렸는데 새로운 집 주인의 사정으로 입주할 때까지 집이 비어서 재미삼아 에어비앤비에 올렸는데 글쎄 이렇게 두 분이 그 기간에 지내게 된 거라니까요? 정말 행운이에요."

사연을 듣고 정말 재미있는 인연이라고 생각했다. 하지만 지독하게도 파리지앵 같은 내 남편은 입꼬리를 올리며 말했다. "행운인 건 그쪽이겠죠?" 남편은 분명 집세를 어림잡아 하루 숙박비로 나눠 보았을 것이다. 나는 남편의 이런 점을 좋아한다.

지붕 아래서의 생활! 숙소에 들어가자마자 떠오른 문장이다. 숙소의 내부는 바깥에서 보는 것과 달리 상상 이상으로 나의 로망을 충족시켰다. 일단 천장은 지붕 모양 그대로 가파르게 경사졌고, 지붕을 포함한 건물을 구성하는 목조 대들보는 드러나 한결 더 멋진 분위기를 연출했다. 골격 그 자체의 집이라니 얼마나 짜릿한지. 다락집이었지만 결코 좁지 않았다. 족히 스무 평은 돼보였고 계단을 통해 한 층 더 올라가면 다락집 위에 다락방이 있었다. 경사진 천장이 어쩜 이리도 비밀스럽고 아늑한 분위기를 자아내는지, 게다가 오픈 키친 쪽 천장의 경사면은 너무 낮아서 남편은 고개를 제대로 들지 못할 정도였다. 남편은 개구진 표정으로 부엌 천장에 머리를 대보더니 "꼭 이래야만 하는 거야?"라고 말했다. "어차피 설거지나 요리를 할 땐 등을 구부려야 하는걸." 나도 웃으며 대답했다. 완벽하지 않음이 주는 선물이랄까, 일부러 불완전하고 일부러 불편한 것이 더 아름답게 느껴졌다.

그 집에 매력을 느낀 또 다른 이유는 채광 때문이었다. 대개 다락집, 다락방은 창문을 내기 어려워 채광이 좋지 않아 어두운데 이 집은 경사진 천장에 창을 크게 낸 것이다. 지붕 창이라고나 할까. 심지어 창은 벽에 있는 스위치를 누르면 자동으로 덮개가 여닫혔다. 오롯이 하늘이 보이는 집이다. 욕실 천장에도 창문이 크게 나 있었는데 파란 하늘을 바라보며 목욕을 하면 하늘과 구름 속으로 풍덩 빠

지붕 위의 채광창

부르고뉴 전역에 있는 많은 주택의 지붕에는 작은 창문이 나 있다. 이를 루카르네ucarnes라고 하는데, 이 단어는 보통 '지붕 위의 채광창'을 의미한다. 경사가 가파른 지붕에 돌출되어 창이 나 있으며 다락방의 채광을 담당한다.

질 것만 같았다. 다락방, 대들보가 그대로 드러난 목조 건물, 천장에 난 창문까지. 어쩌면 관리인의 말대로 이건 행운일지 몰라.

남편에게 "어때?"라며 의기양양해지려는 찰나에 이메일 알람이 울렸다.

모니카 안녕,

숙소에는 잘 도착했어?

할머니께 여쭈어 보았더니 와이너리 가이드해 주실 수 있대.

메일 주소 남기니 연락 한번 드려봐.

성함은 이본느^{Yvonne}이고, 참고로 영어를 나보다 더 잘하셔!

– 아르망

나는 곧바로 메일 보관함을 클릭하고 '방문 소망' 와이너리 리스트를 열었다. 가능할 리 없겠지만 행운을 믿어보기로 했다.

안녕하세요, 이본느 부인.

아르망에게 소개받고 연락드렸어요. 모니카라고 합니다.

부르고뉴 와이너리 투어를 도와주실 수 있다고 들었어요.

만약 가능하다면, 방문하고 싶은 와이너리 리스트를 첨부합니다.

참고로 저희는 오늘부터 일주일간 디종에 머물 계획입니다.

미리 감사의 말씀을 전해요. 감사합니다.

– 모니카

이번 여행에는 정말로 행운이 따를지도 모른다.

─── 쇼핑과 만찬 ───

우리는 대충 짐을 풀고 디종 시내로 나가 저녁거리를 사오기로 했다. 아르망에게 몇 곳의 레스토랑을 추천받았지만, 짐도 풀고 이곳에 익숙해질 시간도 필요했다. 5월 말인데도 저녁이 되니 공기가 쌀쌀했다. 트렌치 코트를 꽁꽁 여미고 남편의 머플러를 목에 둘렀다. 차갑고 습한 공기마저 내 마음을 들쑤셨다. 내가 프랑스에 왔구나, 디종에 왔구나, 부르고뉴에 왔구나. 숙소에서 상점이 밀집한 시내까지는 가까웠고, 나와 남편은 마치 오래전부터 이곳에 살고 있는 사람마냥 지도 한 번 보지 않고 팔짱을 낀 채 목적지까지 성큼성큼 걸어갔다.

'유학생 부부 같아.' 우리가 유학생 부부라면 이런 모습으로 저녁거리를 사러 갔을까? 그런 생각은 콩콩 내 가슴을 울려댔다. 차디찬 공기가 좋았다. 바람이 세차게 불어 코트를 꽉 여며야 하는 것도 좋았다. 남편과 팔짱을 끼고 '아- 쌀쌀하다' 소리를 지르며 걷는 것도 좋았다. 레스토랑들은 이른 저녁 영업을 준비하고 있었다. 테라스에 앉아 있는 사람들은 와인을 마시고 있었다. 아두렇게나 돌돌 맨 그들의 머플러도 멋스러웠다. 한 손엔 담배, 한 손언 와인잔을 들고 끼리끼리 대화하며 와인을 마시는 모습을 보는 것도 좋았다. 식전주를 한 잔씩 마시는 것도 좋아보였다. 아페리티프L'apéritif !

무사히 부르고뉴에 왔으니 우리도 자축의 아페리티프를 해야지. 때마침 배도 고프고 허기졌다. 디종 시내로 들어가니 각종 상점이 모여 있었고 우리는 먼저 와인 가게를 찾았다. 가보고 싶었던 규모가 큰 와인 가게들은 디종 시내에서 조금 떨어져 있었지만 디종 시내에 있는 와인 가게들도 규모나 와인 구성이 나빠 보이지 않았다. 하긴, 당연하지. 여긴 부르고뉴인걸!

온갖 부르고뉴 와인이 잔뜩 쌓인 와인 가게에 들어가자 내 눈은 휘둥그레지고 심장이 마구 뛰기 시작했다. 마셔보고 싶고 궁금한 와인도 많았지만 첫날부터 계획 없이 무리해서 와인 쇼핑을 하는 게 좋을 리 만무해 우선은 눈으로만 찜해두기로 했다. 당장 숙소에서 마실 간단한 아페리티프용 와인으로 '크레망 드 부르고뉴Crémant de Bourgogne'와 저녁으로 스테이크에 곁들일 적당한 가격의 '포마르Pommard' 레드 와인을 구입해 서둘러 가게를 나왔다. 역시나 와인 가게 옆으로는 소시지나 햄 등 가공육품을 판매하는 샤퀴테리Charcuterie와 치즈를 판매하는 프로마제리Fromagerie가 밀집해 있었다. 이런 '전문 상점'에서 식료품을 구매해본 게 얼마 만인가.

우리가 들어간 샤퀴테리 상점에서는 부셰리Boucherie도 함께 운영하고 있었다. 부셰리는 한국으로 치면 생고기를 판매하는 곳이다. 정확히 무슨 고기로 어떻게 만들어진, 어떤 용도의 샤퀴테리인지는 알 수 없지만 다양한 종류의 샤퀴테리를 보니 기분이 좋아졌다. 하지만 뭘 골라야 할지 감이 잡히지 않아 주인장이 추천하는 장봉Jambon 한 팩과 빵에 스프레드처럼 발라먹을 수 있는 작은 리예트 Rillette 한 병을 샀고, 부셰리에서는 포마르 와인과 어울리는 얇게 썬 쇠고기 안심을 샀다. 우리의 만찬을 위하여!

치즈 가게 프로마제리도 내 눈을 휘둥그레하지 만들었다. 한국이나 싱가포르, 홍콩에서도 찾아보기 어려웠던 부르고뉴 치즈 에푸아스와 샤롤레Charolais가 보였고, 개인적으로 좋아하는 랑그르Langres 치즈와 콩테Comté도 눈에 띄었다. 부르고뉴까지 왔으니 이왕이면 새로운 치즈도 시도해보고 싶었다. 방금 구입한 크레망 드 부르고뉴 와인을 보여주며 "레코망다시옹recommandations?"하고 웃어 보이니 인자한 주인 아주머니는 '델리스 드 부르고뉴Délice de Bourgogne' 치즈를 추천해 주었다. 그 와인과 파르페parfait(완벽)하게 잘 어울릴 것이며 아주 '크레뮤crémeux(크리미)'하다는 설명과 함께.

치즈 가게 옆 디저트류 제과와 케이크를 파는 파티세리Patisserie는 도저히 그냥 지나칠 수가 없었다. 크렘브륄레Crème brûlée와 초콜릿 에클레르Éclair, 마카롱Macaron을 홀린 듯 사고 말았다. 남편은 멀찌감치 서서 와인을 살 때보다 더 열정적으로 최선을 다해 빵을 고르는 나를 보고 있었다.

그 밖에 필요한 물품을 사기 위해 수퍼마르셰supermarché(슈퍼마켓)를 찾아나섰고, 얼마 걷지 않아 카르푸Carrefour가 눈에 들어왔다. 카르푸는 프랑스의 슈퍼마켓 브랜드로 1996년에 한국에 들어와 약 10년간 영업을 했지만 뒤이어 프라이스클럽(코스트코), 월마트가 들어오고 이마트 등 한국 브랜드가 생기면서 철수했다. 모든 것을 다

판다는 창고형 대형마트의 원조로 가족들과 자주 갔던 기억이 난다. 아빠는 늘 혀를 꼬부리며 '카흐푸우~' 하며 장난을 치곤 했는데, 그때의 향수를 프랑스에서 느끼다니 참 아이러니하다. 카르푸에서 당장 필요한 생수와 스프 캔, 크루통Crouton, 비스켓을 장바구니에 담아 숙소로 향했다. 벌써 해가 지고 어둑해졌다. 쌀쌀한 공기마저 아름다운 디종의 저녁 풍경에 내 가슴은 설레었다.

우리는 능숙하게 저녁 식사를 준비했다. 문득 나와 남편이 공통적으로 좋아하는 하루 일과가 떠올랐다. 우리는 식료품 쇼핑을 좋아하고 그것들을 풀어 냉장고에 채워넣을 때 즐거움을 느끼며 여유롭게 저녁 식사를 준비할 때 행복을 느낀다. 그 시간, 그 행위는 유난히 손발이 척척 맞는다.

아페리티프로 준비한 크레망 드 부르고뉴 와인이 아직 알맞게 시원하지 않아 고전적인 방법으로 키친타월에 시원한 물을 적혀 와인병에 두른 다음 냉장고에 넣어두었다. 30분이면 충분하다. 내가 비스킷, 장봉, 리예트, 콩테 치즈를 차례대로 꺼내 접시에 담는 동안 남편은 소금과 후추, 약간의 허브로 스테이크용 고기에 밑간을 했다. 그는 스테이크용 고기를 맛있게 굽는 데 탁월한 재주가 있다. 아무리 맛없는 고기도 그의 손만 거치면 새롭게 태어난다. 그렇잖아도 맛있는 고기가 그의 손을 거치면 얼마나 더 맛있어질까. 결혼 전에는 고기를 잘 굽는 사람에 대해 한 번도 생각한 적이 없다. 그것이 배우자의 중요한 요건이라고도 생각한 적이 없다. 하지만 그와 결혼한 지금은 '고기를 제대로 굽지 못하는 사람과 결혼했다면 어쩔 뻔했어'라는 생각마저 든다. 마음이 울적할 때 남편이 구워준 스테이크를 먹고 나면 나의 기분은 어느새 행복 모드로 전환되어 있다. 남편도 내가 가져오는 와인에 비슷한 기분이 들까? 묻지는 않았지만 궁금하다. 그는 맛있게 고기를 굽고 나는 그에 맞는 와인을 준비하는 것만으로도 멋진 마리아주니까.

여행 중 낯선 곳, 타국에서 장을 보고 저녁 식사를 준비하는 것은 관계를 더욱 돈독히 해주는 경험이다. 나는 '집에서 하는 저녁 식사'에 큰 의미와 상징을 부여하는 편이다. 그것은 '가족'이거나 '가족 같은 사람'과 공유할 수 있는 시간이기 때문이다. 누군가와 함께 식사를 준비하는 것은 분명 그 시간이 주는 끈끈함이 있다. 낯선 곳에서 남편과 저녁을 준비하는 그림이 내게는 안도감과 안정감을 주었다.

고개를 한껏 숙이고 경사진 천장의 부엌에서 와인잔 두 개를 꺼냈다. 그 사이 와인은 시원해졌다. 아이스 버킷Ice Bucket이 있으면 좋겠지만 그리 덥지 않아 괜찮았다. 크레망 드 부르고뉴에 곁들여 비스킷에 짭조름한 장봉을 올려먹기도 하고 리예트도 발라먹었다. 리예트는 처음 먹어봤는데 생각보다 훨씬 기름졌지만 다양한 허브와 양념 덕에 내장의 군내는 나지 않았다. 무엇보다 놀라운 것은 크레망 드 부르고뉴와 델리스 드 부르고뉴 치즈의 궁합이었다.

크레망 드 부르고뉴는 여러 모로 매력적인 와인이다. 기포가 퐁퐁 솟는 스파클링 와인Sparkling Wine의 대명사는 누구나 알듯 프랑스 '샴페인Champagne'이다. 종종 스파클링 와인과 샴페인을 혼동하는

데, 샴페인은 오직 프랑스 샹파뉴Champagne 지역에서 정해진 품종과 정해진 전통 방식Méthode Champenoise으로 만들어야만 붙일 수 있는 이름이다. 샴페인은 스파클링 와인의 일종이지 스파클링 와인 전체를 지칭하는 단어가 아니다.

샹파뉴 지역에서 만들어진 스파클링 와인이 아니라면—설령 프랑스 내에서 같은 품종, 같은 방식으로 와인을 만들었어도 샴페인이란 이름 대신 '크레망Crémant'을 붙인다. 크레망 드 부르고뉴란 결국 부르고뉴의 크레망이라는 뜻인데 이 와인은 샴페인과 같은 전통 방식을 사용할 뿐 아니라 샴페인을 만드는 샤르도네, 피노 누아와 같은 품종을 주 품종으로 사용한다. 하지만 가격은 샴페인과는 비교도 안 되게 저렴하다. 샴페인은 아무리 기본급이어도 가격대가 높기 때문이다. 하물며 부르고뉴 지방은 샤르도네와 피노 누아 품종의 본고장이자 전 세계를 대표하는 생산지가 아닌가? 가격이 무색하게 좋은 퀄리티의 스파클링 와인을 찾는다면 크레망 드 부르고뉴를 추천한다.

크레망은 프랑스어로 '크레뮤'하다는 뜻을 내포한다. 이유는 샴페인보다 부드러운 질감과 잔잔한 기포 때문이다. 샴페인에 비해 가격적으로 접근성이 좋을 뿐 아니라 부드럽고 크리미한 질감 때문에 훨씬 편하게 즐길 수 있다. 치즈 가게에서 추천받은 델리스 드 부르고뉴 치즈는 깜짝 놀랄만큼 부드럽고 크리미했다. 치즈 가게의 주인장은 크레망 드 부르고뉴의 질감을 정확히 알고 있기 때문에 입안의 크리미한 질감을 더 풍성하게 해줄 치즈를 추천한 것이다.

크레망 드 부르고뉴는 사실 과실 풍미나 무게감이 두드러지는 와인이 아니기 때문에 자칫 강한 맛의 치즈를 곁들이면 그 풍미가 덮힐 가능성도 있는데 이 치즈는 크레망 드 부르고뉴의 섬세함을 지켜주면서도 크리미함을 북돋아주고 산뜻한 시트러스와 살구 풍미를 부각시켰다.

"맙소사, 이건 정말 최고의 궁합이야. 델리스 드 부르고뉴 치즈를 만난 크레망 드 부르고뉴는 샴페인이 하나도 안 부러울걸?"

자고로 마리아주란 이런 게 아닐까. 사람도 그렇듯 와인도 저 혼자 잘나서는 페어링pairing이 어렵다. 조금 부족해도 그 부족함을 보완해 주면서 서로의 장점을 살려주는 상대를 만날 때 마리아주는 눈부시게 아름다워진다.

기포가 퐁퐁 솟아오르는 크레망을 한 손에 들고 우리는 짐을 풀기 시작했다. 짐은 간소했다. 결혼 후 외국 생활을 하다 보니 이사할 일도 잦고 한국을 오가는 일도 많았다. 여행 기회도 많아 이렇게 비행기를 자주 타도 되나 싶을 정도로 이동이 많았기 때문에 자연스럽게 짐 줄이는 방법을 터득했다. 다만, 그 와중에 내가 꼭 챙기는 것이 있었으니 그것은 나의 소믈리에 나이프Sommelier Knife다.

나의 '애착' 소믈리에 나이프는 부르고뉴 주브리 샹베르탱 마을에 위치한 와이너리에서 실제 와인을 숙성시키는 데 사용했던 나무 배럴barrel을 깎아 만든 것으로 처음 와인 공부를 시작했을 때 친하게 지내던 소믈리에에게서 주신 것이다. 당시에 나는 주브리 샹베르탱을 잘 몰랐고 그저 나무의 질감이 좋아 잘 사용할 따름이었다. 그러던 내가 주브리 샹베르탱 와인을 사랑하게 되었고 그제야 몇 년을 함께한 이 소믈리에 나이프에 'Gevrey-Chambertin(주브리 샹베르탱)' 글자가 새겨진 것을 알아차렸다. 인생의 힌트란 우리 삶 곳곳에 깊이 숨어 있는 것 같다. 벌써 몇 년째 나와 함께한 이 나이프는 이제 없으면 허전한 존재가 되어 여행을 떠날 때마다 꼭 챙겨간다. 나이프 입장에서 결국 나를 따라 제 고향으로 여행을 왔으니 이만하면 나와 함께한 시간이 썩 괜찮았다고 생각할지도 모르겠다.

크레망 드 부르고뉴를 반쯤 비웠을 때 남편은 고기를 굽기 시작했고 나는 포마르 와인을 오픈했다. 포마르는 부르고뉴 레드 와인 중에서도 비교적 자기 주장이 강하고 몸집이 있으며 정력적인 와인으로 묘사된다. 부르고뉴 레드 와인은 보통 '섬세하고 우아하다'는 평을 받으므로 육류 요리를 곁들일 때면 나는 종종 포마르 와인을 선택한다. 《레 미제라블》과 《노트르담 드 파리》를 저술한 위대한 프랑스의 작가 빅토르 위고는 포마르 와인에 관해 이렇게 평했다고 한다. "C'et le combat du jour et de la nuit!"(이것은 낮과 밤의 전투입니다!) 과연 위대한 문학가답다. 나도 와인을 마시며 고유한 언어로 이처럼 멋진 표현을 할 수 있으면 얼마나 좋을까. 실제로 포마르엔 이런 매력이 있다. 포마르는 부르고뉴 레드 와인의 평균적인 기준보다 촘촘하고 밀도 있는 타닌과 건장한 체격을 가졌는데, 그 풍성함 가운데 존재하는 꽃향기와 같은 우아함과 섬세함을 빅토르 위고도 알아차린 것 같다.

와인을 오픈하니 포마르 특유의 아주 잘 익은 농축된 자두, 체리, 라스베리, 블루베리의 새콤달콤한 아로마가 올라온다. 조금 어린 듯해 고기를 굽고 식사를 준비하는 동안 잠시 와인을 열어두기로 했다. 얇게 자른 쇠고기 안심 스테이크와 포마르의 궁합은 참으로 편안했다. 둘 중 무엇하나 내가 신경을 써야한다거나 미간을 찡그리며 이게 무슨 식감인지, 이게 무슨 맛이고 향인지 어떤 질감인지 멈칫할 것이 없었다. 그러고 보면 포마르는 텍스처와 맛, 와인이 품은 느낌까지 둥글둥글한 매력을 발산한다. 무엇보다 부르고뉴 와인 앞에서 유독 예민해지는 나의 긴장을 풀어주는 매력이 있다. 긴 여정 후에 맛보는 참으로 편안하고 멋진 저녁 식사였다.

식사가 끝나자 남편은 파티세리에서 사온 디저트를 꺼내와 주섬주섬 열기 시작했다. 도저히 먹을 엄두가 나지 않아 배를 두드리니 남편은 그럴 줄 알았다는 듯 웃음을 터뜨렸다. 하지만 그도 알고 있을 것이다. 내일 아침이면 이 디저트들은 모두 흔적도 없이 사라져 버릴 것이라는걸.

부르고뉴 와인 합리적으로 구입하기

부르고뉴 와인은 편하지 않다. 너무 비싸기 때문이다. 원래 고급 와인 시장의 주인공은 보르도 와인이었다. '소더비 럭셔리 와인 세일즈 셰어Sotheby's Luxury Wine Sales Share'의 자료Report에 따르면 2013년에는 보르도 와인이 60퍼센트, 부르고뉴 와인이 26퍼센트를 차지했다. 하지만 2019년의 같은 자료를 보면 보르도 와인이 26퍼센트, 부르고뉴 와인이 50퍼센트로 완전히 다른 판세를 보인다. 와인 거래소 '리브엑스Live-ex'에서 발표한 자료에 따르면 2013년부터 2019년까지 부르고뉴 와인의 가격은 거의 수직으로 상승하는 추세를 보인다. 소더비 자료에 따르면 2019년 부르고뉴 와인은 고급 와인 시장 매출의 절반 이상을 담당하고 있다. 바야흐로 부르고뉴 와인의 시대가 도래한 것이다. 세계에서 가장 비싼 와인도 부르고뉴 와인이다. 부르고뉴 와이너리 '도멘 드 라 로마네 콩티Domaine de la Romanée-Conti'의 '로마네 콩티Romanée-Conti' 그랑 크뤼 와인은 2018년 뉴욕 소더비 경매에서 55만 8000달러로 역사상 가장 비싼 가격에 낙찰된 와인이었다.

2013년 이전부터 부르고뉴 와인을 마셔온 나에게 부르고뉴 와인의 가격 상승 추세는 달가울 리 없다. 당시에도 고급 와인군에 속해 가격대가 꽤 높았지만 지금은 훨씬 더 비싸졌고 심지어는 희귀하기까지 해서 원하는 와인 생산자의 특정 포도밭, 특정 빈티지 와인을 합리적인 가격에 구하기란 하늘에서 별 따기가 되었다. 때문에 부르고뉴의 높은 등급 와인인 프르미에 크뤼나 그랑 크뤼 와인을 마실 때면 마치 스펀지처럼 온전히 이 와인을 빨아들이고 즐기고 느껴야 한다는 일종의 부담감이 들어 예민해지기까지 한다. 개인적으로 최고급 부르고뉴 와인을 마실 때는 음식도 곁들이지 않으려고 한다. 음식을 곁들일 때면 부르고뉴의 좋은 와인들 특유의 섬세함과 우아함, 음식과 함께라면 정확히 알아채기 어려운 미네랄

리티나 스파이스, 특유의 음습한 뉘앙스를 충분히 즐기지 못한다
는 생각이 지배적이기 때문이다. 음식의 향이 부르고뉴 와인의 섬
세하고 우아하고 아름다운 향을 덮어버리면 강한 절망감마저 느낀
다. 부르고뉴 와인은 이 황홀한 향이 심장인걸! 굉장한 와인 스놉
snob(잘난 척하는 사람)처럼 들릴지 모르겠지만 지금 나는 지극히 개인
적인 '강박증'을 고백하는 것이다. 부르고뉴 와인에 대한 나의 '유
난함'을 토로하는 것이다. 다른 와인을 마실 때는 그렇지 않은데 (특
히 고급) 부르고뉴 와인에 대해서만은 이런 강박이 있어 오히려 촌
스러울 정도다. 편하고 행복한 마음으로 부르고뉴 와인을 즐기던
10여 년 전이 그리울 따름이다.

그렇다고 방법이 없는 것은 아니다. 부르고뉴 와인 중에서도 음
식과 페어링할 때 더 맛있어지는 와인을 찾으면 된다. 이것은 나만
의 방법인데 최고급 부르고뉴 와인은 아닐지라도 가격도 합리적이
고 접근성이 좋으며 음식과의 마리아주가 좋고 특별히 나의 감각적
인 예민함을 잠재워줄 편안한 부르고뉴 와인을 찾는 것이다.

첫째, 어디서부터 시작해야 할지 모르겠다면 낮은 등급인 레지
오날 와인부터 시작해보자.

부르고뉴 와인을 이해하기 위해서는 가장 먼저 부르고뉴 특유
의 생산지 기반 등급제를 이해해야 한다La classification des appellations de
Bourgogne. 쉽게 설명하면 등급 체계 피라미드 중 아래쪽에 포진한
'레지오날' 와인이 저렴하고 피라미드 꼭대기로 갈수록 마을급 '빌
라주' 와인, 마을에서도 특정 프르미에 크뤼 포도밭 와인 그랑 크뤼

와인일수록 생산량도 적고 값도 비싸고 희귀해진다. 물론 와인 생산자의 네임밸류name value나 빈티지가 변수로 작용하지만 기본 원리는 그렇다. 레지오날의 와인병에는 '부르고뉴'와 같은 지방 이름만 적혀 있다. 높은 생산량과 낮은 가격 덕분에 접근성이 좋으며 음식과 함께 가볍게 마시기에 더할 나위 없이 유쾌하다. 유명하고 전설적인 생산자들도 레지오날급 와인을 생산하므로 병당 몇 십만 원에서 몇 백만 원을 호가하는 와이너리의 손길과 스타일을 레지오날 와인으로—때에 따라 레지오날 와인이라고 생각되지 않을 정도로 비싼 몸값과 희귀성을 자랑하기도 하지만—맛볼 수 있다는 장점이 있다. 예를 들면 부르고뉴, 부르고뉴 오트 코트 드 본Bourgogne Hautes-Côtes de Beaune, 부르고뉴 오트 코트 드 뉘Bourgogne Hautes-Côtes de Nuits, 부르고뉴 코트 샬로네즈Bourgogne Côte Chalonnaise, 마콩Macon 등이다.

둘째, 부르고뉴에 있는 숨은 보석 같은 마을을 찾자.

부르고뉴의 매력은 단일 포도 품종(피노 누아, 샤르도네)의 다양한 테루아르에 따른 다양한 표현과 스타일에 있다. 때문에 주야장천 레지오날 와인만 마시면 부르고뉴 와인의 매력을 다 알기 어렵다. 어느 정도 부르고뉴 와인 스타일에 익숙해졌다면 레지오날 와인에서 빌라주(마을급) 와인으로 시선을 옮겨보자. 마을급 와인부터는 가격이 급상승하는데 특히 전통적인 인기 마을의 와인이라면 더욱 그렇다. 그렇다면 인기 마을을 피해 숨은 보석 같은 빌라주 와인을 찾으면 된다. 부르고뉴 와인의 인기가 올라가면서 동시에 과거에는 비인기 마을이었던 곳들도 재조명을 받고 잠재력을 인정 받고 있다. 젊은 와인 생산자들은 숨은 보석 같은 마을에 뛰어들어 원석을 다듬고 있다. 과거에는 다소 부족했던 테루아르의 연구 또한 적극적으로 이루어지고 있으며 마을만이 가지는 테루아르의 개성을 와인에 표현해 내는 추세다. 무엇보다 장점이라면 인기 많은 마을급 와인 가격으로 이 마을들에서는 프르미에 크뤼와 같은 특정 포도밭 와인을 구입할 수 있다. 포도밭 단위 와인으로 갈수록 테루아르가 강하게 표현되므로 단일 포도밭 와인에 도전하고 싶다면 숨겨진 보석 같은 마을 와인에 접근해보자. 불과 몇 년 사이 이 마을들의 와인 가격과 인기가 함께 상승하는 추세이므로 더 이상 비인기

추천하는 비인기 혹은 중간급 마을

레드 와인: 마르사네Marsannay, 픽생Fixin, 사비니 레 본Savigny-les-Beaune, 알록스 코르통Aloxe-Corton, 포마르Pommard, 볼네Volany, 상트네Santenay, 지브리Givry

화이트 와인: 사비니 레 본Savigny-lès-Beaune, 페르낭 베르줄레스Pernand-Vergelesses, 라두아Ladoix, 생 로맹Saint-Romain, 생 토뱅Saint-Aubin

전통적인 인기 마을

레드 와인: 주브리 샹베르탱Gevrey-Chambertin, 모레 생 드니Morey-Saint-Denis, 샹볼 뮈지니Chambolle-Musigny, 부조Vougeot, 본 로마네Vosne-Romanée, 뉘 생 조르주Nuits-Saint-Georges

화이트 와인: 뫼르소Meursault, 퓔리니 몽라셰Puligny-Montrachet, 샤사뉴 몽라셰Chassagne-Montrachet

마을이라고 부를 수 없는 날이 도래할 것이다.

셋째, 라이징 스타 생산자를 공략하자.

라이징 스타라는 단어만큼 추상적인 용어도 드물 것이다. 특히나 요즘처럼 전 세계의 조명을 한몸에 받는 부르고뉴 같은 곳에서는. 와이너리의 체계 혹은 위계가 아주 폐쇄적이고 공고히 정해진 보르도와 달리(보르도 1855 분류법) 부르고뉴에서는 유서 깊은 전통적인 와인 생산지임에도 촉망받는 와인 생산자의 트렌드가 제법 빠르고 생동감 있게 변화한다. 때문에 몇 번의 빈티지만에 부르고뉴의 젊은 와인 생산자가 촉망받는 라이징 스타가 되어 뉴욕, 런던, 홍콩 등 세계 주요 도시의 미슐랭 레스토랑에 쫙 깔리기도 한다.

이는 첫째, 부르고뉴 특유의 테루아르(땅)를 중심으로 하는 와인 분류 체계와 둘째, 프랑스의 다른 와인 생산지에 비해 와이너리가 주식회사 형태나 거대 기업에 의해 운영되는 비율이 현저히 낮고, 대부분 가업(패밀리 비즈니스) 형태로 운영하는 시스템이며 셋째, 모든 땅을 자녀들에게 똑같이 유산 분배한다는 프랑스 나폴레옹 상속법이 결합된 결과다. 이 세 가지의 결합은 부르고뉴의 아이덴티티를 형성하기도 하지만, 한편으로는 부르고뉴 와인 생산자들을 속썩이는 오래된 문제의 원인이 되기도 한다.

예를 들면 부르고뉴의 그랑 크뤼 포도밭인 ‘클로 드 부조Clos de Vougeot’의 경우 한 포도밭이 80여 개의 작은 대지로 조각조각 나뉘어 서로 다른 소유주가 80여 명이나 된다. 만약 내가 클로 드 부조의 한 조각을 소유하고 있고 자녀가 셋이라면 내가 죽은 후에는 작은 포도밭 조각을 셋으로 나누어 세 자녀가 소유하게 된다. 산술적으로만 계산한다면 시간이 지날수록 포도밭은 더 이상 나눌 수 없을 정도로 작아지고 소유주도 몇 백 명으로 늘어나는 시스템이다. 이런 시스템이 야기하는 가장 큰 문제가 바로 '상속세'에 해당한다. 포도밭을 상속받으면 상속세를 내야 하는데 부르그뉴 땅값이 워낙 비싸다 보니 본인의 의지와 상관 없이 가업으로 이어 오던 포도밭을 다른 와이너리나 외지인에게 팔아야 하는 일이 비일비재하다.

이런 구조는 한편으로 라이징 스타 와인 생산자가 탄생하는 기회이기도 하다. 요컨대 자녀들이 독립해 신생 와이너리를 차린다든지 혼인을 통해 생각지도 못한 인물이 생산자로서 재능을 발휘하기도 한다. 이처럼 젊고 신선한 인물들은 포도밭의 매력을 알고 기존의 포도밭 테루아르를 새롭게 해석하기도 한다. 가업으로 포도밭을 소유하지는 않았지만 전문 와인 생산자로 경력을 쌓아 부르고뉴의 작은 포도밭 한 뙈기를 사서 조그마한 와이너리를 새로 시작하기에도 적절한 구조다. 또한 무조건 가족의 포도밭을 물려받기 때문에 일찍부터 와인 생산자의 꿈을 꾸고 부르고뉴 바깥 혹은 프랑스 밖으로 나가 부모나 조부모 세대보다 와인 양조 경험을 훨씬 더 다양하게 쌓고 고향에 돌아오는 2세, 3세도 늘어나며 부모 대에는 빛을 발하지 못했던 와이너리나 포도밭이 자녀 대에 라이징 스타가 되는 경우도 많다.

이런 독특한 이유로 부르고뉴에서는 언제나 젊고 새로운 와인 생산자에 관심을 가져야 하며 이미 인정받은 '명가' 들에 비해 이 와인들은 타이밍만 잘 맞는다면—비록 실험적이지만 무척 잘 만든 맛있는 와인을—비교적 저렴한 가격에 맛볼 수 있다. 특히나 젊은 생산자의 비인기 지역 와인이라면 더더욱 그렇다. 아주 믿음직스러운 와인 전문가를 만난다면, '요즘 부르고뉴의 젊고 촉망받는 와인 생산자의 와인을 추천해 주세요'하고 요청해 볼 일이다.

라이징 스타 와인 생산자

도멘 실뱅 파타이으Domaine Sylvain Pataille

마르사네Marsannay 마을의 와인 생산자 실뱅 파타이으는 아버지나 할아버지가 와인 생산자도 아니었고 가업으로 받은 포도밭도 없었지만 어릴 때부터 와인 생산자의 꿈을 꾸었다고 한다. 14세 때 본의 와인 학교에 진학하고 보르도에서 양조학을 전공해 고향인 마르사네로 돌아와 아주 작은 포도밭부터 시작해 와인을 만들었다. 2001년 와인을 첫 빈티지로 생산했다. 비인기 마을이던 마르사네 테루아르에 대한 순수한 열정과 확고한 양조 철학, 높은 품질의 와인으로 부르고뉴 와인 애호가들 사이에 재평가 받으며 단숨에 라이징 스타로 떠올랐다. 오직 마르사네 포도밭 와인만 만든다는 점이 그의 고집스러운 열정을 가늠케 한다.

도멘 베흐토 제르베Domaine Berthaut-Gerbet

픽생 마을의 대표적인 와인 생산자 가문인 베흐토 집안에서 7대째 와인 생산 가업을 잇는 인물이 아멜리 베흐토Amélie Berthaut다. 보르도에서 와인 양조를 공부한 후 2013년부터 가족 와이너리에 합류하여 2015년부터 본격적으로 새로운 도멘 이름으로 와인을 양조하고 있다. 베흐토는 아버지 쪽의 성, 제르베는 어머니 쪽의 성이다. 부르고뉴의 보석 같은 여성 생산자로 짧은 시간에 와인 애호가들의 주목을 크게 받고 있다. 주브리 샹베르탱, 샹볼 뮈지니, 부조, 본 로마네 등 인기 마을의 최고급 프르미에 크뤼 및 그랑 크뤼 포도밭 와인 들도 생산하고 좋은 평가를 받고 있지만, 그녀가 가장 애정을 쏟으며 주력하는 와인은 역시 자신의 뿌리인 픽생의 와인이다. 19세기까지만 해도 픽생은 주브리 샹베르탱과 명성이 대등했으나 최근까지 주브리의 그림자에 가려 있었고, 수십 년간 마을을 대표하는 플래그십 도멘도 없었다. 잊힌 마을을 되살리는 젊고 아름다운 히로인 아멜리는 픽생 와인을 아주 진지하고 섬세한 터치로 만들어내며 픽생 와인에 따라다니던 '시골스럽고 투박한' 꼬리표를 완벽히 떼고 우아한 부르고뉴 와인을 양조해 와인 애호가들의 사랑을 받고 있다.

도멘 드 라를로 Domain de L'Arlot

뉘 생 조르주Nuits Saint Georges 마을에 위치한 도멘 드 라를로는 1892년부터 있었던 부르고뉴 와이너리지만 1987년 보험회사의 와인 담당 자회사 AXA Millésimes에서 인수하고, 능력있는 전문 와인 양조가를 고용하면서 본격적으로 존재감을 드러내기 시작했다. 뉘 생 조르주의 프르미에 크뤼 포도밭 와인들로 좋은 평가를 받고 있으며 독특하게 레드 와인이 주력 생산지인 뉘 생 조르주에서 희귀한 화이트 와인도 생산하고 있다.

도멘 이본 클레제 Domaine Yvon Clerget

클레제 가문은 볼네Volnay와 포마르Pommard 마을에서 1268년부터 와인을 생산해온 오랜 역사를 자랑하는 집안이다. 현재 도멘의 와인 메이커인 티보 클레제Thibaud Clerget가 28대손이라고 한다. 유구한 역사를 자랑하지만 티보의 아버지인 이본Yvon은 2009년에 은퇴하고 와인 생산을 중단했다. 하지만 아들인 티보의 와인에 대한 열정을 알고 아들이 와인 양조학과 포도재배학을 공부하고, 도멘 앙리 부아이요Domain Henri Boillot와 도멘 위들로 노엘라Domain Hudelot Noellat 및 미국과 뉴질랜드에서 경험을 쌓는 동안 포도밭을 매각하지 않고 앙리 부아이요에 포도를 납품하며 아들을 기다려줬다. 화려하게 귀환하여 20대의 나이에 2015년 첫 빈티지를 생산한 티보는 이본 클레제 도멘을 혁신적으로 재탄생시켰다는 평가를 받으며 부르고뉴의 새로운 스타로 자리 잡게 되었다. 역시 인기 마을과 포도밭 와인도 만들지만 클레제 가문의 뿌리인 볼네와 포마르 지역 와인에 주력하고 있다. 볼네의 단일 포도밭 와인은 매우 인상적이다. 2019년부터는 뫼르소 화이트 와인에도 힘을 쏟고 있다.

피에르 지라댕Pierre Girardin

뫼르소 마을에 기반을 둔 와인 생산자로 2017년이 첫 빈티지다. 피에르 지라댕은 부르고뉴 지역에서 19세 어린 나이부터 훌륭한 품질의 와인을 생산해 주목받은 와인 생산자 뱅상 지라댕Vincent Girardin의 아들이다. 능력이 출중했던 뱅상 지라댕은 안타깝게도 건강의 이유로 은퇴하고, 2012년 오랜 동업자에게 도멘과 포도밭의 지분을 모두 넘기게 되었다(뱅상 지라댕의 이름으로 와인이 생산되고 있지만 뱅상이 양조에는 관여하지 않는다). 하지만 어릴 때브터 와인 양조에 큰 관심을 보이던 아들 피에르를 위해 핵심 포도밭 4.5헥타르를 남겨두었으며 갓 20세가 된 피에르는 작은 포도밭을 바탕으로 본인의 이름을 건 와이너리를 시작해 첫 해인 2017년부터 주목받기 시작했다. 코트 드 본 마을들의 레드 와인도 생산하지만 아버지에게 물려받은 뫼르소 포도밭과 코트 드 본 인기 마을의 화이트 와인들을 주력으로 하고 있다.

뱅자맹 르루Benjamin Leroux

뱅자맹 르루는 본에서 태어나고 자랐지만 와인 생산자 집안이 아니었기 때문에 그에게 와인 양조를 가르쳐줄 사람은 없었다. 어린 시절부터 이미 와인에 매료된 뱅자맹은 와인 기술을 배우기 위해 15세에 농업학교에 진학하고 그때부터 프랑스와 미국의 여러 와이너리에서 견습 생활을 경험했다. 그는 파스칼 마샹Pascal Marchand에게 사사받았고 이후 부르고뉴 디종으로 돌아와 와인 양조학을 전공했다. 대학 시절부터 졸업 이후까지 프랑스 부르고뉴, 보르도, 뉴질랜드 등에서 경험을 쌓다가 24세에 거장 파스칼 마샹이 책임자로 있던 도멘 콩트 아르망Domaine Comte Armand에 후임 책임자로 오퍼를 받았다. 콩트 아르망에서 15년간 양조 책임자로 일하다가 2007년에 독립하여 아주 작은 네고시앙(포도밭을 소유하지 않고, 포도나 주스를 구입해서 와인을 양조하는 형태)으로 시작해 포도밭을 조금씩 구매하고 소유 밭을 늘려갔다. 2013년부터는 직접 포도밭을 소유하고 관리하며 와인을 양조하기 시작하여 다양한 마을과 스타일의 와인을 생산하고 있다.

르크뤼 데 성스Recrue des Sens

얀 뒤리외Yann Durieux는 부르고뉴 와인계에서 혁신적이고 독립적인 생산자로 손꼽히는 인물이다. 전통적인 와인 양조 방식에 도전하며 자연주의 와인Natural Wine 철학을 기반으로 독창적인 와인을 생산하고 있다. 뒤리외는 젊은 시절부터 와인 양조에 관심이 많았으며 도멘 프리외레 로크Domaine Prieuré Roch에서 오랜 시간 양조 경험을 쌓았다. 이후 독립하여 자신의 와이너리 '르크뤼 데 성스'를 설립하였고, 화학 비료와 제초제를 전혀 사용하지 않는 유기농 방식으로 포도밭을 관리하며 양조 과정에서도 인위적인 개입을 최소화했다. 강렬한 개성과 독특한 스타일로 이미 애호가들 사이에 입소문을 타고 있다.

도멘 앙투안 리엥하르트 Domaine Antoine Lienhardt

앙투안 리엥하르트는 부르고뉴 기요Guyot 가문의 4대째 와인 메이커로 뉘 생 조르주 남쪽에 위치한 콩블랑시엥Comblanchien 마을에서 뛰어난 품질의 와인을 생산하며 주목받고 있는 젊은 생산자다. 콩블랑시엥은 과거 채석장으로 유명했던 마을로 부르고뉴 애호가들 사이에서 상대적으로 저평가되었으나, 앙투안은 이곳 테루아르의 잠재력을 믿고 뛰어난 와인을 만들어 지역의 가치를 새롭게 조명하고 있다. 그는 다양한 지역에서 쌓은 양조 경험과 자연에 대한 깊은 이해를 바탕으로 비오디나미biodynamie 농법을 도입하고 유기농 재배 및 자연 효모 발효 등 최소한의 개입으로 와인을 양조한다. 앙투안은 콩블랑시엥이 언젠가 프르미에 크뤼로 승격될 가능성이 있다고 확신하며 자연과 조화를 이루며 테루아르 본연의 개성을 극대화한 와인을 생산하며 라이징 스타로 자리 잡았다.

넷째, 네고시앙의 매력에 빠져보자. 네고시앙Négociant은 부르고뉴 와인 산업에서 중요한 역할을 하는 독특한 주체로 직접 포도를 재배하지 않거나 소유한 포도밭 외의 포도를 구매하여 와인을 생산하고 유통하는 이들이다. 부르고뉴는 포도밭이 매우 작고 세분화되어 있어 소규모 생산자가 많기 때문에 이들이 생산한 와인을 수집하고 숙성시켜 판매하는 네고시앙 시스템이 필연적으로 발전했다. 네고시앙 시스템은 18세기부터 시작되어 부르고뉴 와인을 대량으로 수출하는 중요한 통로 역할을 해왔으며, 특히 19세기부터 유럽과 미국 시장에 부르고뉴 와인을 널리 알리는 데 혁혁한 기여를 했다. 초기에는 단순히 와인을 구매하고 유통하는 역할이었지만 시간이 지나면서 일부 네고시앙들은 포도밭을 직접 소유하고 고급 와인을 생산하는 네고시앙-엘레베르Négociant-Éleveur 형태로 발전했다.

네고시앙 와인은 초심자가 부르고뉴 와인을 입문하는 데 있어 안정적인 품질, 합리적인 가격, 다양한 스타일을 경험할 수 있는 좋은 선택지라고 볼 수 있다. 왜냐하면 부르고뉴 지역의 여러 포도밭에서 다양한 빈티지의 포도를 수집하고, 오랜 경험과 전문성을 바탕으로 일정한 품질의 와인을 생산해왔기 때문이다. 아무래도 초심자는 소규모 도멘의 와인처럼 빈티지나 생산자에 따른 편차가 큰 와인보다 균일한 품질을 유지하는 네고시앙 와인을 통해 부르고뉴 와인의 전반적인 특징을 쉽게 접할 수 있다는 장점이 있다. 뿐만 아니라 네고시앙 와인은 같은 지역의 도멘 와인에 비해 가격에서 합리적인 면이 있다. 특히 유명한 프르미에 크뤼나 그랑 크뤼 포도밭의 와인을 비교적 저렴하게 경험할 수 있어 초심자도 큰 부담 없이 고급 부르고뉴 와인을 시도해볼 수 있다.

네고시앙의 매력

도멘 페블레 Domaine Faiveley

1825년에 설립된 네고시앙이자 도멘으로 코트 드 뉘와 코트 드 본에 걸쳐 다수의 프르미에 크뤼와 그랑 크뤼 포도밭을 가지고 있다. 페블레는 특히 마지 샹베르탱Mazis-Chambertin과 클로 드 부조Clos de Vougeot 와인이 유명하며 강건하고 구조감 있는 클래식한 부르고뉴 스타일의 와인을 생산한다. 오랜 숙성 잠재력을 가진 와인으로 전 세계 애호가들에게 사랑받고 있다.

조제프 드루앵Joseph Drouhin

조제프 드루앵은 1880년에 설립된 부르고뉴의 대표적인 네고시앙이자 도멘으로 코트 도르 전역과 샤블리 지역어 걸쳐 포도밭을 소유하고 있다. 네고시앙으로는 희귀하게 가족 경영 체제를 유지하며 현재 4대째 운영되고 있다. 설립 초기부터 뛰어난 품질과 전통을 중시하며 부르고뉴 와인의 명성을 널리 알렸고, 특히 제2차 세계대전 당시 레지스탕스 활동을 통해 와인과 지역을 지킨 가문으로도 잘 알려져 있다. 부르고뉴의 자존심이자 역사를 상징하는 네고시앙이다.

루이 자도Louis Jadot

1859년에 설립된 루이 자도는 부르고뉴 전역에 걸쳐 다양한 포도밭을 소유하고 있으며 안정적인 품질과 접근성으로 널리 사랑받고 있다. 네고시앙이면서도 프르미에 크뤼와 그랑 크뤼 포도밭을 다수 소유하여 고급 와인을 생산한다. 클래식하고 전통적인 부르고뉴 스타일을 지향하며 안정적인 품질과 접근성으로 전 세계 애호가들에게 널리 사랑받고 있다. 방패 형태의 라벨에 새겨진 문양은 루이 자도의 상징으로 잘 알려져 있다.

부샤르 페르 에 피스Bouchard Père et Fils

1731년에 설립된 부르고뉴에서 가장 오래된 네고시앙 중 하나로 광범위한 포도밭 소유와 뛰어난 양조 기술로 유명하다. 특히 19세기 필록세라Phylloxera의 위기에서도 주요 포도밭을 지켜내며 부르고뉴 와인 산업의 재건에 기여했다. 본Beaune 지역에 강점을 가지고 있으며 숙성 잠재력이 높은 와인들을 생산한다. 현재 약 130헥타르에 달하는 포도밭을 소유하고 있으며 그중 절반 이상이 프르미에 크뤼와 그랑 크뤼 등급에 속한다. 이러한 노력으로 그랑 크뤼와 프르미에 크뤼 와인에서도 높은 평가를 받고 있다.

알베르 비쇼Albert Bichot

1831년에 설립된 알베르 비쇼는 오랜 역사와 더불어 현대적 감각을 접목해 고품질 와인을 생산하는 네고시앙이다. 현재 6대째 가족 경영 체제를 유지하고 있으며 창립 이후 꾸준히 부르고뉴 전역에서 포도밭을 매입해 포트폴리오를 확장해왔다. 알베르 비쇼는 매년 열리는 오스피스 드 본 경매에서 가장 많은 로트를 낙찰받는 네고시앙으로 실제 경매 기록에서도 상위권을 차지하고 있다. 레드뿐만 아니라 고급 화이트 와인에서도 뛰어난 성과를 보이고 있다.

아페리티프를 빼놓고는 프랑스의 식사 문화를 이야기할 수 없다고들 한다. 아페리티프는 '식사를 시작하기 전, 식사의 시작을 알리는 술'로 라틴어 '열다aperitiuvum'에서 기원했다고 한다. 식전주와 이를 마시는 시간을 통틀어 아페리티프 혹은 아페로라고 하는데 짧게는 30분, 길게는 3시간까지 이어진다. 프랑스인들의 아페로 모습은 각양각색이다. 식전주만 앞에 두고 있을 수도 있고, 빵Boulangerie과 각종 가공육인 샤퀴테리, 올리브와 치즈가 있을 수도 있다. 프랑스인들은 저녁 식사를 겸한 아페로를 하기도 하는데 마치 칵테일 파티 같은 느낌으로 저녁 시간 전체를 꽉 채우기도 한다. 이를 '아페로 디나투와르Apéro Dînatoir'라고 칭한다. 모습은 달라도 아페로에서 결코 빠져서는 안 되는 것이 있으니 바로 '수다'다. 프랑스인들의 식사 시간은 마치 고대 그리스의 '향연'을 직접 보는 것 같은 착각을 불러일으킨다. 당시에도 심포지엄에 참가한 이들은 식사와 와인, 올리브와 빵 등을 몇 시간 내내 먹고 마시며 끝나지 않을 것 같은 토론과 이야기를 나누었다. 프랑스인들의 '이야기'는 아페로에서 시작된다. 그렇다면 프랑스인들은 어떤 와인을 아페리티프로 마실까? 아무래도 가장 무난한 식전주는 샴페인이나 크레망과 같은 스파클링 와인일 것이다. 샴페인은 프랑스 상파뉴 지역에서 특정한 전통 방식을 사용해 만들어야 하고 무엇보다 네임밸류가 있기 때문에 가격대가 높다. 그렇기 때문에 간단한 식전주로는 프랑스의 크레망과 같은 편안한 스타일의 스파클링 와인이 인기가 많다.

부르고뉴에는 특별히 '크레망 드 부르고뉴'라는 크리미한 질감이 매력인 크레망이 있다. 스파클링 와인이 아니더라도 가벼운 화이트 와인이나 로제 와인, 혹은 가벼운 레드 와인을 식전주로 주문할 수 있는데 부르고뉴 지방 와인 중에 식전주로 마실 만한 와인을 두 가지 정도 추천하면 바로 '알리고테' 품종의 화이트 와인과 '보졸레' 와인이다. 알리고테는 부르고뉴의 흔한 화이트 와인 품종 중 하나지만 대중적으로는 잘 알려지지 않았다. 부르고뉴의 대표 화이트 와인 품종인 '샤르도네'의 그림자에 가려 있고, 흔하고 저렴하다는 인식 때문이다. 하지만 최근 명망 있고 야심찬 부르고뉴의 생산자들을 중심으로 가볍고 경쾌하고 맛있게 만들어진 알리고테 와인들이 주목받고 있다. 산뜻한 질감과 산도, 사과와 딱딱이복숭아, 신선한 허브와 흰 꽃 같은 풍미는 식전주로 안성맞춤이다. 부르고뉴 레지오날급 와인인 '부르고뉴 알리고테Bourgogne Aligoté'를 선택하거나 다소 희귀하지만 마을급 와인인 '부즈롱Bouzeron' 와인을 선택하면 되겠다.

보졸레의 경우 공식적으로는 부르고뉴 와인에 속하지는 않지만 부르고뉴와 바로 인접해 있기 때문에 종종 부르고뉴 와인과 함께 묶인다. 보졸레는 '가메'라는 부르고뉴 전역에 널리 심긴 적포도 품종으로 만드는 레드 와인인데 새콤달콤한 과실 풍미가 매력적이다. 보졸레라고 하면 보졸레 누보Beaujolais Nouveau(올해 수확한 포도로 만든 햇와인)를 가장 먼저 떠올릴 것이다. 매년 11월 셋째 주 목요일은

'보졸레 누보 데이'로 프랑스뿐 아니라 전 세계에서 이날, 포도를 수확해 만든 햇와인인 '보졸레 누보'를 즐기며 축하한다. 보졸레 누보는 새콤달콤한 포도주스 느낌인데 보졸레에 진지하고 역량있는 생산자들이 생기면서 보졸레 누보의 전체적인 품질도 향상되고 스타일도 다양해졌다. 보졸레 와인 중에서도 특히 보졸레 빌라주 혹은 크뤼Cru 등급의 와인들은 부르고뉴 피노 누아 레드 와인과 비견할 정도로 좋은 평가와 인기를 얻고 있다. 보통의 보졸레가 가진 새콤달콤한 석류나 딸기, 짓이긴 블루베리와 같은 신선한 과실 풍미에 더해 고급 보졸레에는 종종 사랑스러운 작약이나 바이올렛과 같은 꽃향기와 향신료 뉘앙스가 있다. 보졸레 와인 또한 시원하게 칠링해서 간단한 샤퀴테리나 치즈와 페어링하기 좋으므로 아페리티프 와인으로 추천할 만하다.

여기에 샤블리 와인을 빼면 서운하다. 지역 구분상 샤블리는 부르고뉴 와인에 묶이지만 지리적으로는 코트 도르보다 훨씬 더 북쪽에 위치하고 와인의 스타일도 매우 다르다. 샤블리는 코트 드 본과 동일한 샤르도네 품종으로 화이트 와인을 생산하지만, 추운 북부에 위치하다 보니 산도가 훨씬 높고 날이 서 있으며 풍성하고 화려한 과실 풍미보다는 풋사과나 라임, 레몬 같은 산뜻한 풍미와 미네랄리티로 표현하는 약간 짭조름한 맛이 주를 이룬다. 말로 들으면 왠지 맛이 없을 것 같지만 해산물과 페어링하면 생각이 달라질 것이다. 특히 굴과 샤블리는 아주 전통적인 조합이며 칼라마리 같은 해산물 튀김이나 해산물 샐러드의 간단한 에피타이저와 곁들이기 아주 좋다. 말 그대로 에피타이트(입맛)를 돋우어 줄 테니까.

프랑스인들은 식전주로 리큐르를 마시기도 하는데 대표적으로 아니스와 감초로 만든 파스티스Pastis, 켄티아나 식물 뿌리로 만든 수즈Suze를 들 수 있다. 피노Pineau라는 술도 전통적인 프랑스 식전주인데, 코냑Cognac(포도를 원재료로 한 증류주)에 아직 발효 전인 포도 주스를 섞은 것이다. 뿐만 아니라 각 지방마다 혹은 레스토랑이나 집집마다 독특한 아페리티프 레시피가 있어 마치 칵테일처럼 다양한 아페리티프를 만들어 즐기기도 한다. 하지만 프랑스인들이 가장 사랑하는 칵테일은 따로 있으니 그것은 '키르Kir'다.

부르고뉴, 게다가 디종에 왔다면 꼭 마셔야 하는 아페리티프가 바로 키르다. 키르는 프랑스인의 단골 식전주 메뉴 중 하나로 프랑스의 어느 카페나 비스트로에 구비되어 있는데 크렘 드 카시스Crème de Cassis라는 블랙커런트 리큐르 약간에 화이트 와인을 넣은 칵테일이다. 지금은 각 지방마다 다양한 화이트 와인을 섞지만 본디 원조는 부르고뉴 알리고테로 부르고뉴 고유의 화이트 와인이었다. 때문에 부르고뉴 지방에 간다면 원조 알리고테를 넣은 키르를 맛보길 권한다. 크렘 드 카시스에 샴페인을 섞은 것은 키르 로열Kir Royal이라고 부른다.

키르에는 역사적인 일화가 얽혀 있다. 키르는 1945년부터 1968년까지 부르고뉴 디종의 시장이었던 펠릭스 키르Felix Kir라는 인물의 이름을 딴 것이다. 2차 세계대전 중이던 1940년, 나치군이 디종을 점령했을 때 디종의 고위급 인사들은 모두 도망쳤지만 당시 가톨릭 사제이자 레지스탕스resistance(저항군)였던 펠릭스 키르는 끝까지 디종에 남아 시민들을 지켰고 나치군에 잡힌 포로들을 탈출시키기 위해 노력했다고 한다. 당시 나치군은 프랑스 각 지방의 고급 와인들을 헐값에 사들이거나 약탈했는데, 프랑스 와인 중에서도 최고급으로 꼽히던 부르고뉴 와인은 단연 약탈 1순위였다. 와인을 사모아 나치군이 마시려는 의도도 있지만 히틀러가 술을 전혀 마시지 않았다는 것을 보면 프랑스 최고의 자존심인 와인을 약탈함으로써 굴욕감을 주고자 했던 것이리라. 이를 간파한 펠릭스 키르는 당시 부르고뉴에서 쉽게 구할 수 있었던 블랙커런트 리큐르에 알리고테 화이트 와인을 섞어(당시에도 유명한 것은 부르고뉴의 샤르도네와 피노 누아 와인이었지 알리고테 와인이 아니었다) 마치 레드 와인처럼 보이는 술을 만들었고 고개를 당당히 치켜들며 '이것이 우리의 술이다'라고 선언했다고 한다. 프랑스인의, 부르고뉴인의, 디종인의 자존심은 그리 쉽게 사라지지 않음을 보여주고자 했던 것이니 얼마나 멋진가! 이후 펠릭스 키르는 1945년부터 디종 시장을 역임했고 그가 만든 술은 '키르'라는 이름을 갖게 되었으며 지금까지도 프랑스인들에게 가장 사랑받는 아페리티프로 자리매김했다.

—— 사부아 데구스테, 미식의 철학과 퀴진 부르주아즈 ——

테루아르는 와인에만 적용되는 개념이 아니다. 와인에서 자주 언급하고 특별히 부르고뉴 와인에서 수없이 강조되는 '테루아르'는 프랑스의 미식 문화와 역사를 관통하는 단어이기도 하다. 대략 17세기부터 사용된 것으로 추정되는 이 단어는 처음 도입되었을 때 '토양과 농산품 간의 조화'를 의미했는데, 점차 발전하여 프랑스 내 지역의 독특한 토양과 환경에 따라 고유한 맛과 품질을 가진 농산품이 생산된다는 뜻으로 사용되었다. 테루아르의 시작점은 프랑스인들의 뛰어난 자연 환경에 대한 자부심과 '땅'에 대한 깊은 애착에서 비롯한다.

프랑스인들의 미식 문화는 결국 땅으로 회귀한다. 고급 와인이나 최고의 요리사가 만든 어떤 예술작품일지라도 결국은 '땅'과 '농산품'으로 돌아간다. 이러한 관념, 철학, 자부심은 프랑스 농산품 법제도에까지 영향을 미쳐 AOC^{Appellation d'Origine Contrôlée}(원산지 명칭 통제)로 이어졌다. 이 시스템은 2009년 이후 유럽연합^{EU}의 공통 규정인 AOP^{Appellation d'Origine Protégée} 체계로 통합되었으나 프랑스 안팎에서는 여전히 AOC라는 전통 명칭이 사용되고 있다. AOC 시스템은 결국 테루아르라는 개념을 '법제화'한 것이라고 할 수 있다. 특정 지역의 고유한 토양, 기후 등 환경적 요인, 즉 테루아르에 따라 정해진 품목만을 생산해야 한다. 이는 와인뿐만 아니라 치즈, 버터, 과일, 증류주, 올리브 오일 등 프랑스 전통 식품 모두에 적용된다. 예를 들어 부르고뉴 와인은 부르고뉴 지방의 정해진 와인 생산지에서만 생산될 수 있고, 이즈니 버터^{Beurre d'Isigny}는 이즈니 지역에서만, 코냑은 코냑 지방에서만, 아장 건자두^{Pruneaux d'Agen}는 아장 지방에서만 생산될 수 있다.

이러한 테루아르 개념은 프랑스 미식 철학의 또 다른 한 축인 '사부아Savoir'와 결합된다. 프랑스는 장인 정신Maîtrise, 즉 숙련된 기술과 노하우를 매우 중요하게 여긴다. 그렇기 때문에 '노하우'와 '예술의 경지에 이른 기술'을 뜻하는 '사부아 페르Savoir-Faire'(기술을 아는 것)라는 독특한 개념이 있다. 이는 '제대로 알고 하는 기술적 행위'를 의미한다. AOC 시스템은 단지 테루아르에 국한된 것이 아니라, 사부아 페르라는 또 다른 철학적 축과 결합된 개념이다. 즉, 부르고뉴 와인이 되기 위해서는 부르고뉴 생산지에서 생산되는 것은 물론 AOC 시스템이 요구하는 까다로운 기준과 생산 과정을 충족해야 한다. '잘 아는 사람들'이 특정 테루아르에서 만들어야만 비로소 프랑스의 미식이 될 수 있다. 이는 AOC처럼 일종의 '규칙'으로 작용한다. 프랑스 아카데미 사전에서는 '가스트로노미Gastronomie'를 '훌륭한 음식을 만드는 규칙의 집합'으로 정의하며 규칙이야말로 프랑스 요리와 미식 문화에서 예술성과 품질을 구성하는 가장 중요한 요소라고 말한다.

그래서 프랑스인들은 사부아, 즉 '알아야 한다'는 것을 매우 중시한다. 사부아 페르에 장인의 예술적 정신이 있다면 사부아 데구스테Savoir-Déguster(음미하는 법을 아는 것)라는 또 다른 축이 있다. 소비자 또한 알아야 할 의무가 있는 것이다. 와인을 마실 때도 그저 마시는 것이 아니라 땅으로 거슬러 올라가 테루아르를 알고 생산자의 기술을 이해하며 맛과 향을 음미해야 한다는 것이다. 음식도 마찬가지다. 음식의 재료가 자란 땅과 지역을 알고, 그 요리를 창조한 셰프의 기술을 이해하며 맛과 향을 천천히 음미하고 즐겨야 한다. 그러므로 프랑스에서 미식은 그 자체로 예술적이고 감각적이며 감상의 행위로 여겨진다. 프랑스에서 가장 지양해야 할 태도는 배를 채우기 위해 아무거나 먹는 것이다.

이러한 미식에 대한 철학은 고급 와인이나 고급 요리에만 국한되지 않는다. 와인에 있어 AOC 시스템은 단 몇 유로짜리 와인에도 동일하게 적용되며 음식 역시 마찬가지다. 오트 퀴진Haute Cuisine 이라는 고급 요리뿐 아니라 퀴진 부르주아즈Cuisine Bourgeoise라는 중산층 가정식에도 테루아르와 사부아 페르의 규칙이 적용된다. 퀴진 부르주아즈 역시 제철 재료와 전통적인 조리법을 고수하며 이를 따르지 않는 것은 프랑스 요리가 아닌 것으로 간주된다.

하지만 그러한 철학이 현재의 젊은 세대에게까지 이어지고 있는지는 의문이다. 이는 아마도 프랑스인 전통주의자들이 가장 탄식하는 지점일 것이다. 전통적인 프랑스 미식가들은 프랑스 미식 문화의 현 세태에 대해 깊은 우려를 표하며 탄식을 금치 못한다. 프랑스어에는 '부르주아 보헤미안Bourgeois Bohème' 혹은 '보보족 Bobo'(Bourgeois와 Bohème의 합성어로 자유로운 라이프 스타일을 가진 중상층)이라는 단어가 있다. 이들은 전통주의자가 아니며 창의적이고 자유분방한 라이프 스타일을 추구하는 사람들로 전통적인 테루아르와 사부아 페르 정신을 무시하고 오직 외관상의 화려함과 쇼맨십만을 중시한다고 비판받는다.

전통주의자들은 더 이상 재료를 지역 시장이나 지역 생산자에게서 직접 구해오지 않고, 테루아르를 알지도 못하는 대형 식재료 업체에서 대량으로 들여오는 비정통적 식재료를 사용하는 현실을 한탄한다. 특히 메트로Metro 같은 대형 유통 채널에서 전 세계의 수천 가지 아이템을 저렴하게 들여오면서 이러한 관행이 더욱 확산되었다는 것이다. 더 심각한 문제는 일부 셰프들이 요리를 처음부터 준비하지 않고 이미 완성된 음식을 구매한 뒤 단순히 데우고 장식하는 방식으로 제공한다는 데 있다. 전통적인 프랑스 미식 철학에서는 이러한 행태를 미식의 본질을 해치는 것으로 간주하며 프랑스 요리의 정체성을 위협한다고 본다.

결국, '부르고뉴 요리'의 아이덴티티란 다음 두 가지 조건을 충족해야 한다.

1. 부르고뉴에서 생산된 로컬 재료와 특산품을 사용할 것.
2. 부르고뉴의 전통 기법과 규칙에 따라 조리할 것.

프랑스 미식 전통주의자들은 이 두 가지 조건을 충족하지 않은 요리는 더 이상 부르고뉴 요리로 인정하지 않는다. 이러한 철학은 단지 음식의 기원에 대한 자부심에서 비롯된 것이 아니라 프랑스 미식 문화를 하나의 예술로 승화시킨 중요한 기반이다.

부르고뉴의 전통 요리인 '에스카르고 드 부르고뉴'라고 하면 전통 요리법을 따라야 하는 것은 물론이고 '어떤 달팽이를 사용하느냐'도 매우 중요하다. 달팽이가 부르고뉴산이 아니라 동유럽산이라면, 트러플이 이탈리아산이라면, 뵈프 부르기뇽에 사용하는 쇠고기가 부르고뉴산 샤롤레가 아니라 호주산이라면 그것은 엄격한 의미에서 부르고뉴 요리가 아닌 것이다. 하지만 오늘날 이러한 미식 철학은 점차 사라지고 있다. 프랑스 미식 문화의 심장인 부르고뉴에서도 마찬가지다. 그러나 아직까지도 로컬 재료와 전통 조리법을 지키는 진정한 레스토랑과 상점 들이 적어도 부르고뉴에는 남아 있다고 말한다. 물론 관광객 입장에서는 이를 구별하기란 쉽지 않지만 말이다. 부르고뉴의 대표적인 전통 식재료와 전통 부르고뉴 음식을 보자.

에스카르고

부르고뉴를 대표하는 특산물로 손꼽히는 달팽이는 단순한 식재료를 넘어 이 지역의 정체성을 상징하는 중요한 요소로 자리 잡고 있다. '에스카르고 드 부르고뉴'라는 이름으로 법적 보호를 받는 달팽이는 주로 헬릭스 포마티아Helix Pomatia라는 이종에 한정되며 그 독특한 풍미와 질감 덕분에 미식가들의 사랑을 받아왔다. 하지만 무분별한 채집과 농약 사용, 서식지 파괴로 인해 개체 수가 급감했고, 1979년부터 야생 달팽이의 채집이 엄격하게 규제되면서 수입 달팽이와 농장 사육 달팽이로 대체되었다. 현재 부르고뉴에서 소비되는 대부분의 달팽이는 폴란드와 동유럽 여러 지역에서 수입되거나 농장에서 길러진 것이다.

에스카르고 드 부르고뉴 (요리)

부르고뉴의 에스카르고 요리는 그 자체로 예술이다. 신선한 달팽이를 버터, 마늘, 파슬리로 버무려 껍질 속에 채운 후 오븐에 구워내는 고전적인 조리법으로 달팽이의 풍미를 한층 더 깊고 풍부하게 만든다(**화보 06**). 제철에 수확한 달팽이는 금식 과정을 통해 깨끗이 정화한 뒤 사용되며 특유의 풍미를 살리기 위해 '페르노Pernod' 같은 아로마틱 리큐르가 더해지기도 한다. 봄부터 여름까지 이어지는 수확철의 달팽이는 가장 신선한 재료로 손꼽히며 완벽하게 조리된 에스카르고는 부르고뉴 미식 문화의 정수를 느끼게 해준다.

샤롤레 쇠고기

부르고뉴를 대표하는 고급 육류 특산물인 샤롤레 쇠고기는 균일한 순백의 털과 두툼한 체격으로 쉽게 구별되며, 부드럽고 풍미 깊은 육질 덕분에 전 세계적으로 명성을 얻고 있다. 샤롤레 소는 부르고뉴 남부 샤롤Charolles 지역에서 유래한 품종(**화보 08**)으로 프랑스 전역뿐 아니라 유럽과 북미에서도 널리 사육되고 있다. 이 품종은 극한의 기후 조건인 비, 더위, 혹한, 가뭄에도 잘 견디는 강인한 특성을 지니지만 주로 농사에 이용되던 힘센 작업용 소였다. 샤롤레는 자연 방목을 통해 길러지며 사료로는 지역에서 재배한 곡물과 풀을 사용하고 성장 호르몬이나 항생제를 전혀 사용하지 않는 방식으로 사육된다. 이러한 자연 친화적 사육 방식 덕분에 샤롤레 쇠고기는 프랑스의 고급 식품 인증인 '라벨 루즈Label Rouge'와 유기농 인증인 'AB^{Agriculture Biologique}'를 획득한 프리미엄 품질을 자랑한다. 이 소는 최소 10개월 이상 자연 방목으로 기른 후 도축되기 때문에 고기의 맛과 질감이 뛰어나다. 고기의 진가를 느끼기 위해서는 드라이에이징^{dry-aging}을 통해 육질을 부드럽게 하고 풍미를 농축시키는 과정이 필수다. 드라이에이징된 샤롤레 고기는 두툼하게 썰어 겉은 바삭하고 속은 촉촉하게 익히는 것이 이상적이며 잘 익힌 고기는 선홍빛을 띠며 풍부한 육즙과 쫄깃한 식감을 자랑한다.

뵈프 부르기뇽 (요리)

부르고뉴의 대표 전통 요리인 '뵈프 부르기뇽'은 샤롤레 쇠고기를 부르고뉴 피노 누아 와인에 오랜 시간 천천히 끓여 부드럽고 깊은 풍미를 내는 전통적인 스튜다(화보 07). 당근, 양파, 베이컨 등을 더해 만든다. 조리 과정에서 밀가루로 농도를 맞춘 후 약한 불에서 천천히 2~3시간 끓여야 고기가 부드럽고 깊은 풍미를 낸다. 잘 만들어진 뵈프 부르기뇽의 특징은 고기가 입안에서 녹을 듯한 질감이라 할 수 있다. 이상적으로는 부르고뉴의 피노 누아 와인에 8시간 동안 재워둔 후 조리하는 것이 좋으며, 미리 만들어 두었다가 다시 데워 내면 더욱 맛이 깊어진다. 이는 부르고뉴 대표 달걀 요리인 외프 엉 뫼헤트^{Œufs en meurette}나 닭요리인 코쿠뱅과 비슷한 조리 방식으로 와인의 풍미가 고기와 재료에 스며들어 진한 맛을 내는 것이 특징이다.

돼지고기 가공품 Charcuterie de Porc

부르고뉴의 돼지고기 가공품은 고대 갈리아족부터 이어 내려온 전통 음식이다. 특히 두껍게 썰어 구운 뼈 있는 햄은 샤블리와 모르반Morvan 지역에서 유명하다. 돼지고기를 큼직하게 절인 후 파슬리와 함께 젤리로 굳힌 장봉 페르시에Jambon Persillé (**화보 09**)는 부르고뉴 전역에서 쉽게 찾아볼 수 있는 대표 음식이다. 또한, 모르반 지방의 생햄과 돼지고기 테린도 맛이 뛰어나다.

브레스 닭고기 Poulet de Bresse

부르고뉴 남동부 브레스Bresse 지역은 프랑스 최고 품질의 가금류 산지로 유명하며, AOC 인증을 받은 브레스 닭은 전통적인 방목 방식으로 길러진다. 브레스 닭은 현지산 곡물과 유제품을 먹고 자라며 도축 전 4주 동안 맛과 육질을 향상시키기 위해 인도적인 방식으로 사육된다. 부르고뉴 요리의 대표 메뉴인 '코쿠뱅'에 사용된다.

코쿠뱅 (요리)

최고의 코쿠뱅(**화보10**)은 브레스 닭으로 만드는데 고전적인 조리법은 뵈프 부르기뇽과 유사하다. 최소 하루 전에 부르고뉴산 레드 와인에 당근, 양파, 허브, 베이컨을 넣고 닭고기를 재워둔다. 이렇게 재워둔 닭고기는 약한 불에서 2~3시간 천천히 끓여내어 고기가 부드러워지고 와인의 풍미가 깊게 배도록 한다. 이 과정에서 닭고기와 채소가 와인의 산미와 조화롭게 어우러져 깊고 진한 풍미를 내는데 이것이 코쿠뱅의 핵심이다.

트러플Truffle

부르고뉴 트러플(**화보13**)은 Tuber uncinatum이라는 품종으로 프랑스 여러 지역에서 발견되는 검은 트러플보다 이른 시기에 수확한다. 어두운 갈색이나 검은색을 띠는 트러플은 흙내음과 견과류 풍미를 지니고 있으며 때로는 달콤한 향을 내뿜는다. 또한 라스베리처럼 섬세하고 은은한 향이 특징인데 검은 트러플보다 부드러운 맛을 내며 가격은 3분의 1 정도로 저렴하다. 흥미로운 점은 트러플이 유명한 지역은 와인도 함께 유명하다는 것이다. 트러플은 석회질 토양을 좋아하며 온화한 기후와 적당한 강수량이 필요하다. 이러한 재배 조건은 포도나무가 요구하는 것과 일치하며 특히 부르고뉴의 대표 품종인 피노 누아와 샤르도네는 석회질 토양에서 품질이 뛰어나다. 그렇기 때문에 흥미롭게도 일부 포도밭 주변에 트러플을 심거나 자연적으로 자라도록 둔다. 트러플이 자라는 환경은 포도밭의 토양에도 긍정적인 영향을 미쳐 토양 생태계를 개선하고 뿌리 주변의 균형을 유지하는 데 도움을 준다. 이처럼 같은 테루아르를 공유한 덕분인지 부르고뉴 피노 누아 와인은 숙성되면서 흙내음과 트러플, 버섯을 연상시키는 고급스러운 향을 발현한다. 결과적으로 부르고뉴 트러플과 부르고뉴 와인은 공통된 테루아르가 빚어낸 특별한 조화로 미식의 세계에서 최상의 궁합을 자랑한다.

부르고뉴에는 30여 종류의 다양한 치즈(**화보12**)가 생산되며, 대표적인 AOC 인증을 받은 치즈로는 마코네, 에푸아스(**화보11**), 랑그르가 있다. 부르고뉴는 염소젖 치즈가 유명한데 AOC 인증을 받은 마코네는 염소젖 100퍼센트로 만들며 호두알 크기의 짧은 원통 모양으로 독특한 형태와 풍미를 자랑한다. 에푸아스는 강렬한 풍미와 부드러운 질감으로 유명하며 '신의 발냄새'라고 불릴 만큼 쿰쿰한 냄새를 풍긴다. 랑그르는 부드럽고 고소한 맛이 특징이며 치즈 표면의 움푹 들어간 부분에 스파클링 와인인 크레망 드 부르고뉴나 샴페인을 부어 즐기기도 한다.

머스터드

고대 로마인들이 처음 만든 머스터드는 1300년대 후반부터 부르고뉴에서 본격적으로 생산되기 시작했다. 1800년대에는 본 지역에만 33개의 머스터드 공장이 있었고, 프랑스 전역에는 약 60개의 공장이 운영되었으나 오늘날에는 여섯 곳만 남아 있는데 그중 두 곳만이 부르고뉴에서 명맥을 잇고 있다. 현재 부르고뉴에서 운영 중인 대표적인 머스터드 공장은 본에 위치한 무타르드리 팔로Moutarderie Fallot와 디종에 있는 렌 드 디종Reine de Dijon이다. 두 공장은 전통 방식을 고수하며 고품질의 머스터드를 생산 중이고, 일부 소규모 수공업자들도 수제 머스터드를 직접 만들어 판매하고 있다. 전통적으로 디종 머스터드Moutarde de Dijon(**화보14**)는 곱게 간 겨자

씨에 포도주를 넣어 만들고 부르고뉴 알리고테 화이트 와인을 첨가하여 부드럽고 산뜻한 풍미를 더했다. 그러나 오늘날의 디종 머스터드는 비용 절감을 위해 주로 물, 식초, 소금 등을 사용하고 와인을 넣는 전통 방식은 비용 문제로 인해 소규모 장인들에 의해 고급 제품으로만 생산되고 있다. 머스터드는 부르고뉴 미식 문화에서 중요한 역할을 하는데 특히 뵈프 부르기뇽이나 샤롤레 스테이크 같은 전통 고기 요리에 곁들여 먹는 대표적인 양념으로 사랑받고 있다.

둘째 날
중세를 품은 도시 디종의 시간 여행

────── **신선하지만 심각한 바게트** ──────

커튼 사이로 들어오는 바삭하고 신선한 햇살에 눈을 떴다. 커튼을 젖히고 창문을 연다. 아! 디종이다- 부르고뉴다! 나라마다 도시마다 각기 다른 냄새와 햇살의 빛깔을 가지고 있다. 싱가포르는 싱가포르의, 홍콩은 홍콩의, 태국은 태국의, 한국은 한국의 냄새와 햇빛의 색깔이 있다.

어릴 때부터 각 나라와 도시에는 그만의 독특한 향취가 있다고 생각했다. 공항에 내리면서부터 달라지는 도시의 냄새, 특히 후각에 민감한 나는 장소도 냄새로 기억했다. 나라마다 햇살의 종류와 빛깔이 다르다는 것을 알려준 건 아빠였다. 아빠는 취미로 사진을 찍는데 하루는 햇살이 마치 카메라 렌즈와 같다고 말씀하셨다. "색감이 달라. 같은 하늘 아래 있어도 장소마다 햇살이 품는 색깔이 다르기 때문에 사진 찍는 사람들이 출사出寫를 하는 거야. 그 햇살의 낯설고 이국적인 독특함을 잊지 못해 여행을 가지." 이후로 나도 여행을 갈 때마다 내 방식대로 햇살을 기억하려고 하는데 다른 무엇도 아닌 맛을 보는 게 나만의 방식이다. 한껏 숨을 들이마시며 공기와 햇살을 품고 음미했다. 그렇게 맛본 디종의 햇살은 바삭하고 신선했다. 연노란색, 눅눅함 없이 파삭하고 아삭했다.

남편의 침대가 비어 있었다. 일찍 일어나 동네 한 바퀴 돌면서 길도 익히고, 궁금하고 흥미로운 장소에 눈도장을 찍으며 어제는 어두워서 미처 정탐하지 못한 것까지 살피는 중이리라. 여행을 하거나 낯선 환경에서의 남편의 루틴이다. 그런 건 유전자에 새겨진 걸까? 그는 낯선 곳에 가면 일찍 일어나 주변을 산책하며 정탐한 후 모닝 커피를 마시며 새로 알아낸 주변 정보들을 여유롭게 풀어놓곤 한다. "별거 아니야. 이제 다 알았지. 완전 정복했어"하는 듯한 말투로. 일종의 안도감, 안정감, 정복감 내지는 성취감일까? 문을 열고 나가니 아일랜드 테이블에 남편이 앉아 있었다. 바로 그 표정, 오묘한 여유로움과 분명 하고 싶은 흥미진진한 이야기를 잔뜩 품은 익살스러움과 한편으로는 아주 위풍당당하면서도 살짝 거만하고 안도하면서도 안정적인 표정으로 커피를 마시고 있었다.

"어, 일어났어?"

남편은 식탁 가운데로 무언가를 쓱 내밀면서 씨익 웃었다.

"아침 먹어, 바게트하고 커피 사 왔어. 갓 구운 거야."

환호성을 대신한 환희에 가득찬 나의 표정을 확인한 후에 남편은 말했다.

"프랑스에 왔으니 갓 구운 바게트를 먹어 봐야 하지 않겠어? 일찍 일어나서 10분 정도 걸어갔는데 벌써 사람들이 줄을 길게 선 불랑제리가 있더라고. 동네 맛집인 거지."

그는 매우 흡족한 듯 말했다.

"그래서 얼른 줄을 섰지. 앞에 있는 사람한테 물어봤더니 역시나 이 동네 최고의 불랑제리라는 거야. 게다가 원래 바게트는 신선함이 한 시간 이상 지속되지 못한다더라고. 그래서 그 사람도 매일 아침에 이 집에 와서 바게트를 산대."

남편은 외국인들과 이런저런 스몰 토크도 잘 나누고 금세 친해진다. 어쩐지 편안하고 부담없는 화법과 인상 덕분일 테다. 아닌가? 어쩌면 새로운 환경을 정탐하는 전략 중 하나인가?

"멋지다. 디종에서 아침 식사로 갓 구운 바게트라니. 사실 갓 구운 바게트는 처음 먹어 봐. 일찍 일어나는 새가 벌레를 잡는다더니 일찍 일어나는 남편이 갓 구운 바게트를 구해오는군."

바게트는 정말 맛있었다. 겉은 딱딱하지도 눅눅하지도 않고 아삭하고 바삭했으며 그 속살은 촉촉하고 쫀득하며 부드러웠다. 아! 이런 맛이구나. 그동안 우리가 먹었던 바게트는 구운 지 한 시간이 훨씬 지난 바게트였겠지. 남편은 앞사람과 잠깐이지만 나누었던 대화가 꽤나 인상적이었던 모양이다.

"프랑스에 왔으면 바게트만은 꼭 제대로된 불랑제리에서 사 먹으라고 신신당부를 하더라고. 요즘 젊은이들은 슈퍼마켓에서 바게트를 산다며 믿을 수가 없다고. 공장식 바게트를 먹는다는 건 진정한 프랑스인이 아니라면서."

"그건 마치 한국의 젊은이들은 집에서 김장김치를 담그지 않는다는 말과 비슷한 맥락일까? 어르신들은 사 먹는 김치는 입맛에 안 맞는다고 잘 안 드시잖아. 프랑스 어르신도 마찬가지일지 모르지?"

"그러기엔 그 사람 나이가 나랑 비슷해 보였어. 하하하. 굉장한 사회 문제를 이야기하는 줄….."

남편이 앞사람과 바게트 위기론에 관해 토론하며 사온 구운 지 한 시간도 되지 않은 바게트는 디종의 맛과 닮아 있었다. 신선하고 바삭한 빵의 속살은 연하고 촉촉하고 따뜻했다. 디종의 햇살과 함께 갓 구운 바게트, 프랑스산 버터, 신선한 카페라티까지, 아니 카페 오레café au lait까지 곁들이니 천국이 따로 없었다.

"카페라테와 카페오레의 차이점을 알아?"

남편이 물었다.

"이탈리아어와 프랑스어 차이 아니야?"

남편은 새로운 사실을 밝혀내기라도 한 것처럼 미소를 지었다.

"아니야. 카페라테는 에스프레소에 우유를 넣은 거고, 카페오레 는 드립 커피에 우유를 넣은 거야. 그러니 카페오레가 훨씬 묽지. 카 페에 가 보니 사람들이 커다란 보울bowl 같은 컵에 카페오레를 사 발로 마시더라고. 프랑스에서는 아침 식사 때만 카페오레를 마시고 이후에는 그 누구도 카페오레를 마시지 않는대."

"오, 그래? 정말 재미있다. 그런 건 어떻게 알았어?"

"앞에 있던 그 사람이 말해줬지. 꼭 저 카페에서 카페오레를 사 라고 알려주면서 아주 심각하게 말하더라니까. 정말 진지한 사람이 었어."

이본느 부인에게는 아직 답신이 오지 않았다. 어쩌면 이대로 연락이 없을 수도 있겠다는 생각이 들었다. 행운이 아니었을지도. 무작정 기다릴 수만은 없으니 우린 우리대로 여행 계획을 세우기로 했다. 남은 바게트로 버터를 싹싹 닦아 먹으며 기차역에서 사온 디종 지도를 펼쳤다. 남편은 카페오레를 홀짝이며 볼펜으로 지도에 숙소 위치를 찍어주었다.

"우리 숙소 위치가 여기고 이렇게 쭉 올라가면 작은 광장이 나와. 광장 왼편 골목이 우리가 어제 저녁에 갔던 상점들이 모인 길, 그 길을 따라 다시 쭈욱 올라가면 어제 갔던 카르푸 슈퍼마켓이고 광장에서 왼쪽 길로 가지 않고 곧장 위로 올라가면 여행자 정보 센터가 있어. 우선 여행자 센터로 가 보자. 꽤 커 보였어."

"아침에 여기까지 갔던 거야?"

"응, 생각보다 가까워. 걸어서 여행자 정보 센터까지 10분밖에 안 걸리던걸. 숙소를 잘 잡았어. 위치가 아주 좋아."

흡족해하는 남편의 얼굴을 보며 나도 빙그레 웃었다. 오직 '다락' 로망으로 숙소를 골랐는데 운이 좋았다.

오전 10시, 디종의 거리는 더없이 활기찼다. 바삭하고 신선한 연노란색 햇살이 디종 곳곳을 비추고 있었다. 커피와 브런치를 먹는 사람들로 카페와 비스트로의 테라스는 아침부터 자리가 제법 들어차 있었다.

"프랑스에는 테라스가 없는 카페나 비스트로는 없는 걸까? 아무리 작은 카페나 비스트로라도 테라스 자리가 꼭 있나 봐. 어제 저녁엔 꽤 추운데도 테라스는 만석이던걸."

"테라스가 없는 곳이 있긴 있겠지."

"있긴 있겠지만 그렇단 거지. 식당 내부엔 자리가 없나 생각이 들 정도로 모두 테라스에 나와 있잖아. 저녁에나 아침에나."

"날씨가 좋아서 그런 것 아닐까?"

"내가 봤을 땐 얼어 죽어도 테라스에 앉을 것 같은 느낌이야."

"담배 때문일지도."

어제 저녁만큼 꽉 차 있지는 않았지만 여전히 삼삼오오 테라스에 앉아 담배나 대화를 즐기고 있었다. 테라스가 없는 카페나 비스트로는 없을 거라는 다소 섣부른 결론을 내리고 걷다 보니 어느덧 작은 광장에 다다랐다. 프랑수아 뤼드 광장Place François Rude(화보16)이었다.

"프랑수아 뤼드는 조각가인데? 파리 샹젤리제 거리 개선문의 '라 마르세예즈La Marseillaise'를 조각한 그 사람일까?"

"아, 그럼 디종 출신인가보다."

검색해 보니 조각가 프랑수아 뤼드가 맞았고 역시 디종 출신이었다. 놀랍게도 그는 광장 바로 옆 거리인 '프랑수아 뤼드 5번가'에서 태어났다고 한다. 5분 거리에 '뤼드 미술관'이 있다는 사실도 알아냈다. 그토록 철학적이고 정치적이며 강렬하고 혁명적인 조각가의 이름이 붙은 광장 한가운데에 서커스장에나 있을 것 같은 알록달록한 카로셀carousel(회전목마, **화보 15, 18**)이 자리하고 있다는 게 의아했다. 예상치 못한 카로셀의 존재는 혁명적인 프랑수아 뤼드의 이름과는 어울리지 않지만 광장을 둘러싼 지붕이 가파르고 낮은 중세 시대의 나무 골조 주택들과는 묘하게 잘 어울렸다. 남편은 회전목마 앞으로 다가가 유심히 살피더니 이내 엄청난 것이라도 발견한 듯이 성큼성큼 걸어 와 내게 말했다.

"에펠이네, 에펠. 에펠 타워의 귀스타브 에펠."

"에펠 타워?"

카로셀을 자세히 살펴보니 쉽게 알아차릴 수 있었다. 회전목마의 기둥 여러 면과 천장에는 벽화가 그려져 있었는데 이 그림들은 모두 귀스타브 에펠Gustave Eiffel(1832~1923)과 관련된 그림이었다. 귀스타프 에펠의 초상화와 파리의 에펠탑을 설계하고 건축하는 모습, 뉴욕 자유의 여신상 속 강철 프레임(귀스타브 에펠은 뉴욕 자유의 여신상 건축 작업에 참여했다), 프랑스 트뤼예르 강을 잇는 철교 등이 묘사되어 있었다.

"귀스타브 에펠도 디종 출신인가?"

"맞아, 디종 출신."

"어떻게 알았어?"

"기억 안 나? 아르망이 알려줬잖아. 디종에서 레잘Les Halles이라는 로컬 시장을 꼭 가보라면서, 디종 출신인 귀스타브 에펠이 설계한 곳이라고. 철로 만든 구조가 에펠 타워를 떠올리게 할 거라고 말이야."

에펠의 카로셀 옆에는 광장이라는 공간에 걸맞게 분수대가 있었는데 이 역시 예사롭지 않았다. 분수대 위에는 남자의 조각상이 있었는데 그 포즈나 모습, 몸짓이 상당히 독특했다. 양손을 허리에 올리고 마치 춤을 추는 듯한 포즈를 취한 나체의 남성이었다(화보 15, 17). 정말 무엇을 하고 있는 걸까?

"이건 꽤나 묘한데?"

"프랑수아 뤼드, 귀스타브 에펠 모두 디종이 자랑스러워하는 인물이니 이 조각상도 그런 인물 중 하나 아닐까?"

자랑스러운 3대 디종인이 아닐까 생각했던 우리는 다시 검색을 시작하였고 우리가 찾은 것은 '바루자이Bareuzai'라는 단어였다. 바루자이는 부르고뉴의 와인 생산자를 일컫는 애칭이다. 그러고 보니 어쩐지 독특한 포즈를 취한 남자의 발 밑에는 포도가 한 가득 있었고 그가 서 있는 곳은 포도통이었다. 그는 포도를 발로 짓이겨tread 포도즙을 내는 중이었다. 그리고 분수대는 그 포도즙이 나오는 셈이었다.

"맙소사, 디종이 자랑스러워하는 인물 셋 중 하나가 바루자이라니, 이건 좀 감동적인데?"

마치 내가 인정을 받기라도 한 것처럼 감격이 몰려왔다.

"당연한 거 아닐까? 부르고뉴 하면 와인이니까."

프랑스를 상징하는 에펠탑과 개선문의 두 인물과 동등하게 자리 잡은 것이 바로 와인을 만드는 사람 바루자이라니. 거창하게 말해 와인 생산자이지만 결국 포도 농사를 지어 포도주를 빚는 이를 의미한다. 디종 사람들은 그렇게 생각하고 있구나. 디종에서 프랑스의 가장 대표 상징물인 에펠탑과 개선문의 인물을 배출한 것도 자랑스럽지만, 프랑스 와인의 심장을 빚는 바루자이 또한 그만큼 자랑스럽고 상징적인 존재구나. 아무리 훌륭한 대통령이나 유명인이 나온다 해도 바루자이는 늘 디종인들의 심장 한가운데에 동등한 자부심으로 남아 있다고 생각하니 무척 감격스러웠다. 바루자이 분수대의 뒤편으로 '어김없이' 비스트로 '오 물랭 아 방Au Moulin à Vent'(**화보 19**)의 테라스가 펼쳐져 있었다. 바루자이의 엉덩이를 바라보며 테라스에서 식사를 하는 것도 이색적이겠지만 우리는 갈 길이 멀었다. 포도즙틀 위에서 유쾌하게 춤을 추는 바루자이를 바라보며 디종의 자랑스러운 인물들에게 작별 인사를 전했다.

────── 부엉이를 따라가세요 ──────

디종 여행자 정보 센터Office de Tourisme de Dijon Métropole는 프랑수아 뤼드 광장에서 5분도 걸리지 않았다. 여행자 정보 센터에는 아침부터 숙소를 나선 각국의 여행자들로 분주했다. 수많은 리플릿과 팸플릿, 와인과 치즈가 그려진 홍보물에 눈이 갔다. 역시나 여행자 정보 센터에는 흥미로운 와인 테이스팅과 와이너리 방문 프로그램이 많았다. 자전거를 타고 코트 도르 포도밭을 하이킹하는 투어부터 치즈와 와인 페어링 일일 클래스, 디종과 본의 레스토랑 투어, 부르고뉴 그랑 크뤼 와인 시음회 등 다양했다.

"마음이 조금 놓이는걸. 만약 이본느 부인에게 연락이 오지 않으면 이런 프로그램에 참여해도 충분할 것 같아."

나는 눈에 띄는 리플릿들을 한 손에 모으며 말했다. 솔직히 '충분'이란 단어에서 조금 머뭇거리긴 했지만 내 나름의 진심이었다.

"내 느낌엔 연락이 올 것 같은데. 어쨌거나 오늘내일은 디종 시내랑 근교를 둘러보자. 와인 프로그램들 한 번 보고 추려서 내일까지 연락이 없으면 이 프로그램 중에서 예약을 해보자."

남편의 '내 느낌은 연락이 올 것 같다'는 말이 유난히도 크게 들렸다. 나도 그러길 바랐다. 와인과 관련된 홍보물들을 챙기는데 등 뒤에서 누군가 말을 걸어왔다.

"어디서부터 시작해야 할지 모르겠다면 '부엉이chouette'를 따라가세요."

깜짝 놀라 고개를 돌렸더니 직원으로 보이는 한 사람이 무덤덤하지만 친절하게, 전혀 관심 없는 듯하지만 다정다감하게(두 가지가 동시에 가능하다는 것이 놀랍지만) 우리와 눈을 마주치며 '라 슈에트, 아울owl'이라며 입모양은 크지만 작은 소리로 리플릿 하나를 손가락으로 가리켰다. 그 리플릿에는 '부엉이 트레일Le Parcous de la Chouette, The Owl's trail'이라고 적혀 있었다.

"부엉이 트레일? 디종에 부엉이가 사나? 여기 숲이 있어?"

"그럴 리가."

남편은 리플릿을 읽기 시작했다.

"디종에는 행운의 부엉이가 노트르담 성당 외벽에 새겨져 있다고 하네. 누가 언제 만든 건지는 알 수 없고, 성당을 재건축하거나 보수할 때 새겨진 것으로 추측되는데 알려진 바는 거의 없대. 그런데 그 부엉이가 디종에서 행운의 상징처럼 됐나 봐. 왼손으로 부엉이를 만지면 소원이 이루어진대. 디종 측에서는 관광객이 걸어서 가볼 만한 디종 시내 관광지 내지는 유적지를 묶어서 관광 코스를 루트로 만들고 이름을 '부엉이 트레일'이라고 붙인 거네. 마치 제주도의 올레길처럼 말이야."

리플릿을 펼쳐보니 남편의 말대로 관광객들이 가볼 만한 장소와 디종 시내를 걸어서 다닐 수 있게 길을 이어 놓은 지도가 그려져 있었다.

"어머나, 우리 숙소가 부엉이 트레일이 시작되는 1번 바로 옆이야. 미리 알았다면 1번부터 쭉 걸어오면서 볼 수 있었을 텐데 아쉽다. 프랑수아 뤼드 광장이 6번, 지금 우리는 7번 부근에 있는 거고."

"지금부터 가보면 되지. 사실 내가 디종 시내에서 꼭 가보고 싶었던 곳은 한 곳밖에 없어."

"어디였지? 무슨 궁전 같은 곳 아니었어?"

"응, 여기 13, 14번. 부르고뉴 공작궁 그 안에 있는 〈부르고뉴 공작들의 무덤〉."

"알겠어. 그럼 그 유명하다는 부엉이도 실제로 볼겸 트레일을 따라서 디종 노트르담 성당에 들렀다가 부르고뉴 공작궁으로 갈까?"

온갖 리플릿으로 가득 찬 가방을 들고 여행자 센터를 나오니 바로 옆에 책방이 있었다. 분명 여행자를 위한 책들드 있으리라. 남편과 나는 어디를 가든 서점, 특별히 처음 본 서점은 못 지나치는 편이라 서로 약속이라도 한 듯 책방으로 들어갔다. 여행자 센터 옆에 있는 곳이어서 프랑스어로 된 책보다는 영어로 된 책이 많았다. 마치 보물찾기라도 하듯 나와 남편은 각자의 관심 분야로 흩어져 열심히 책을 살펴보았다. 나는 부르고뉴 와인과 관련된 섹션으로 가서 영문으로 발행된 부르고뉴 와인 전체 개괄과 소개에 관한 책과 부르고뉴 와인 생산자들을 소개한 책 그리고 부트고뉴 그랑 크뤼 포도밭의 위치와 역사를 상세히 담은 책을 한 권쓰 골랐다. 프랑스어라 짧게 고민했지만 몇 백 개가 넘는 부르고뉴 포도밭 단위인 클리마Climat와 리우디Lieu-dit 전체의 명칭과 지리, 지도를 다룬 무겁고 방대한 책도 한 권 집었다. 귀중한 보물을 찾은 것 같아 기뻤다.

"이건 아마존에도 없는 책이야!"

남편은 도감을 방불케하는 사이즈와 두께의 마지막 책을 보고 잠시 당황했지만 환희에 찬 나의 표정을 보더니 기꺼이 본인의 백팩에 넣어 주었다.

서점을 나와 우리는 부엉이를 보러 성당 뒤쪽 외벽으로 갔다. 가까이에서 본 부엉이는 안타깝게도 부엉이로 보이지 않았다. 그렇다고 엄청난 행운을 가져다줄 것처럼 보이지도 않은 채 얼굴이 마모되어 있었다(화보 20). 오랜 세월 동안 많은 사람이 왼손으로 행운을 빌며 부엉이를 만진 탓일까.

"안타까운 일이야. 부엉이 얼굴이 없어. 심지어 오목해."

"줄 서서 부엉이 만지며 소원 빌고 갈래?"

"아니, 부엉이 얼굴을 지우는 데 일조할 수 없지. 게다가 형상도 알아볼 수 없는 부엉이를 만지려고 줄을 서는 시간에 노트르담 성당을 조금이라도 더 감상하는 편이 낫겠어."

"나도 같은 생각이야."

의견이 일치한 우리는 성당 앞으로 걸어갔다.

─── 디종 노트르담 성당과 검은 성모 마리아 ───

디종 노트르담 성당 앞에 섰을 때, 나는 다소 그로테스크한 외관에 살짝 당황했다. 파리의 노트르담 성당과는 느낌이나 분위기가 이상할 정도로 달랐다.

"날씨가 좋았기에 망정이지, 우중충하거나 흐렸다면 으스스했을 것 같아."

괴상하고 기이한 분위기의 원인은 성당 전면에 세 줄로 17개씩 배치된 51개의 가고일gargouille(화보23) 때문이었다.

"저게 뭐야?"

남편도 전면에 부각된 가고일을 보고 놀란 듯했다.

"가고일. 영화나 애니메이션 〈노틀담의 꼽추〉를 보면 파리 노트르담 성당 꼭대기에 사는 작은 괴물 같은 애들 있잖아. 밤이면 살아서 돌아다니는 콰지모도의 유일한 친구들(화보25). 중세 유럽 고딕 양식 성당에서 주로 보이는데 우리나라로 치면 해태 같은 상상 속 동물 내지는 괴물이야. 악령이나 악귀로부터 성당을 보호하는 거지. 유럽 중세 시대가 기독교적 세계관을 가지고 있었지만, 그 이면을 살펴보면 민간신앙과 온갖 미신이 결부되어 있었어. 파리 노트르담 대성당의 가고일은 곳곳에 숨겨져 있는데, 디종 노트르담 성당에는 전면에 51개의 작은 괴물이 줄지어 앉아 있다니 진짜 독특하네. 보통 가고일은 비가 많이 왔을 때 빗물 통로로 사용되곤 해. 매우 기능적이지.”

카메라로 확대해서 살펴보니 가고일의 얼굴과 형태 하나하나가 다 다르고 정교하게 조각되어 있었다(화보 21~24). 해태를 닮은 듯한 가고일도 있었고 반인반수, 고대 그리스나 이집트 신화에 나올 법한 형상의 가고일이 각기 다른 생생한 표정과 모습이었는데, 정통 가톨릭 성당에서 이처럼 정교하게 만들어진 작은 괴물들의 형상을 보고 있으려니 낯설기도 하고 매우 이색적이었다.

“외톨이 콰지모도는 파리 노트르담 성당이 아니라 디종 노트르담 성당에서 종치기를 했어야 했네. 그러면 이렇게 많은 가고일 친구들이 있었을 거 아냐.”

내가 농담을 건네자 리플릿을 보던 남편이 대답했다.

“불가능해. 취직이 안 됐을 거야.”

“왜?”

“이미 오래전부터 자크마르가 있었네. 시계의 종을 치는 인형이라는 뜻의 프랑스어래.”

남편이 성당 꼭대기의 종탑을 가리키며 말했다. 카메라로 확대하여 살펴보니 성당 위 시계탑에 종과 함께 종을 치는 인형 같은 조각들이 보였다.

"심지어 혼자도 아니고 가족이야. 자크마르가 종치기고 아내 자켈린느, 아들 자클리넷, 딸 자클리네트까지 네 식구래(**화보 26**). 자크마르가 처음 14세기에 디종 성당으로 왔고 17세기에 아내가 생기고 18세기에 아들, 19세기에 딸이 추가됐다니 도대체 몇 백 년 동안 꾸려온 가족이난 말이야."

"그러게. 콰지모도가 종치기로 올 수 없었을 만도 하네."

콰지모도가 51개의 가고일을 친구로 삼지 못한 것을 애석해하며 우리는 디종 노트르담 성당 안으로 들어갔다. 안쪽에는 낯선 모습의 성모 마리아상이 있었다. 우리가 쉽게 만나거나 떠올릴 만한 보통의 성모 마리아상과는 사뭇 달랐다. 갈색 목조상에 기다란 코, 짙은 눈썹, 결연하게 꽉 다문 입술 이 모든 모습과 형태와 표정이 흡사 석가모니상 같았다(**화보 27**). 표정은 보통의 성모상이 가진 인자함이나 부드러움보다는 동양의 수도사나 수도승을 떠오르게 하는 절제되고 엄격하면서도 소박하고 결연한 모습이 엿보였다.

"아까 이 성당이 처음 세워진 게 13세기경이라고 했나?"

"정확히는 12세기부터 이 자리에 성당이 지어졌고 지금 형태로 재건축한 게 13세기야."

남편이 리플릿을 보며 말했다.

"이 자리에 교회가 지어지기 시작한 것을 대략 12세기로 본다면 성모상도 로마네스크식 조각으로 초기 교회 작품일 텐데. 특별히 11~12세기라면 이곳 부르고뉴에서 시작한 를뤼니 수도원과 시토회 수도원이 프랑스와 유럽 전체로 큰 영향력과 세력을 쌓았을 때거든. 또 그 수도원들을 바탕으로 쌓인 로마 교회의 주장으로 유럽 전체가 결연하게 십자군 전쟁에 처음 나선 때이기도 해. 그러니까 내 말은, 디종 성모상에서 보이는 금욕적이고 수도사 같은 모습에는 당시 금욕과 자급자족을 강조하며 부르고뉴 지역에서 시작됐던 수도원과 수도사 들의 모습이 투영됐던 건 아닐까? 아니면 성모 마리아상에서 당시 목숨을 걸고 십자군 전쟁을 떠났던 초기 십자군 기사들의 결연함이 느껴진다고 하면 과장일까?”

내 나름의 배경 지식으로 추론해 보았지만 그게 맞는지 아닌지는 알 길이 없었다. 리플릿에도 성모상 자체에 관한 자세한 배경은 없었고 마침 성모상 앞에서 설명하던 가이드도 성모상의 모습보다는 성모상이 가진 상징과 스토리를 강조했다. 이야기를 들어 보니 그럴 만도 했다.

“디종인들은 모두 우리의 성모 마리아에게 빚을 졌습니다.”

가이드의 안내에 따르면 이 성모 마리아상의 얼굴은 무슨 이유인지 16~17세기쯤 검은색으로 칠해졌고 이후 ‘검은 마리아Black Virgin’(정식 이름은 선한 희망의 성모 마리아Notre-Dame de Bon-Espoir)라는 애칭으로 불렸다. 1963년에 덧칠된 검은색을 벗기고 옅은 갈색의 조각상으로 재탄생했다. 그렇기 때문에 제작 당시인 11~12세기의 얼굴 색은 알 수 없다고 했다. 하지만 중요한 것은 색깔이 아니라 성모 마리아가 디종 사람들에게 베푼 자비라고 했다.

"디종인들은 성모 마리아께 두 번 빚을 졌습니다. 1513년 9월, 스위스 연방군과 프랑스-베네치아 연합군의 전쟁 중에 스위스군이 디종을 포위했습니다. 9월 11일 디종인들이 모두 모여 성모 마리아 상을 들고 성당 앞을 행진했는데 이틀 뒤인 9월 13일에 예상치 못한 일로 스위스군이 갑작스럽게 디종에서 철수하는 기적이 일어났지요."

아마도 9월 13일, 갑작스럽게 스위스 연방군과 프랑스-베네치아 연합군이 이탈리아 마리냐노에서 전투를 크게 벌이게 되자 그를 위해 디종에서 급히 철수했을 것이다. 하지만 디종인들은 이것이 성모 마리아가 디종을 지키기 위해 베푼 자비라고 생각했던 것이다.

"두 번째 사건 또한 9월에 일어났습니다. 400년이 지난 1944년 9월, 제2차 세계차대전 중이었죠. 이번엔 독일군이 디종을 포위했고 9월 10일 밤, 디종인들과 주교님이 이곳 성당에 모여 성모 마리아께 디종을 보호해 달라고 기도드렸는데 바로 그날 밤, 독일군이 디종에서 철수했고, 11일에 프랑스군이 무사히 디종으로 들어왔죠. 9월 11일은 마침 400년 전에 디종의 보호를 기도하며 성당 앞을 행진했던 날이잖습니까? 때문에 디종인들에게 9월 11일은 아주 특별해요."

이런 이유로 디종인들에게 성모 마리아상은 외관이나 모습, 형태의 독특함보다는 스토리가 중요했던 것이다.

가이드는 성당 2층 오르골 밑에 걸린 거대한 태피스트리[Tapisserie]

그림(**화보 28**)을 가리키며 설명했다. 태피스트리는 실로 엮은 모직물 예술이다. 1944년 두 번째 기적이 일어난 후 디종의 성모 마리아상과 연관된 두 차례의 기적을 기념하기 위해 만들어 1950년부터 성당에 걸렸다고 한다. 본래 태피스트리 예술은 부르고뉴 지역과 밀접했다. 14~15세기 부르고뉴 공국의 영토였던 유럽 최대 모직물 공예품 생산지인 플랑드르는 가까운 잉글랜드에서 최고급 양모를 수입해 모직물을 만들었는데 태피스트리 공예가 꽃을 피우기 시작한 것도 그때부터였다. 한 번쯤 거대한 태피스트리 작품을 보고 싶었는데 비록 중세 시대의 것은 아니지만 당시 플랑드르의 예술을 가늠할 수 있는 작품을 예기치 않게 마주쳐 흡족하고 만족스러웠다. 이 작품은 디종 노트르담 성당 안의 성모 마리아가 성벽 바깥의 온갖 동물 들의 위협을 막아내는 모습이 아주 우호적이면서도 화려한 색감으로 표현돼 있었다.

행운을 가져다주는 부엉이, 악령을 막아주는 51개의 가고일, 디종의 수호신과 같은 검은 성모 마리아상, 잘 살고픈 디종인들의 염원과 애틋한 삶의 고단함이 전해지는 듯해 그림 속 성모 마리아의 옷자락을 붙잡고 있는 작게 묘사된 사람들을 보며 유독 마음 한편이 아렸다. 한편 디종 근방에서 중세 시대 교회의 개혁과 유럽 중세 전체를 관통하는 정통 로마 가톨릭의 중심에 있던 클뤼니 혹은 시토회 수도원이 시작되고 세력을 쌓았던 것은 묘한 아이러니였다.

당시 '하느님의 뜻'을 안다고 생각한 최고의 지식인인 성직자와 수도사 들과 이곳 성당에서 느낄 수 있는 디종의 농민과 시민 들의 삶은 도대체 얼마나 분리되어 있었던 걸까? 하느님의 뜻을 위해 십자가를 매고 십자군 전쟁에 나가야 한다고 종교인들이 소리 높여 설파할 때, 기사와 귀족 들이 천국행을 바라며 목숨을 바쳐 전쟁을 떠날 때, 이곳에 남은 디종의 낮은 사람들은 이렇게 부엉이와 가고일을, 성모 마리아상을 위안 삼아 눈물 흘리며 기도하고 있지는 않았을까.

───── 라 리베라시옹 ─────

디종 노트르담 성당을 나와 부르고뉴 공작궁으로 향했다. 현재 시청과 미술관으로 사용 중인 부르고뉴 공작궁은 14~15세기 프랑스와 잉글랜드의 백년전쟁 시기, 120여 년간 유럽에서 가장 부유하고 영향력 있는 세력으로서 가장 찬란하며 화려한 궁중문화를 꽃피웠던 부르고뉴 공국-발루아 가문의 흔적을 볼 수 있는 곳이다. 무엇보다 디종의 대표적인 유적이자 예술 작품인 〈부르고뉴 공작들의 무덤〉이 전시된 곳이다.

부르고뉴 공작궁에 들어가기 전에 공작궁 앞에 있는 리베라시옹 광장(화보 29)에서 점심 식사를 하기로 했다. 탁 트인 리베라시옹 광장에서 정면으로 바라보는 부르고뉴 궁전의 경치는 가히 환상적이었다. 리베라시옹 광장은 프랑스에서도 손꼽히게 아름다운 곳이다. 한때 유럽 대륙 전체에서도 손꼽히게 부유하고 화려했던 부르고뉴 공국의 유적답게 궁전은 당당하면서도 범접할 수 없는 아우라를 뿜어냈다. 우리는 리베라시옹 광장을 빙 둘러싼 어느 레스토랑의 테라스 좌석에 자리를 잡았다. 광장과 궁전이 한눈에 들어오면서 가슴 저릿한 전율이 일었다. 중세 시대 역사 속 한 순간에 들어온 것 같은 착각이 들면서 차분하고 평화로운 주말 점심 시간의 분위기까지 녹아들어 순간순간이 더할 나위 없이 포근하고 달콤했다.

먼저 와인을 주문했다. 와인 리스트 중 눈에 띈 것은 부르고뉴 마코네의 화이트 와인인데 마콩 라 로쉬 비뉴즈Mâcon-La Roche-Vineuse 마을의 아주 오래된 포도나무(비에으 비뉴Vielles Vignes)의 포도로 만든 와인이다. 마코네는 부르고뉴 와인의 정수인 코트 도르 지역보다 더 남쪽에 있고 코트 도르에 비해 가격대도 낮은 와인을 생산하지만 점차 역량이 높아지고 있다. 부르고뉴 와인이 비싸고 어렵다는 인식은 일견 이해하지만, 편하게 접할 수 있는 와인도 꽤 많기 때문에 처음 부르고뉴 와인을 접하는 지인들에게 부담없이 추천하는 지역이 마코네이다.

"아- 좋다."

탁 트인 광장에서 한낮의 햇살을 온몸에 담뿍 받고 그토록 갈망하던 부르고뉴 대공 궁전(**화보 30**)을 한눈에 바라보며 시원한 부르고뉴 화이트 와인 한 모금으로 목을 축이니 참을 수 없는 탄성이 터져나왔다. 내 예상대로 합리적인 가격대의 테이블 와인은 기대할 수 있는 미덕을 모두 갖추었다. 깔끔한 산도와 미네랄리티, 향긋한 꽃향기와 복숭아 풍미, 오크에서 우러나오는 약간의 바닐라 뉘앙스까지. 입맛이 절로 돌았다. 이토록 아름다운 호사를 누리며 프렌치 퀴진 메뉴를 하나하나 찬찬히 읽는 것 또한 놓칠 수 없는 즐거움이었다.

앙트레Entrée(전채요리)로 외프 엉 뫼헤트와 에스카르고 드 부르고뉴가 나왔다. 외프 엉 뫼헤트는 일종의 수란(달걀) 요리인데 부르고뉴 지방 특유의 레드 와인 소스를 얹어 만든 것이다. 부르고뉴 대표 음식인 '뵈프 부르기뇽'에 사용하는 레드 와인 소스와 상당히 흡사했다. 건드리면 금방이라도 터질 듯한 수란에 레드 와인, 양파, 베이컨, 버터 등과 졸여 만든 뫼헤트 소스나 부르고뉴 소스를 얹어 먹는 요리인데, 톡 터트려 흘러내리는 달걀 노른자와 레드 와인 소스의 조화가 일품이었다. 서빙된 빵으로 터트린 달걀 노른자와 레드 와인 소스를 싹싹 닦아 맛있게 먹었다. 에스카르고는 식용 달팽이 요리다. 달팽이는 포도나무 잎을 좋아하기 때문에 좋은 포도밭이 많은 부르고뉴 달팽이 맛이 최상급이라는 설도 있고, 부르고뉴 지역 특유의 석회질 토양 덕분에 껍데기가 단단한 달팽이가 튼튼하게 자란다는 말도 있다.

"그 유명한 부르고뉴의 에스카르고를 처음 먹어보다니!"

나는 기대에 가득 찬 표정으로 말했다.

"이건 에스카르고 드 부르고뉴가 아니야."

남편이 안경을 들어올리며 말했다.

"그게 무슨 말이야? 그런 것도 알아볼 수 있어?"

남편과 새로운 식문화를 접할 때면 종종 '이 사람은 도대체 모르

는 게 뭘까' 하는 의문과 '이런 건 도대체 어디서 알아내는 걸까' 하
는 궁금증이 든다. 남편도 내가 와인에 대해 이야기할 때 나와 비슷
한 감정을 느낄까?

"원래 부르고뉴의 에스카르고라 함은 전통적으로 '헬릭스 포마
티아'라는 특정 달팽이종을 의미해. 로마 시대부터 식용 달팽이 중
으뜸이라고 평가받는 종이지. 부르고뉴 토착종이기도 한 이 달팽이
는 다른 달팽이종에 비해 크기가 크고 두툼하고 쫀득한 질감을 가
지고 있단 말이야. 그런 이유로 이 녀석들이 과도하게 포획되면서
더 이상 부르고뉴에서는 볼 수 없어졌어. 안타까운 일이지. 영국에
서는 이 종의 보호를 위해 식용 사용이 금지되어 있고, 헬릭스 포마
티아의 90퍼센트 이상은 동유럽산이라고들 하지."

"오, 뭔지 알겠어. 그러니까 마치 포도 품종 말벡 같은 거네. 아니
면 카르미네르! 원래 이 둘은 프랑스 보르도의 오래된 포도 품종들
이었거든. 그런데 이젠 여러 가지 이유로 보르도에서 찾아보기 어
렵게 되었고 말벡은 아르헨티나, 카르미네르는 칠레로 날아가 그들
의 대표 포도 품종이 되었지. 약간 그런 건가?"

"응, 비슷하네. 그러니까 '부르고뉴의 에스카르그'는 재정의가 필
요해. 헬릭스 포마티아라는 크고 두툼한 달팽이종을 의미하는지 아
니면 현재 부르고뉴 곳곳에서 볼 수 있는 달팽이를 의미하는지. 참
고로 요즘 프랑스에서 흔히 볼 수 있는 달팽이종들은 헬릭스 포마
티아에 비해 크기가 현격히 작지. 내가 봤을 때, 이 달팽이는 헬릭스
포마티아가 아니야. 하지만 말 그대로 부르고뉴 현지 달팽이지."

사뭇 진지한 남편의 표정을 보며 웃음이 터져나왔다. 마치 〈명탐정 코난〉을 시청하는 듯한 착각을 불러일으켰다.

"하지만 주문을 할 때 '에스카르고 드 부르고뉴'가 헬릭스 포마티아 달팽이종을 의미합니까 아니면 부르고뉴 현지 달팽이종입니까? 하고 물어볼 수도 없잖아."

"그렇지, 그러니 차라리 요리법에 집중하는 게 나을 수도 있어. 익힌 정도라든지 소스 등에 집중하는 거지."

"명언이야. 감명 받았어, 정말."

이런 대화를 하다 보니 달팽이에게 미안한 감정이 들면서 기분도 찜찜해지는 것 같았다. 달팽이가 이름 모를 풀잎이나 바위 밑에서 서식하는 모습을 상상하면서 고동이나 소라 같은 바다 달팽이는 괜찮고 육지 달팽이는 꺼림직하단 말이야? 하고 생각했다. 어쨌거나 에스카르고 드 부르고뉴는 쫀득하고 맛있었다. 특별히 레몬과 라임 같은 시트러스의 산뜻한 풍미와 더불어 크리미한 질감이 어우러진 마코네 와인을 곁들이니 부르고뉴의 봄 햇살까지 더해져 삼박자의 궁합이 아름다웠다.

플라Plat(메인디시)로는 '버거 드 뵈프 샤롤레Berger de Bœuf Charolais'를 주문했다. 어쩐지 광장 테라스 자리와 시원하게 칠링한 부르고뉴 화이트 와인이 잘 어울릴 것 같았다.

"부르고뉴에 왔다면 이걸 먹어야지, 부르고뉴 샤롤레."

"샤롤레가 뭐야?"

"부르고뉴 샤롤Charolles 지역의 소 품종이야. 분홍색 코를 가진 흰

소인데 한국에서 횡성 한우가 유명한 것처럼 부르고뉴에서는 '뵈프 샤롤레', 즉 샤롤레 쇠고기가 유명하지."

주문한 버거 드 뵈프 샤롤레에는 톰 뒤 쥐라Tomme du Jura 치즈가 곁들여 나왔다. 부르고뉴 지방 근처 쥐라의 특산품인 톰 뒤 쥐라는 버거에 좀 더 깊은 풍미와 생기를 불어넣어 주었다.

"그야말로 특산품 버거로군."

맛에 만족한 듯 남편이 말했다.

"음식과 와인 페어링의 제1법칙이 뭔지 알아?"

내가 물었다.

"음…. 육류에는 레드 와인, 해산물에는 화이트 와인?"

"그것도 맞지만 불문율은 아니야. 어떤 종류의 육류, 부위, 질감과 어떤 소스, 요리법에 따라 달라질 수 있어. 변치 않는 제1의 법칙은 지역 음식과 지역 와인을 페어링하면 결코 실패하지 않아."

그 지역 고유의 재료로 만든 오랜 요리에 바로 그 지역의 와인을 페어링하는 것, 샤롤레와 쥐라 모두 우리가 주문한 화이트 와인이 생산된 마코네 부근이기 때문에 이들의 궁합은 이 불문율에 해당한다. 특산품 들의 깊은 풍미가 입안에서 뒤섞였다. 뵈프 샤롤레의 진한 쇠고기 패티 풍미와 쫀득한 질감, 톰 뒤 쥐라 치즈의 콤콤하면서도 시큼한 풍미, 산뜻하면서도 부드러운 마코네 와인의 풍부함 그리고 따뜻하고 설레는 부르고뉴 봄바람의 호흡도 함께.

데세르Dessert(디저트)로 티라미수와 커스터드 크림까지 먹고 나니 비로소 성대한 식사였음을 온몸으로 깨달았다. 배는 더없이 불렀지만 살랑이는 봄바람과 햇살을 맞으며 부르고뉴 공작궁으로 가볍게 발걸음을 옮겼다. 핸드폰 메일함엔 다음과 같은 메일이 와 있었다.

모니카에게.

보내준 와이너리 리스트 잘 받아보았어요.

모니카도 알다시피, 보내준 와이너리의 대부분은 방문객을 절대 환영하지 않는 곳들이지요.

특히 도멘 드 라 로마네 콩티 같은 곳은….

일반인이 방문하는 것은 불가능해요.

신과 함께라면 모를까!

게다가 모니카는 이미 디종에 와 있고 당장 방문을 원하니

사실상 그런 방문객을 환영할 와이너리는 없다고 봐야겠죠.

하지만 신이 당신의 편인지, 나를 알게 되었잖아요?

이곳에서 태어나고 자란 나는 많은 와인 메이커와 동네 친구이지요.

오늘 통화를 했는데 모니카가 방문을 원하는 와이너리 중 몇 군데를 방문할 수 있을 것 같아요!

하지만 너무 기대는 하지 말아요, 정말 몇 군데만 가능한 거니까.

자세한 이야기는 만나서 하는 게 어떨까요?

내일 아침 9시, 레잘 드 디종Les Halles de Dijon에서 만나면 어때요?

마침 토요일이라 아주 큰 로컬 마켓이 열려요.

나도 장을 봐야 하니, 만나서 우리의 계획에 관해 이야기하면 좋을 것 같아요.

– 이본느

─── 어마어마한 복수극, 부르고뉴 공국의 120년 역사 ───

중세 유럽 역사에서 흥미로운 사건 중 하나가 프랑스와 영국의 '백년전쟁'(1363~1477)이라고 생각한다. 백년전쟁에는 우연한 서사 전개가 많다. 이름만큼 지긋지긋한 이 전쟁의 시발점은 프랑스 왕위를 계승받지 못한 잉글랜드 왕 에드워드 3세의 개인적인 울분과 원한, 반항과 앙심에 있었다. 벼르고 벼르던 앙갚음의 발현이 결국 두 국가를 오래도록 철천지 원수로 남겨둘 줄은 상상도 못할 일이었다. 백년전쟁 기간 중 반드시 짚어 봐야 할 세력이 바로 '부르고뉴 공국'이다. 이 전쟁은 알려진 것처럼 프랑스와 잉글랜드의 양자구도가 아닌 부르고뉴 공국-프랑스-잉글랜드의 삼자구도였다.

부르고뉴 공국은 유럽 대륙의 어느 왕조나 세력보다 부유하고 풍요롭고, 호화스럽고 화려하며 기세등등했다. 다만, 그들의 전성기는 발루아 공작 4대가 통치했던 약 120년(**화보 159쪽**)이란 짧은 세월에 불과했지만 프랑스 입장에서 볼 때 부르고뉴 공국의 역사는 다소 애매한 매국노나 배신자의 이미지가 강했기 때문에 현재까지 잘 알려지지 않았을 뿐이다. 영화나 책 등 백년전쟁을 다룬 역사 관련 자료 들을 봐도 잠시만 언급될 뿐 전면으로 부각되지는 않았다. 그런데 발루아 공작 4대의 부르고뉴 공국 시대를 발굴하여 흥미진진하게 재조명한 인물이 있다. 그는 네덜란드인 역사가 '요한 하위징아'(1872~1945)다. 애매하게 숨겨진 프랑스의 매국노 혹은 서자 같은 존재를 파헤친 후 벗기고 헤집어 속을 들춰낸 것이다. 발루아 공작 시대의 부르고뉴 공국은 프랑스 영토 내 부르고뉴 지역과 현재 네덜란드와 벨기에에 해당하는 플랑드르 영토를 소유하고 있었다. 부르고뉴 공국은 120년간 프랑스 본국과는 철천지 원수였고, 이후 부르고뉴 공국의 쟁쟁한 문화와 예술이 플랑드르 지역으로 계승되었다. 프랑스 입장에서는 매우 껄끄럽지만 네덜란드 입장에서의 부르고뉴 공국은 17세기 네덜란드의 예술 황금기와 빈센트 반 고흐 Vincent Willem van Gogh까지 이어지는 예술사의 시작점이었다.

벼락부자 1대 용맹공 필리프

부르고뉴 공국을 서유럽 역사의 중심에 올려놓은 사건은 우연이었다. 부르고뉴 1대 발루아 공작 '용맹공 필리프Philippe le Hardi'(화보 31)는 프랑스 국왕인 장 2세의 막내아들이었다. 당시 백년전쟁이 발발하여 프랑스와 잉글랜드군이 맞붙었던 '푸아티에 전투Battle of Poitiers'(1356)가 벌어졌을 때, 용맹공 필리프는 고작 14세의 나이로 참전하여 끝까지 국왕의 곁을 지켰다고 한다. 깊은 원한과 복수가 중첩되며 점입가경으로 잔인해지던 전쟁터에서 '충직하고 용맹한' 어린 아들은 국왕을 감동시킨다. 전쟁이 끝난 후, 국왕은 프랑스 영토 중에서도 가장 비옥하고 넓은 부르고뉴를 막내아들에게 상속한다. 야심찬 용맹공 필리프의 행운은 여기서 끝나지 않았다. 그는 활발한 상업의 발달로 부유한 플랑드르 지방의 하나뿐인 상속녀와 결혼에 성공한다. 부르고뉴뿐만 아니라 유럽 내 최대의 노른자 지대마저 소유하게 되니 하루아침에 유럽 대륙에서 가장 부유하고 넓은 영토를 가진 영향력 있는 공작이 된 것이다. 이것이 바로 '부르고뉴 공국-발루아 공작 시대'의 시작이다.

하루아침에 벼락부자가 된 부르고뉴 공국은 4대를 이어 내려오는 동안 관통하는 한 가지 공통된 목표가 있었으니 바로 프랑스 왕자리를 차지해 프랑스의 주인이 되거나, 혹은 프랑스에서 벗어난 하나의 왕국이 되어 유럽 전체로 세력을 확장하는 것이었다. 부르고뉴의 1대 공작이었던 용맹공 필리프는 아버지를 이어 큰형인 샤를 5세가 프랑스를 다스릴 때까지는 잠잠히 있다가 자신의 조카 샤를 6세(화보 32)가 어린 나이에 왕위를 잇자 본격적으로 야욕을 드러냈다. 어린 조카의 왕위를 넘보는 삼촌의 존재란 건 세계 모든 역사, 모든 시대를 막론하고 통용되지 않는가? 요한 하위징아는《중세의 가을》에서 용맹공 필리프를 '저 끝 간 데 없이 오만했던' 인물로 묘사한다. 실제로 용맹공 필리프는 자신이 시작한 거대한 부르고뉴 공국 발루아 가문의 통치가 더없이 자랑스러웠던 것 같다. 그는 마흔도 채 되지 않은 나이에 플랑드르의 위대한 건축가와 예술가 들을 동원해 본인의 무덤을 건축했다. 이것이 바로 디종의 '부르고뉴 공작들의 무덤'의 서막이었다. 그는 무덤이 아닌 자신의 위상을 드러낼 웅장한 기념비를 만들고 싶었던 것이다. 그러고는 대대손손 위대한 발루아 가문 후손들의 무덤이 안치될 샹몰 수도원도 지었다. 디종의 부르고뉴 공작궁을 개축하고 탑을 세운 것도 이때였다. 하지만 용맹공 필리프는 샤를 6세의 왕좌를 차지하지 못하고 급작스레 타계했다. 그러자 그의 아들인 부르고뉴 공국 2대 공작 대담공 장이 아버지의 야욕을 이어받는다.

　용맹공 필리프는 오늘날 부르고뉴 와인의 명성과 품질에 큰 영향을 미친 인물이다. 1395년 그는 칙령을 통해 피노 누아 품종을 '고귀한 품종plant noble'으로 지정하고 당시 널리 재배되던 가메 품종의 재배를 금지했다. 그는 가메를 "유해하고 천박한 품종"으로 간주하며 피노 누아가 부르고뉴의 테루아르를 여실히 드러낼 거울 같은 품종이며, 품격 있는 와인을 생산할 포도라고 판단했다. 이 칙령으로 가메는 부르고뉴 남부의 보졸레 지역으로 밀려났고, 보졸레는 가메를 중심으로 독자적인 와인 스타일을 형성하게 되었다. 반면 부르고뉴는 피노 누아 품종의 섬세한 특성을 살린 고급 와인 생산지로 발전할 수 있었다. 만약 피노 누아에 비해 다소 가볍고 과실 풍미 위주의 와인을 생산하는 가메 중심의 재배가 지속되었다면, 부르고뉴 와인은 프랑스 왕실의 사랑은 물론이고 현재 세계 최고급 와인 생산지라는 명성도 얻지 못했을 것이다. 용맹공 필리프의 결정은 부르고뉴 와인 역사에 중요한 전환점으로 피노 누아 품종이 부르고뉴 테루아르와 결합하여 독보적인 품질의 와인을 만들어낼 수 있는 기틀을 마련했다.

겁 없는 2대 대담공 장과 두 세력의 내전

　어릴 뿐 아니라 정신적으로도 온전치 못했던 샤를 6세의 왕좌를 두고 프랑스 내부는 두 개의 세력으로 나뉘었다. 한 축은 부르고뉴 공국 2대 공작인 대담공 장Jean sans Peur(**화보 33**)을 중심으로 한 부르고뉴파였고, 다른 축은 샤를 6세의 남동생 오를레앙 공작 루이 1세와 그의 사돈인 아르마냐파였다. 두 세력은 국내외 정세 따위는 신경쓰지 않고 세력 간의 사적인 증오와 복수심을 끌어올려 원수가 되고 심각한 내전에 이른다. 대담공 장은 아르마냐파의 중심인 오를레앙 공작을 암살(화보 34)하는 무모한 일을 벌이고(1407), 다시금 분노한 아르마냐파에 의해 피습당하여 죽게 되니(1419) 이 사건을 계기로 프랑스 내의 두 가문은 돌이킬 수 없는 복수로 로미오와 줄리엣 집안도 울고 갈 철천지 원수가 된다.

복수는 나의 것, 3대 선량공 필리프

갑작스러운 아버지의 죽음으로 부르고뉴 3대 공작이 된 선량공 필리프Philippe le Bon(화보 35)는 평생을 복수심으로 불태운 인물이다. 선량공 필리프가 정적인 잉글랜드와 손을 잡은 것도 지극히 개인적인 복수심 때문이었다. 이에 부르고뉴 공국은 프랑스-잉글랜드와 삼자구도를 확립했고 위치를 공고히 했다. 선량공 필리프는 서늘한 원한과 복수의 칼날을 품고 잉글랜드와 함께 프랑스를 극심하게 몰아붙였다. 120년 부르고뉴 공국의 역사에서도 가장 최전성기가 바로 선량공 필리프 때다(화보 36). 디종에 위치한 부르고뉴 공작궁의 핵심 공간을 건축하고 증축한 것도 이때였고 할아버지가 시작한 발루아 가문의 기념비적인 〈부르고뉴 공작들의 무덤〉이 완성된 것도 이때였다. 마흔 살도 되기 전에 본인의 무덤을 기획했던 야심만만한 부르고뉴 발루아 가문의 시초 용맹공 필리프는 무덤이 완성되기도 전에 사망했고, 아들 대담공 장 역시 급작스러운 피살로 무덤을 완성하지 못했다. 최고 예술의 경지로 이 무덤을 완성시킨 것은 할아버지와 아버지의 야욕을 물려받고 애통함과 복수심으로 칼날을 갈던 선량공 필리프였다. 그는 할아버지와 아버지의 눈물과 원한 그리고 자신의 더할 나위 없는 애끊는 마음을 칼날에 담았으리라. '선량공'이란 수식어가 어울리지 않게—이 호는 부르고뉴 공국을 최전성기로 이끌었다는 평가의 결과일 것이다—그는 깊은 복수심에 휩싸인 군주였다. 《중세의 가을》에서 요한 하위징아는 "부르고뉴 가문의 역사를 집필하고자 하는 사람은 누구든지 복수의 모티프를 지속적인 배경음악으로 깔아야 한다"라며 "선량공 필리프는 무엇보다도 복수하는 사람이었다"라고 평가했다. 그는 선량공 필리프는 복수를 신성한 의무라고 생각했다면서 "엄청나게 살인적이고 폭력적인 분노를 터뜨리면서 하느님이 허락하는 한, 그는 억울하게 죽은 아버지의 복수를 하겠다고 맹세했다. 그는 복수의 게임과 변덕스러운 행운에 그의 신체와 영혼, 재산과 토지, 그 외의 모든 것을 걸었다"고 표현했다.

동맹을 맺은 부르고뉴 공국과 잉글랜드는 프랑스를 무섭게 뒤흔들고 위협하는데, 결국 프랑스는 잉글랜드와 부르고뉴 공국 세력에 무릎을 꿇고 프랑스 왕권을 잉글랜드에 곧 넘기겠다는 굴욕의 '트루아 조약'(1420)을 체결하고 만다. 결국 프랑스 왕세자 샤를 7세가 시농Chinon 성에 갇히면서 프랑스는 사실상 해체의 문턱에 서게 됐다. 프랑스 왕권이 잉글랜드로 넘어가는 것은 시간 문제였고, 백 년

전 프랑스의 왕 자리를 노린 에드워드 3세의 야망이 백 년간 피로 점철된 시간 끝에 이뤄지는 순간이었다.

프랑스의 영웅 잔 다르크와 부르고뉴파

그때 기적이 일어나는데 바로 '잔 다르크Jeanne d'Arc'의 출현이다. 16세의 문맹인, 프랑스 시골 동레미 출신 소녀 잔 다르크는 하느님의 음성을 들은, 신이 보낸 프랑스의 구원자라며 마을 경비대장을 찾아가 설득한다. 전술 교육의 경험은커녕 읽고 쓰는 법도 몰랐던 소녀는 실제로 군을 지휘하고 잉글랜드군을 격파하는 등 기적과 승리의 행진을 이어가며 모든 전세를 뒤엎어버렸다. 잔 다르크의 존재와 행보는 신비스럽고 기적적이며 한편으로는 종교적이지만 그녀에 관한 기록은 역사에 매우 자세히 기록되어 있다. 프랑스와 영국뿐 아니라 주변의 많은 국가의 기록과 그녀를 심문한 내용까지도 700페이지 이상 남아 있어 교차 검증이 가능할 정도다.

잔 다르크는 프랑스의 구원자로 나타나 적진의 한복판에 갇힌 샤를 7세를 구하여 황제 대관까지 올리고(화보 41) 희망이 없던 프랑스를 극적으로 소생시킨다. 그러나 야비한 왕세자 샤를 7세는 잔 다르크를 배신한다. 잔 다르크는 마녀로 몰려 갇힌 채 홀로 5개월간 수십 명의 성직자와 법학자 들에게 종교적 심문을 받고 결국 화형당하고 만다. 화형의 중심에는 부르고뉴 공국이, 3대 공작인 선량공 필리프가 있었다. 잔 다르크를 체포(화보 42, 43)한 것은 부르고뉴파였고, 그녀는 잉글랜드 세력에 넘겨져 화형당했다. 하지만 애초에 잔 다르크를 잡아 부르고뉴 공국에서 가장 먼저 협상을 요구한 것은 샤를 7세였다. 돈을 주면 잔 다르크를 무사히 프랑스 쪽에 넘기겠다고 했으나, 그는 민심을 얻는 잔 다르크가 자신을 위협하는 존재가 될까 봐 두려워 본인의 영토 내에서 치러진 잔 다르크의 화형을 방관했다. 교황청, 교황, 주교, 성직자 모두 한편으로 어린 소녀를 마녀로 몰아 화형에 처한 것이다. 샤를 7세는 민심과 후대의 평판을 의식해 이후 잔 다르크의 복권을 선언하고, 교황청 또한 잔 다르크를 마녀가 아닌 순교자로, 성인으로 시성한다. 깔끔하게 발을 빼면서 면죄부를 받은 것이다. 잔 다르크는 프랑스의 영웅이 되었고 나폴레옹 전쟁이나 세계대전 때, 애국심 고취가 필요할 때마다 적절한 스토리로 사용된다.

14~15세기 유럽에는 국가의 개념이 없었다. 봉건제도 안에서 부를 축적한 영주가 왕이 되는 것도 당연했다. 그러므로 프랑스를 배신한 부르고뉴 공국을 매국노라고 할 수도 없다. 매국노는커녕 부르고뉴 발루아 공작들에게 프랑스는 아버지와 할아버지의 적이자 철천지 원수로 복수의 대상이었다. 또한 잔 다르크를 배신한 것도 샤를 7세와 프랑스였다. 그럼에도 부르고뉴 공국은 '잔 다르크를 죽인 매국노'라는 프레임으로 프랑스 역사에서 껄끄러운 존재가 된 것이다.

끝나지 않은 선량공 필리프의 복수

잔 다르크가 처형된 후 프랑스와 부르고뉴 공국은 휴전 협정을 맺는다. 부르고뉴 공국은 잉글랜드와 동맹이었지만 타격은 그리 크지 않았다. 다만 휴전 협정 과정에서 선량공 필리프의 동기와 원한이 노골적으로 드러난다. 선량공 필리프가 가장 먼저 요구한 것은 지극히 개인적인 것이었다고 요한 하위징아는 기록한다. "아라스 조약은 몽트로 다리에서 대담공을 살해한 것에 대한 참회로 시작했다"라며 "모든 것에 앞서 부르고뉴 공국에서 내세운 사전 조건은 대담공이 처음 묻힌 노로 교회에 예배당을 세울 것, 그 예배당에서 영원히 매일 진혼곡을 부를 것, 노로 지역에 카르투지오 수도원을 건립할 것, 대담공이 살해된 다리에는 십자가를 세울 것, 부르고뉴 공작들이 묻힌 디종의 카르투지오 교회에서는 미사를 집전할 것" 등이었으며 "몽트로뿐 아니라 로마, 겐트, 파리, 생자크 드 콩포스텔, 예루살렘 등지에 지부를 둔 교회들이 이 내용을 돌에 새기도록 요구"했다. 하지만 아버지의 원수를 갚겠다는 복수심으로 인생과 공국을 바쳤던 선량공 필리프는 선대의 무덤을 역작으로 남기고 정작 자신의 무덤은 준비하지 못한 채 떠난다.

허망하게 사망한 4대 담대공 샤를

대를 이은 발루아 가문의 비정상적인 외고집과 야심, 복수심은 선량공 필리프의 아들인 부르고뉴 공국 4대 공작 담대공 샤를Charles le Téméraire(**화보 37**)에게 이어졌다. 담대공 샤를은 선더의 염원을 이어 부르고뉴 공국을 독립된 왕국으로 만들고 프랑스 북동쪽 영토를 연결해 오스트리아 이후까지 세력을 확장하겠다는 야망으로 활활 타올랐다. 다시금 발루아 가문의 비정상적인 야망과 승부욕에 눈이 먼 것이다. 그는 특히 샤를 7세를 이어 프랑스의 왕이 된 루이 11세와의 라이벌 구도에 과하게 몰입했다. 둘은 어린 시절을 함께 보낸 사이였기에 더욱 경쟁심을 자극했다. 담대공 샤를은 어떻게든 프랑스로부터 독립하여 영토를 확장하려고 했다. 프랑스 내 봉건 제후와 영주 들과 동맹을 맺어 루이 11세를 흔들기 위해 노력했고, 동시에 무리한 정복 전쟁을 이끌었다. 하지만 신은 그의 편이 아니었다. 무리한 정복 전쟁 중 담대공 샤를은 전장에서 허망하게 사망(**화보 38, 39**)했고 시체를 알아볼 수 없을 만큼 처참하고 비참한 죽음을 맞이했다. 이로써 발루아 4대 공작의 찬란하고도 피비린내 나던 화려한 부르고뉴 공국의 역사가 막을 내린다. 반대로 루이 11세는 프랑스의 기틀을 마련하는 왕이 되었다. 요한 하위징아는 "이것이야말로 영웅적인 오만함의 대서사시가 아니고 무엇인가?"라며 담대공 샤를의 야심을 한탄했다. 또한 그는 "그들이 다스린 땅 부르고뉴는 권력에 도취하여 와인처럼 검붉었고, 피카르디는 열정적이었으며 플랑드르는 부유하면서도 탐욕스러웠다. 이 땅에서는 회화, 조각, 음악이 찬란하게 꽃피었는가 하면, 동시에 유혈 복수의 난폭한 규칙이 지배했고, 귀족과 시민들 사이에는 아주 잔인한 야만주의가 퍼져나갔다"고 서술했다.

세기의 사랑, 마리 드 부르고뉴와 막시밀리안 1세

담대공 샤를이 죽고 프랑스 영토 내의 부르고뉴 공국은 프랑스로 귀속된다. 4대가 온갖 복수심과 야망, 적개심을 불태우며 꽁꽁 쥐고 있던 영토가 허무하게 프랑스로 귀속된 것이다. 다만, 플랑드르 지역은 합스부르크가가 차지하며 자연스럽게 발루아 가문의 유업으로 이어졌다. 찬란했던 부르고뉴 공국이 쌓아놓은 예술과 문화는 플랑드르, 즉 네덜란드의 '북유럽 예술'의 계보가 된 것이다. 때문에 적어도 120년, 부르고뉴 공국의 발루아 가문 4대 집권 시기의 흔적은 당시 플랑드르였던 현재의 벨기에나 네덜란드 지역의 북유럽 예술 역사나 합스부르크가의 역사 속에서 더 선명하게 찾아볼 수 있다.

갑자기 합스부르크가라고? 부르고뉴 공국이 허망하게 무너진 이후 그 잔재에서 다시 없을 세기의 사랑 이야기가 피어오른다. 담대공 샤를이 죽자 성에 갇힌 채 프랑스 왕자와 강제로 혼인 당할 뻔한 샤를의 외동딸 마리 드 부르고뉴^{Marie de Bourgogne}(**화보 44**)를 구하기 위해 가난하고 쓰러져가던 변방의 합스부르크가의 미남 막시밀리안 1세^{Maximilian I}(**화보 45**)가 나선 것이다. 마리 드 부르고뉴와 합스부르크가의 막시밀리안 1세와의 혼인(**화보 46, 47**)은 상상력을 자극하기에 좋은 로맨스와 모험과 긴박한 삼자구도로 대우 흥미진진하다. 이 이야기는 성에 갇힌 공주님을 구하러 오는 백마 탄 왕자님의 원형이며 사랑의 맹세의 상징이 된 다이아몬드 반지의 시초, 라푼젤의 배경으로도 잘 알려져 있다.

—— 북유럽 사실주의, 플랑드르의 예술가들 ——

부르고뉴 공국 시기 14~15세기 플랑드르의 예술가들은 북유럽 르네상스의 시작점으로 평가된다. 때문에 부르고뉴 공국이 남긴 궁중 예술은 더없이 귀중한 유물이고 유적이다. 14세기 플랑드르 조각에서 살펴볼 수 있는 새로운 화풍의 흔적은 15세기 플랑드르만의 독특한 사실주의적 회화로 이어졌고, 17세기 화가 렘브란트로 대표되는 네덜란드의 예술 황금기의 초석이 되었다. 네덜란드 화가의 계보는 19세기 빈센트 반 고흐와 몬드리안으로 이어지니, 부르고뉴 공국은 서양 예술사의 귀중한 시작점이었다. 보통 르네상스나 서양 미술사의 중심이라고 하면 이탈리아의 피렌체를 떠올리지만 플랑드르 일대, 즉 현재의 네덜란드와 벨기에 또한 커다란 중심축으로 현대 미술에 지대한 영향을 미쳤다.

부르고뉴 공국-발루아 가문의 시기는 120년의 짧은 역사를 가졌지만 당시 유럽에서 가장 호사스럽고 화려한 궁중 예술을 꽃피웠던 때로 손꼽힌다. 특히 북유럽 르네상스의 초석이 된 플랑드르 조각가와 화가 들을 후원하고 작품을 남긴 이들이 발루아 공작들이었다. 당시 부르고뉴 공국의 영토를 크게 두 개로 나누어 보면, 1대 공작 용맹공 필리프가 아버지에게 받았던 프랑스 내 부르고뉴 지방 영토와 플랑드르의 상속녀와 혼인하면서 얻게 된 플랑드르 일대다. 플랑드르는 당시부터 공예와 조각, 회화 등 예술품과 실력 있는 예술 기술자로 유명했다. 야심차고 부유한 발루아 가문은 단연 최고로 알려진 플랑드르의 예술가만을 기용하고 후원하여 화려한 궁중 문화를 꽃피웠다.

플랑드르에는 일찍부터 모직물 공예가 발달하면서 훌륭한 농부보다 훌륭한 예술 기술자가 많았는데 그들은 손재주가 좋고 정교하기로 유명했다. 이는 플랑드르의 지리적 상황에 기인한다. 플랑드르는 예나 지금이나 '저지대'다. 땅의 대부분이 해수면보다 낮거나 해발 1미터 미만이기 때문에 말 그대로 '낮은 지대', 즉 '늪지대'다. 나라의 절반이 물로 차 있다 보니 둑을 쌓아 운하를 파고 풍차를 이용해 물을 퍼내야 했다. 농사를 짓기도 어려워 일찍부터 바다를 끼고 있는 지리적 이점을 이용한 상업이 발달했다. 13~14세기에는 바다 건너 영국에서 최고급 양털을 선별해 들여와 손재주를 이용해 모직물을 가공하여 의복이나 공예품, 태피스트리와 같은 예술품을 만들어 유럽과 지중해 국가들에 수출하여 큰돈을 벌었다. 중세 시대 초반 다른 유럽 국가들에서 상업을 천시할 때 플랑드르는 상업 중심으로 부유해지면서 부르고뉴 공국의 안정적인 재정의 밑바탕이 되기도 했다. 후에 네덜란드가 무역업과 금융업의 중심이 되고 17세기에는 유럽의 강력한 해상 무역 국가로 거듭난 것도 지리적으로 자연스러운 방향이었다.

셈과 이윤에 밝고 척박한 땅에서 살아가기 위해 근면하고 현실적이며 독립적인 플랑드르의 예술은 비슷한 르네상스 시기의 이탈리아 피렌체의 화풍과는 완전히 다르다. 이탈리아 르네상스 회화에서는 고대 그리스 예술의 영향을 받은 듯한 완벽한- 균형과 천상의 아름다움, 조화, 미화된 인체의 모습 등 낭만적인 화풍이 돋보인다. 하지만 플랑드르의 르네상스 회화는 아름다움을 추구하기보다는 지극히 현실적이고 철저히 사실적이다. 소품이나 배경뿐 아니라 인물화마저 당장이라도 액자를 뚫고 나올 것만 같은 생동감을 표현한다. 성경 속 내용을 묘사한 종교화를 비교해 보면 보다 명확한 차이를 알 수 있다.

이탈리아 미켈란젤로의 벽화 속 아담과 이브(화보 48)의 신체와 얼굴의 묘사는 우리에게 익숙한 방식이다. 하지만 플랑드르 작가 얀 반 에이크의 제대화 속 아담과 이브(화보 49)의 모습은 미화된 바 없이 사실적으로 표현되어 언뜻 충격적이기까지 하다. 타락한 이후의 아담과 이브도 미켈란젤로의 것과 차이가 극명하다. 십자가에 못 박힌 예수 그리스도를 묘사한 라파엘로의 작품(화보 50)과 로지에르 반 데르 웨이든의 작품(화보 51)을 비교해 보아도 그 차이가 보인다. 상황과 인물이 예술적으로 미화되고 이상화된 라파엘로의 작품과 달리 로지에르 반 데르 웨이든의 작품은 마치 연극 속 실제 배우들을 묘사한 듯 사실적이다. 천사 가브리엘이 마리아에게 나타나 성령으로 예수 그리스도의 잉태를 알린 수태고지 장면을 묘사한 작품들도 표현 방식이 극명하게 비교된다. 이탈리아의 작가 레오나르도 다 빈치(화보 52)와 보티첼리(화보 53)의 작품 들에서는 천사 가브리엘과 마리아가 성스러울 뿐 아니라 마치 천상의 존재처럼 표현되었고, 천사의 다가감 또한 조심스럽고 성스럽다. 반면, 플랑드르 작가 얀 반 에이크(화보 54)나 로지에르 반 데르 웨이든(화보 55)의 수태고지 장면 속 천사와 마리아는 철저히 살아 숨쉬는 인물처럼 묘사되어 현실감 있게 그려졌으며, 미술사학자 곰브리치의 해석을 빌리면 장면 또한 '전혀 새롭고도 세속적인 방식'으로 표현해 냈다.

플랑드르의 사실주의적 기법은 15세기 얀 반 에이크가 유화 기법을 발명하면서 기술적으로도 훨씬 더 정확하고 사실감 있으며 현실적이고 광택있는 색채를 표현했다. 유화 기법은 당시 유럽 전역에 큰 반향을 일으켰고 현재까지도 회화의 주된 매체로 사용된다. 15세기 플랑드르 사실주의의 대표적인 회화 작가 얀 반 에이크(1390년 이전~1441)와 로지에르 반 데르 웨이든(1399/1400~1464)은 부르고뉴 공국의 전성기를 이끌었던 3대 공작 선량공 필리프의 후원을 받았다. 얀 반 에이크는 '북유럽에서 사실성의 정복을 최종적으로 완수한 사람'으로 평가받으며, 반 데르 웨이든은 고전적인 미술 양식과 얀 반 에이크의 사실주의적인 기법을 융화시킨 인물로 평가된다. 특별히 반 데르 웨이든의 걸작 중 하나로 꼽히는 〈최후의 심판〉 제대화는 부르고뉴 본에 위치한 '오스피스 드 본' 내의 박물관에서 관람할 수 있다.

15세기 북유럽 사실주의 회화보다 앞선 예술이 있었으니 14세기 부르고뉴 공국 1대 공작이었던 용맹공 필리프 때의 조각가들이다. 안타깝게도 이들은 얀 반 에이크나 반 데르 웨이든이 받았던 '예술가'로서의 대우를 얻지 못했는데, 당시의 이들은 단지 '석공石工'이었기 때문이다. 그들은 '석공 길드'에 소속된 기술자였다. 플랑드르 조각가 중 단연 최고인 '클라우스 슬뤼터르'(1340~1405/6) 역시 마찬가지였다. 그는 용맹공 필리프가 후원하고 신임하여 부르고뉴 공국의 조각과 건축물을 전담하던 조각가였지만 놀랍게도 그의 생애에 대해서는 알려진 바가 거의 없다. 심지어 태어난 해조차 확실하지 않다. 당시에는 예술가로 여기지 않았던 플랑드르의 한 석공이, 후대에 와서 서양 미술사의 거대한 흐름인 북유럽 사실주의의 시초이자 뿌리로 평가받는다는 것은 매우 놀라운 일이다. 전 세계에 작품이 소장되어 있는 15세기 북유럽 사실주의 회화와 달리 클라우스 슬뤼터르와 그 제자들의 조각품들은 오직 부르고뉴에서만 볼 수 있다. 심지어 그가 남긴 작품의 수가 얼마 되지 않으니 얼마나 귀중한 자료이겠는가.

현재 부르고뉴 공작궁 내 미술관에서 관람할 수 있는 〈부르고뉴 공작들의 무덤〉은 클라우스 슬뤼터르가 작업을 진행하다가 사망한 후 그의 조카이자 조수였던 클라우스 드 베르베가 완성시킨 작품이다. 1대 용맹공 필리프 때 시작해 3대 선량공 필리프 때에 완성됐다. 클라우스 슬뤼터르 조각 중 가장 걸작으로 꼽히는 작품은 부르고뉴 상몰 수도원에 위치한 〈모세의 우물〉 조각상이다. 상몰 수도원은 1대 용맹공 필리프가 발루아 가문의 무덤들을 대대손손 안치하기 위해 건축한 곳이다. 미술사학자 곰브리치는 저서 《곰브리치의 서양미술사》에서 클라우스 슬뤼터르에 대해 "피렌체에서 도나텔로의 세대가 국제 고딕 양식의 섬세함과 세련미에 싫증을 느끼고 보다 힘 있고 장중한 인물상을 창조하기를 갈망했던 것과 같이, 알프스 북쪽에서도 한 조각가가 그의 선배들의 섬세한 작품들보다는 실감나고 보다 솔직한 미술을 위해서 노력하고 있었다. 이 조각가는 클라우스 슬뤼터르로 당시의 부유하고 번창하는 부르고뉴 공국의 수도 디종에서 1380년경부터 1405년까지 일한 사람이다"라고 설명했다. 〈모세의 우물〉에 관해서는 "그의 작품 중에 유명한 것으로는 한 유명한 순례지에서 샘을 표시하는 커다란 십자가 밑부분을 이루는 예언자 군상이 있다. 그 예언자들은 예수의 수난을 예언한 사람들이다. 그들 각각 손에 그런 예언이 새겨진 커다란 책이나 두루마리를 들고 서서 앞으로 닥쳐올 비극을 묵상하고 있는 것처럼 보인다. 여기 인물상들은 이미 고딕 성당 양편에 서 있는 엄숙하고 딱딱한 인물상이 아니다"라고 소개하며 "실물보다 크고 아직도 황금색으로 빛나며 우리 앞에 서 있는 모습은 조각상이라기보다는 오히려 지금 막 역할을 하려는 중세 종교극에 나오는 인상적인 등장인물들 같다. 그러나 우리는 이처럼 놀라운 사실감과 함께 흘러내리는 의상에 기품 있는 자태를 한 이 육중한 인물상들을 창조한 슬뤼터르의 예술적 감각을 잊어서는 안 된다"라고 서술했다.

<h2 style="text-align:center">─── 〈부르고뉴 공작들의 무덤〉 ───</h2>

라 리베라시옹에서의 행복한 식사를 마치고 우리는 부르고뉴 공작궁으로 향했다. 현재 부르고뉴 공작궁은 시청과 미술관으로 사용되고 있다. 이곳에서는 유수한 미술 작품들, 특히 중세 시대 플랑드르

작가의 작품들을 관람할 수 있다. 디종에 오면 입에 침이 마르도록 추천하고 모두가 칭찬하는 〈부르고뉴 공작들의 무덤〉이 바로 이 궁전 안 호위실Salle des Gardes에 있다. 호위실에 들어선 순간, 들리지 않는 엄숙하고 애통한 진혼곡이 온 방을 꽉 채워 울려퍼지는 듯했다. 방 안에는 쌍둥이처럼 닮은 두 개의 무덤이 있었다. 부르고뉴 공국 발루아 시대를 처음 연 1대 용맹공 필리프의 무덤(화보 56)과 2대 대담공 장과 아내인 마르그리트 드 바비에르의 합장묘(화보 57)다.

"3대 공작 선량공 필리프가 완성한 할아버지와 아버지 어머니의 무덤이야. 마흔 살도 되기 전부터 자신의 기념비 같은 무덤을 계획했던 용맹공 필리프는 무덤이 완성되는 것도 보지 못한 채 눈을 감았지. 2대 공작 대담공 장 역시 영광도 없는 권력 싸움에 몰두하다 그 어떤 것도 얻지 못한 채 죽어버렸어. 그 모든 원한과 애틋함, 복수심과 야망은 고스란히 3대 공작 선량공 필리프에게 내려와 정작 본인 무덤은 짓지도 못한 채 과거에만 매달려 할아버지와 부모님의 무덤을 이토록 정교하게 완성시켰지."

"선량공 필리프의 묘는 없네? 아들이 지어주지 못한 거야?"

"그렇지. 선량공 필리프는 부르고뉴 공국의 영원을 기대하면서 대를 이은 후손들이 자신의 기념비를 만들어줄 거라 믿었을 텐데 말이야. 거대하고 영광스러운 부르고뉴 공국과 발루아 가문이 영원하리라 굳건히 믿었겠지. 하지만 아들 담대공 샤를이 본인의 후계자도 마련하지 못한 채 10년 만에 전쟁터에서 급사하고 부르고뉴 공국은 역사 속으로 사라졌어. 그나마도 선량공 필리프의 시신은 수습되어 부르고뉴에 안치되었는데 담대공 샤틀의 시신은 전쟁터에서 알아보지 못할 정도로 훼손되었다고 해.”

“그렇구나.”

무덤의 상부는 1대 공작과 2대 공작 내외의 와상 조각으로 장식되어 있었다. 당시 부르고뉴 공국의 정치적, 문화적, 예술적 위상을 짐작할 수 있을 만큼 아름답고 화려했다, 용맹공 필리프와 대담공 장, 그의 아내 마르그리트의 얼굴은 더없이 환하고 아름다운 모습으로 묘사되었다. 얼굴은 마치 생기를 띤듯 화사하고 발그레하게 채색되었고, 기도하는 손의 두툼한 질감과 온기 역시 살아있는 자의 것과 같았다. 머리맡에는 황금빛 날개를 가진 사랑스러운 천사들이 휘장을 들고 지켰고 다리 부근엔 용맹한 황금빛 갈기의 사자가 호위대처럼 앉아 있었다. 마치 천상의 모습 같았다. 공작과 부인의 가운이 옷의 질감뿐 아니라 무게감 그리고 주름 하나하나까지 세밀하게 묘사되어 인상적이었다. 천사의 옷자락과 사자의 황금빛 갈기 역시 이후 15~16세기에 나타날 북유럽 사실주의 회화의 서막을 보는 듯했다.

상부가 천상의 모습이라면 하부는 지상의 모습이었는데 〈부르고뉴 공작들의 무덤〉이 유명한 이유는 바로 하부의 애도하는 자들(**화보 58~60**)을 묘사한 조각들 때문이다. 말로만 듣던 ‘애도자’ 작품들을 마주하니 그 생생함에 말문이 막혔다. 무덤 하부의 40여 명의 사람들은 부르고뉴 공작들의 죽음을 애도하는 지상의 애도자들이다. 누군가는 옷깃으로 눈물을 훔치고 누군가는 애통함을 참지 못해 펑 펑 눈물을 쏟아내는 듯했으며 누군가는 그런 애도자를 위로하고 누군가는 깊은 비통함에 고개를 들지 못했다. 경건한 마음으로 기도를 하는 이, 기도하는 이를 차분하게 바라보는 이 모두가 땅의 애도자들이었다. 조각 하나하나는 숨막힐 듯 사실적이고 현실감 있게 표현되어 있다. 옷자락 하나, 손짓 하나까지. 무덤 주위를 돌면서 나도 그중 한 사람의 애도자가 된 것 같았다. 고개를 숙이고 앞선 이들의 줄을 따라 무덤 주변을 천천히 돌아보았다.

"저들은 무엇을 애도하고 있는 걸까?"

"자신이 사랑하는 이, 혹은 군주에 대한 슬픔이겠지? 누군가의 죽음을 애도하는 것이 이상한 일은 아니잖아? 특별히 사랑하던 군주라면, 사랑하는 사람과의 이별이라면 마음이 찢어지고 비통하고 애통한 것은 보편적인 감정이겠지."

"그렇긴 해. 하지만 뭔가 낯설어. 저 군주들은 천상에서 다채로운 색의 옷을 입고 생기 가득 찬 얼굴을 하고, 황금빛 천사와 사자 들이 호위하고 있잖아? 반면 지상의 애도자들은 무채색 옷에 슬픔에 가득 차 눈조차 가려진 모습을 보니 왠지 낯선 기분이 들어."

그토록 대단했던 부르고뉴 공작들의 휘황찬란한 무덤 상부의 묘사는 오히려 허무감을 자극했다. 진짜 천상에서 저런 모습을 하고 있을 거란 확신이 있다면 애통하지 않겠지. 죽음 후 저런 모습이길 애써 바라며 온갖 화려한 기법으로 그토록 오랜 세월 공들여 만든 기념비이기에 그 안에 허무함이 깃든 것이 아닐까. 스스로가 너무 자랑스러웠던 용맹공 필리프는 1381년에 무덤을 기획했고, 아들인 대담공 장과 아내의 무덤이 1469년에 완성되기까지 장장 100년에 가까운 세월에 걸쳐 만들어진 무덤과 조각 들로 다섯 명의 조각가의 손을 거쳤다.

예술작품의 아름답고 정교하고 섬세한 화풍에 감탄을 자아냈지만 부르고뉴 공국-발루아 공작들의 삶은 인생의 허무함을 되새기게 했다. 그들은 오히려 본인들의 대단함과 위대함, 휘황찬란함에 관해 대대손손 기념비적으로 남고 싶었겠지만, '삶의 허무함'을 애써 감추고 마주치지 않기 위해 이토록 열심히 성격을 쌓고 화려한 기념비를 쌓아 올린 것일까? 이렇게 쌓아 올리면 삶이 더 이상 허무하지 않으리라 믿었던 것일까? 애도자들은 진정 무엇을 애도하는 것일까? 그들의 눈물은 오직 순수한 애도일까? 대담공 장과 아내 마르그리트의 무덤을 완성한 것은 아버지를 잃은 복수심에 가득 찼던 선량공 필리프였다. 아버지에게 가해진 모욕을 복수하기 위해 끝끝내 자신의 모든 인생과 재산을 바쳐 프랑스와 끝까지 전쟁을 벌인 그의 비통한 마음은 이해하지만 이렇게 기념비를 세운다고 비통함이 사라질 수 있을까? 상대편을 먼저 암살한 것은 대담공 장이었는데 선량공 필리프의 마음속엔 아버지에 대한 애끓는 복수심과 비통함만이 남았던 걸까?

문득 허무한 인생을 살지 않으려면 어떻게 해야 하는지 깊이 생각했다. 역사를 읽고 볼수록 으리으리하고 영웅 같던 인물들도 결국은 죽고 죽음의 끝엔 허무가 도사린다는 걸 깨달았다. 허무하지 않으려면 어떻게 해야 할까? 정답은 없겠지만 적어도 후손들에게

'내가 이렇게 대단하다'는 것을 입증하기 위해 자신의 기념비를 쌓는 것은 그리 큰 도움은 되지 않을 것이다. 이 무덤들을 보며 후손들이 느끼는 것은 결국 발루아 공작들의 휘황찬란한 삶에 대한 존경과 동경보다는 융성했던 권력, 평생을 다 바친 복수심 끝에 얻은 영광, 켜켜이 쌓아 올린 야망 끝에 선명하게 남은 허무함일 것이다. 차라리 오래 남은 것은 그들이 고용한 조각가들의 피땀어린 예술작품이었다.

―――― 샹몰 수도원과 〈모세의 우물〉 ――――

부르고뉴 대공 궁전을 나와 부엉이 길을 따라 둘러 보려다 〈부르고뉴 공작들의 무덤〉에 대한 깊은 인상과 여운이 남아 샹몰 수도원 Chartreuse de Champmol 으로 향했다. 샹몰 수도원은 프랑스 대혁명 때 파괴되고 손상되었기 때문에 굳이 방문하지 않으려고 했지만 조각가 클라우스 슬뤼터르의 남아 있는 명작이 궁금해졌다. 디종까지 와서 그런 귀한 기회를 차버릴 수는 없었다.

부르고뉴 1대 공작 용맹공 필리프는 무덤을 의뢰하기 전에 샹몰 수도원의 대지를 매입했다. 샹몰 수도원의 목적은 부르고뉴-발루아 가문이 대대손손 묻히는 '묘지'였다. 프랑스 역대 왕과 왕비 들이 생드니 대성당에 안장된 것처럼 그들도 대대손손 안장될 묘지가 필요했던 것이다. 그토록 위대한 발루아 가문의 무덤인데 용맹공 필리프가 소박하게 건축했을 리는 만무하다. 당대 가장 유명한 플랑드르의 건축가와 예술가를 총동원해 건축하고 장식했으니 이는 '역대로 사치스럽고 거대하고 웅장한 프로젝트'이며 '15세기 부르고뉴와 플랑드르 예술의 총집합체'의 표현이라 할 수 있다. 현재는 거의 잔해만 남은 상태지만. 〈부르고뉴 공작들의 무덤〉은 샹몰 수도원에 의도대로 안치되었다가 1791년 프랑스 대혁명 때 수도원과 함께 일부 손상되면서 생 베니뉴 성당églis Saint-Bénigne으로 옮겨졌다가 1827년 부르고뉴 대공 궁전 미술관에서 복원 작업과 함께 맡기 시작했다고 한다.

현재 샹몰 수도원의 건축 자체는 거의 남아 있지 않지만 그 안에는 북유럽 사실주의의 시초인 클라우스 슬뤼터르의 〈모세의 우물〉을 포함해 얼마 되지 않는 귀중한 조각품들이 있다.

샹몰 수도원은 디종 시내와 멀지 않은 곳에 있었다. 부르고뉴 대공 궁전에서 걸어가도 30분이면 충분했고 택시를 타면 10분 내외로 도착할 수 있다. 예상은 했지만 눈앞에 펼쳐진 샹몰 수도원은 부르고뉴 공국의 화려함과 호사스러움을 가늠하기 어려울 정도였다. 건물 대부분이 파괴되어 거의 남아 있지 않았고 그마저도 일부는 정신병원으로 사용 중이었다. 우리는 곧바로 클라우스 슬뤼터르의 명작인 〈모세의 우물〉을 관람하러 들어갔다. 수도원 정문 안쪽으로 들어가니 사각형의 안뜰이 있고 그 안에 작은 건물(**화보 61**)이 하나 있었다. 거기에 〈모세의 우물〉이 있었다. 이곳은 당시 수도원의 우물이 있던 자리라고 한다. 구약성경 〈출애굽기〉에 모세가 여호와의 명령대로 이집트에서 처참하게 노예생활을 하던 이스라엘 백성들을 구해 약속의 땅 가나안으로 이끌고 가던 중 광야에서 목마른 백성들이 모세와 여호와에게 '왜 이집트에서 잘 살고 있던 우리를 목말라 죽게 하냐'고 불평하는 장면이 있다. 여호와는 모세에게 지팡이로 바위를 치게 하여 샘물이 솟아나게 하는데, 샹몰 수도원의 〈모세의 우물〉은 성경 속 모세의 샘에서 따온 이름일 것이다.

〈모세의 우물〉은 수도원의 우물에 육각형의 기둥을 세운 후 여섯 개의 면에 성경 속 선지자들의 조각을 새겨 넣어 작품으로 만든 것이다. 뿐만 아니라 선지자들 사이의 기둥 위쪽 귀퉁이에는 여섯 천사가 애통한 눈물을 흘리고 있었다.

"여섯 선지자가 누구인지 알아볼 수 있겠어?"

예상치 못한 남편의 질문에 다소 당황했지만 남편이 가리키는 손가락 끝을 보니 인물의 조각상마다 이름이 새겨져 있었다. 모세, 다윗, 예레미야, 사가랴, 다니엘, 이사야. 책자에 따르면 본래 이 육각 기둥 위쪽에는 십자가상이 있었다. 십자가에 매달린 예수님의 조각상인데 십자가상은 17세기에 파괴되었고, 현재는 밑받침인 육각 기둥과 조각 들만 남아 있다. 여섯 선지자는 십자가 사건을 예언하고, 여섯 천사는 십자가 사건을 목격하며 애통하고 비통한 눈물을 흘리고 있었다.

클라우스 슬뤼터르는 여섯 선지자와 천사 들의 옷 주름 하나, 머리카락과 수염 한 올 한 올까지 놀랄 만큼 사실적이고 현실적으로 표현했다. 마치 살아있는 인물이 연극 분장을 한 것처럼 생동감 있게 묘사했다. 뿐만 아니라 선지자들의 표정과 모습에서는 각각의 개성과 성격이 놀랄 만큼 잘 드러났다.

"이름을 알고 봐서 그런가? 여섯 선지자의 성격이나 특징이 오롯이 드러나는 느낌이야. 다윗 왕(**화보 62**)을 봐. 성경에 묘사된 다윗 왕의 젊은 시절을 표현한 것도 그렇고, 풍채나 얼굴에서는 특유의 당당함 같은 게 드러나. 예언자 이사야의 측량할 수 없는 고뇌와 애통함, 꺾이지 않을 듯한 고집스러움도."

"개인적으로는 모세 조각이 인상 깊다. 풍성한 수염의 모사가 한 올 한 올 정말 사실적이야. 조각으로 이런 표현이 가능하다니. 모세 얼굴의 주름도 놀라울 정도야. 마치 현실의 인물이 분장을 하고 조각상인 척하고 있는 것처럼 말이지. 그런데 모세의 머리에 저건 뭘까? 뿔?"

"뿔일 거야. 당시엔 모세의 머리에 뿔이 나 있다(**화보 66**)고 믿었거든. 미켈란젤로도 모세 조각상에 뿔을 달아 놓았지. 성경에 모세에 관한 설명 중 '머리에 광채가 났다'는 말이 있는데 히브리어로 광채와 뿔의 발음이 비슷해서 '머리에 뿔이 났다'로 오역 되었대."

"그렇구나. 예레미야(**화보 63**)는 〈모세의 우물〉 건축을 의뢰하고 샹몰 수도원을 건축한 부르고뉴 1대 공작 용맹공 필리프를 닮은 모습으로 묘사되었다고 하더니 정말 비슷하네."

"오, 정말 그렇네! 턱이 저렇게 발달한 것도 그렇고. 약간 매부리인 것처럼 큰 코나 두터운 눈두덩이, 아치형 눈썹도 아까 봤던 용맹공 필리프 초상화와 흡사해."

클라우스 슬뤼터르는 성경을 잘 이해한 사람이라는 생각이 들었다. 하긴, 종교적 조각을 만들려면 종교에 대한 이해가 있어야겠지. 유럽 중세 시대 예술품들은 거의 종교(특히 그리스도교) 안에 있었으므로 중세 시대의 예술품을 이해하기 위해서는 종교를 알아야 한다. 그런 이유로 나도 성경을 제대로 읽기 시작했다. 성경의 장면이나 인물에 대해 작가마다 해석하고 표현하는 방식이 다른 것을 알아가는 재미가 있다.

그리스도교에서 가장 중요한 사건은 십자가 사건일 것이다. 클라우스 슬뤼터르는 십자가 사건을 마주하는 모습의 극명한 대비를 잘 표현했다. 십자가 사건은 예수님이 인류를 구원하기 위한 유일한 방법이었고 그 과정은 역사의 기록대로 지독히 고통스럽고 철저히 잔인했으며 매우 모멸스러웠다. 〈모세의 우물〉 속 천사들은 그 모습을 목격하며 아이처럼 울고 슬퍼한다(**화보 64, 65**). 누구라도 그 광경을 보았다면 느꼈을 아픔과 서러움, 공포와 고통을 고스란히 삼키며 울음을 쏟아내고 있는 것이다. 클라우스 슬뤼터르는 여섯 천사의 슬픈 눈빛, 몸짓, 표정 하나까지 모두 다르지만 섬세하고 생생하게 표현했다. 천사들의 눈빛과 표정으로 십자가상의 아픔과 애통함을 그대로 느낄 정도다. 반대로 여섯 선지자는 울고 있지 않다. 오히려 담대하다. 십자가 사건 자체는 슬픔과 고통, 충격이지만 사건의 핵심은 '구원'에 있다. 결국 십자가 사건은 인류 구원의 새로운 약속이자 승리이고 예언의 성취이며 기쁜 소식의 시작이다. 이를 알고 십자가 사건을 예언한 여섯 선지자는 십자가 너머의 소망과 약속의 성취를 바라보고 있는 것이다. 문득 클라우스 슬뤼터르가 조각했을 윗면의 십자가상이 궁금해졌다. 그는 십자가에 못 박힌 예수님을 어떻게 표현했을까? 〈모세의 우물〉은 십자가상을 포함하여 모두 화려하게 채색되었을 것이라 추정된다는데 채색된 〈모세의 우물〉은 어떤 모습이었을지! 미술사학자 E. H 곰브리치가 극찬한 〈모세의 우물〉은 과연 큰 울림을 주었다.

우리는 샹몰 수도원 예배당으로 발걸음을 옮겼다. 예배당 입구에서 또 다른 클라우스 슬뤼터르의 조각상을 만날 스 있었다. 예배당 정문 한가운데에는 〈성모자상〉의 조각을 중심으로 양 옆에 무릎을 꿇은 용맹공 필리프와 그의 아내가 있고, 그 뒤로는 세례자 요한과 카타리나 성인의 조각이 위치했다(**화보 67**).

"용맹공 필리프(**화보 69**)는 누가 봐도 알아보겠다. 〈모세의 우물〉에 예레미야의 모습과도 아주 흡사하고 초상화와도 비슷하고."

"그러게. 그런데 〈성모자상〉 말이야, 뭔가 독특하지 않아?"

"어떤 부분이?"

"대부분 〈성모자상〉은 아기 예수가 성모 마리아에게 안겨 있거나 혹은 둘이 얼굴을 맞대고 있잖아. 성모 마리아의 따뜻한 모성애라든지 아기 예수의 사랑스러움, 혹은 아기 예수가 정면을 응시하며 성스러움을 표현하는 경우가 많은데 클라우스 슬뤼터르의 성모자상은 미화되지 않은 현실 속 그대로의 어머니 모습 같아. 한 손으로 아기 예수를 탁 들고 강인하게 서 있는 게 어쩐지 현실에서 많이 보는 엄마들 모습 같지 않아?"(**화보 68**)

"하하하. 듣고 보니 정말 그러네. 아기 예수도 특별히 성스럽게 표현되거나 유난히 더 사랑스러운 모습이라기보다는 엄마만을 의지하며 눈 맞추고 있는 보통의 갓난 아이 같다."

"이런 게 진정한 의미의 성육신 아닐까?"

성육신이란 그리스도교에서 신이 인간의 몸으로 세상에 태어남을 의미한다. 자신의 목숨, 독생자 아들의 목숨을 내놓을 정도로 인간을 사랑한 전지전능한 신이 인류를 구원하기 위해 연약한 인간의 육체를 입고 이 땅에 태어난 것이다. 그렇게 태어난 아기 예수는 지극히 나약한 보통의 아기와 같지 않았을까? 성모 마리아 또한 보통의 엄마라는 인간적 존재와 한 치도 다르지 않았을 것이다. 결국 성육신 사건은 신이 인간의 육신으로 인간과 똑같은 고통과 아픔, 고뇌와 슬픔을 오롯이 겪고 인류를 구원한 사건이니 말이다.

부르고뉴 대공 궁전과 상몰 수도원을 뒤로 하며 가슴은 벅찼지만 마음은 씁쓸했다. 그토록 야심차고 휘황찬란했던 부르고뉴 공국은 120년 만에 역사 속으로 사라졌다. 용맹공 필리프가 영원히 찬란하고 융성할 것이라 믿고 쌓으려고 한 발루아-부르고뉴 가문의 기념비적 무덤, 몇 백 년이 지난 지금 후손들이 이곳을 찾는 이유는 기록조차 남지 않은 '일개' 석공의 작품을 보기 위해서다. 그는 발루아 가문의 이름만이 영원하리라 생각했지, 이 작품들이 자신이 고용한 조각가의 화풍으로 기록될 것이라고 상상이나 했겠는가? 이것이 바로 인간이 가진 아이러니, 역사가 가지는 재미이자 묘미이고 교훈이다.

셋째 날
가슴 벅찬 부르고뉴 지리 여행

여행 가면 반드시 들르는 곳, 언제 어디서든 무한한 활력과 생동감을 느낄 수 있는 곳, 그곳은 재래시장이다. 꼭 여행 중이 아니어도 일상이 무료하거나 무기력할 때 나는 재래시장에서 무한한 활기와 에너지를 얻는다.

신선한 식재료가 넘쳐나고 손가락 외에 다른 언어는 필요치 않은 곳, 처음 보는 식재료를 보면 그게 무엇인지 궁금해 안달 나는 곳. 빠른 손놀림으로 준비한 동전과 지폐를 만지작거리며 다양한 식재료를 고르고 있자면 나는 세상 더없이 능력 있는 요리사가 된 것 같다. 재래시장에서는 죽은 생선도 꼭 살아있는 것 같다. 무엇보다 고기, 생선, 채소, 과일, 양념 할 것 없이 그 지역 사람들이 가장 애용하는 식재료가 무엇인지 한눈에 알 수 있다. 여행지의 펄떡이는 심장을 느끼고 구경하려면 가까운 시장에 가보길 권한다.

모르는 사람과 장바구니 사정을 공유하는 것도 즐겁고 짜릿하다. 오늘 저녁은 뭘 해먹고 내일은 무엇으로 아침 식탁을 채울지 고민하는 것도 재미있다. "이 재료로 뭘 할 거예요?" 묻기만 해도 술술 답해 줄 테니. 처음 보는 이본느 할머니와 '레잘 드 디종Les Halles de Dijon'에서 만나기로 한 것은 탁월한 결정이었다. 프랑스인과 프랑스 중에서도 미식의 도시 디종의 토박이, 심지어 디종에서 평생을 산 할머니와 디종의 재래시장에서 만나다니!

…

자세한 이야기는 만나서 하는 게 어떨까요?

내일 아침 9시, 레잘 드 디종에서 만나면 어때요?

마침 토요일이라 아주 큰 로컬 마켓이 열려요.

나도 장을 봐야 하니, 만나서 우리의 계획에 관해 이야기하면 좋을 것 같아요.

– 이본느

아르망의 말대로 그곳은 귀스타프 에펠의 설계물이 바로 보일 정도로 커다란 철조물로 만들어진 장소였다. 꽤 이른 아침이라고 생각했는데 레잘 드 디종은 많은 이들로 붐비고 있었다. 관광객보다 로컬 주민이 더 많았고, 사람들은 장타구니를 들고 바쁘게 돌아다녔다. 수많은 인파 가운데서도 이본느와 우리는 서로를 단박에 알아보았다. 물론 전화번호 교환과 메시지로 정확한 약속 장소를 잡았지만, 무엇보다 이본느는 아르망과 꼭 닮았고 나와 남편은 몇 안 되는 아시아인 커플이기 때문이다.

이본느의 정확한 나이는 알 수 없지만, 아르망의 나이로 계산해

봤을 때 어림잡아 70세에 가까울 것이다. 그녀의 눈빛은 청년처럼 반짝이고 목소리는 맑고 또랑또랑했다. 우리를 보고 활짝 웃는 얼굴은 만화를 찢고 나온 듯 천진난만한 소년 같았다. 무엇보다 유창한 영어를 구사하는 덕에 남편과 나는 안심할 수 있었다. 이본느와 만나자마자 시장을 한 바퀴 돌았다. 싱싱한 채소와 과일, 생선, 고기, 치즈와 와인, 베이커리로 시장 곳곳은 생기가 넘쳤다. 이본느의 장바구니에는 이미 채소와 과일, 바게트가 가득 들어 있었고 우리와 함께 치즈 몇 조각을 사면서 팁도 알려주었다.

"프랑스 로컬 시장에서는 프랑스어를 못해도 하려는 노력이라도 해야 돼요. 그래야 까칠한 프랑스 상인들의 마음을 열 수 있지. Bonjour, Merci, S'il vous plait. 간단한 숫자 정도라도 프랑스어로 말하면 맛있는 걸 얻어갈 수 있어요."

이본느는 와이너리 방문에 관해 이야기하자며 와인 숍의 작은 테이블을 가리켰다. 우리가 와인을 사기로 하고 보졸레 모르공Beaujolais Morgon을 주문했다.

이본느는 와인 한 잔을 채 마시기도 전에 로마네 콩티, 클로 드 부조, 에셰조Echézeaux와 같은 어마어마한 그랑 크뤼 이름들을 시골 동네 포도밭 이야기하듯 쏟아냈다.

"랑브레의 티에리와 통화했는데…."

"와이너리 클로 데 랑브레Clos des Lambrays 와인 메이커 티에리 브루앵Thierry Brouin 말씀인가요?"

"응, 겉보기엔 성격이 괴팍해 보이지만 사실은 재미있는 사람이지. 하하하하.”

“클로드 뒤가는 정말 겸손하고 멋진 사람이야. 아마 내일쯤 가볼 수 있을 것 같아.”

나는 너무도 황홀해서 더 이상 아무 생각도 나지 않았다.

정말 클로드 뒤가 선생님을 만날 수 있다고? 나를 와인의 세계에 발 딛게 해준 그 와인, ‘클로드 뒤가, 주브리 샹베르텡’을 만든 장본인을 직접 만날 수 있다고?

반쯤 넋이 빠진 나를 대신하여 남편과 이본느는 세부적인 계획을 세웠고 나는 와인 한 병을 모두 비울 때까지 행복한 생각에 빠졌다. 대략의 경비와 이본느에게 지불할 액수, 일정과 동선에 대한 이야기를 마무리하며 이본느는 다음 날 아침 9시에 우리를 픽업하러 오기로 했다.

“오늘 계획은 어떻게 되나요?”

이본느가 물었다. 어제 디종 시내와 노트르담 성당, 부르고뉴 공작궁, 리베라시옹 광장, 〈모세의 우물〉을 둘러봤다고 대답했다.

“오늘은 디종을 떠나서 본 구경을 가볼까 해요. 가능하면 시토회 수도원이나 클뤼니 수도원에도 가보고 싶고요.”

“좋네요. 시토회 수도원과 클뤼니 수도원 중에서는 클뤼니 수도원을 추천해요. 디종에서 좀 멀긴 해도 시토회 수도원보다 건물이 더 많이 남아 있고 박물관도 있어서 볼거리가 있어요. 본에 간다면 이런 스케줄은 어때요? 오스피스 드 본을 들렀다가 점심 식사를 하고, 오후엔 조제프 드루앵 카브를 방문해 보세요. 조제프 드루앵은 아주 유명한데다, 본의 카브는 고대 로마 시대까지 거슬러 올라가는 아주 오래된 장소예요. 거기에 짧은 와인 테이스팅 프로그램도 있으니 모니카도 아주 만족할 거예요. 원한다면 카브 투어와 짧은 테이스팅 프로그램도 함께 예약해 줄게요. 본을 즐기고 차로 1시간 정도 더 내려가면 클뤼니 수도원이니 성스러운 오후를 보내고 디종으로 돌아오는 거죠. 어때요?"

완벽한 계획이었다. 왕복 3시간이 넘는 거리를 운전해야 할 남편에겐 완벽하지 않겠지만 말이다.

────── D974 국도와 부르고뉴 포도밭의 비밀 ──────

"가장 빠른 길로 국도를 타면 40분이면 도착할 거예요."

이본느의 제안대로 우리는 서둘러 본으로 향했다.

이본느는 부르고뉴의 핵심 포도밭들을 가르는 꿈의 길인 D974 국도를 타면 이삼십 분 더 늦어진다며 다른 길을 추천했다. 어차피 내일부터 와이너리 투어를 다니려면 하루 종일 D974를 달리면서 포도밭 구경을 할 텐데 굳이 오늘부터 갈 필요는 없다고 했다. 맞는 말이지만 우리의 생각은 달랐다.

"20분 정도 더 걸리면 운전자가 많이 피곤하려나?"

내가 운을 뗐다.

"그러게. 20분 더 걸린다고 하루 스케줄에 큰 지장이 있을까?"

La Bourgogne et ses cinq régions viticoles
Bourgogne and its five wine-producing regions

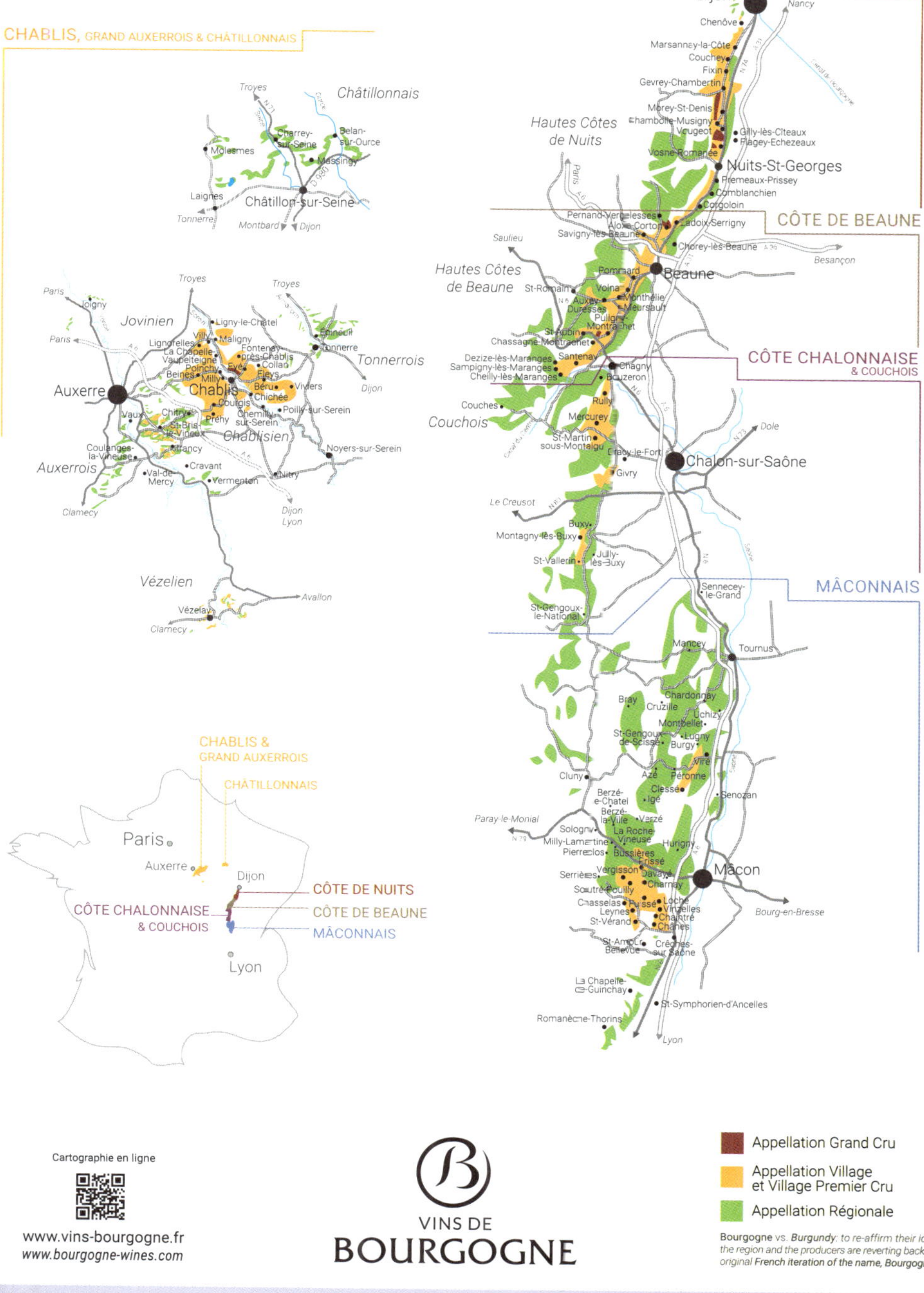

Cartographie en ligne

www.vins-bourgogne.fr
www.bourgogne-wines.com

VINS DE
BOURGOGNE

Bourgogne vs. Burgundy: to re-affirm their id
the region and the producers are reverting back
original French iteration of the name, Bourgogn

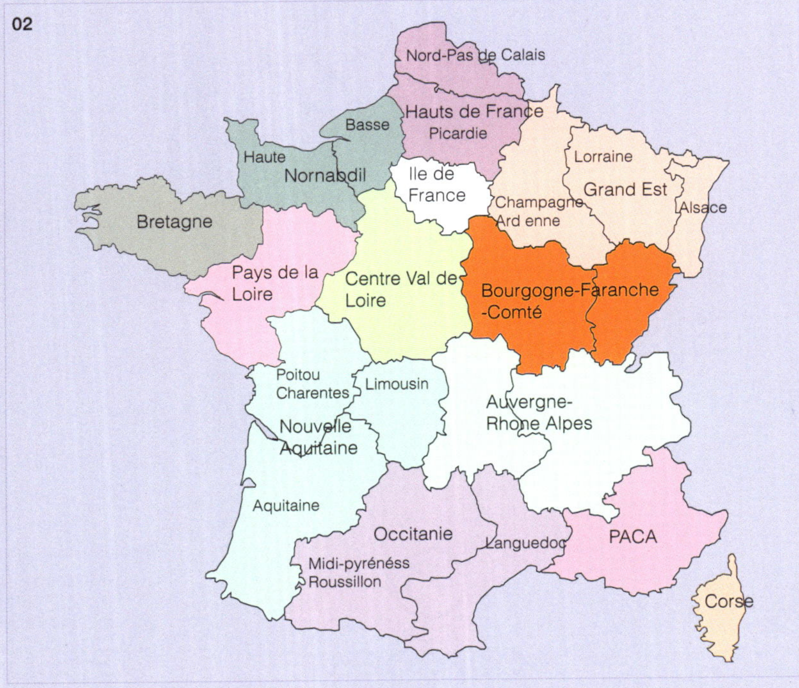
01
Nord-Pas-de-Calais 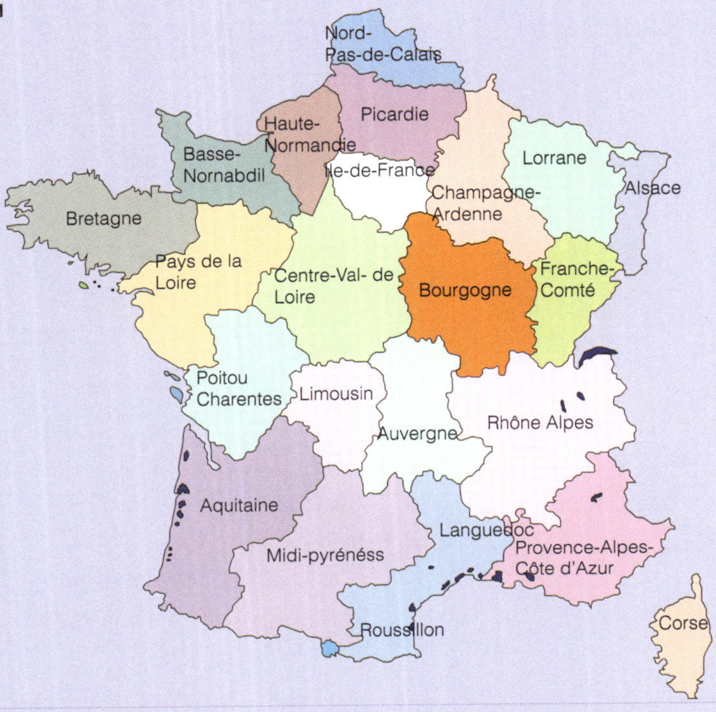
Picardie
Haute-Normandie
Basse-Nornabdil
Ile-de-France
Lorrane
Alsace
Bretagne
Champagne-Ardenne
Pays de la Loire
Centre-Val- de Loire
Bourgogne
Franche-Comté
Poitou Charentes
Limousin
Auvergne
Rhône Alpes
Aquitaine
Languedoc
Midi-pyrénéss
Provence-Alpes-Côte d'Azur
Roussillon
Corse

02
Nord-Pas de Calais
Hauts de France
Picardie
Basse
Haute
Nornabdil
Ile de France
Lorraine
Grand Est
Alsace
Bretagne
Champagne Ard enne
Pays de la Loire
Centre Val de Loire
Bourgogne-Faranche -Comté
Poitou Charentes
Limousin
Nouvelle Aquitaine
Auvergne-Rhône Alpes
Aquitaine
Occitanie
Languedoc
PACA
Midi-pyrénéss Roussillon
Corse

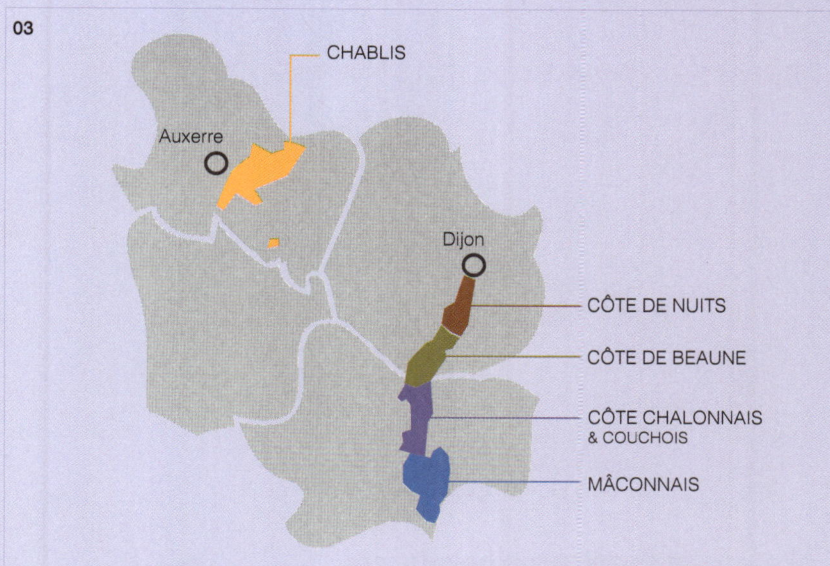

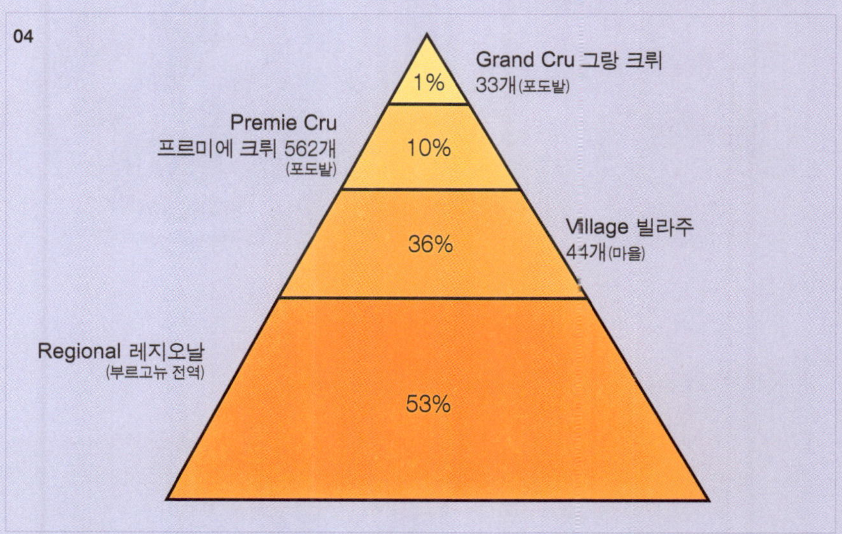

01 2015년 이전 프랑스 22개 지역 구분.
02 2015년 이후 프랑스 13개 지역 구분.
03 부르고뉴 와인 생산지 개괄 지도.
04 부르고뉴 와인 등급 체계.

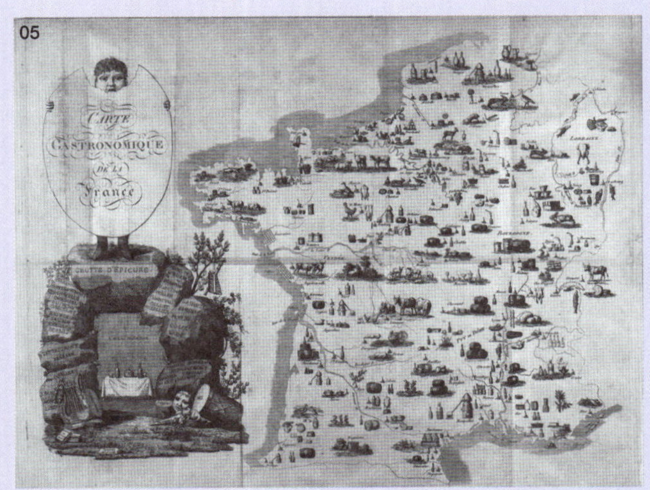

05 장 프랑수아 투르카티,
『프랑스 미식 지도』,
1809년,
코넬대학교 PJ모드
컬렉션 소장
06 에스카르고 드 부르고뉴
07 뵈프 부르기뇽
08 샤롤의 소

09 장봉 페르시에.
10 코쿠뱅.
11 에푸아스.
12 치즈 플래터.
13 트러플.
14 디종 머스터드소스.

15 프랑수아 뤼드 광장의 카로셀과 바루자이 동상.
16 1904년의 프랑수아 뤼드 광장.

154

17 프랑수아 뤼드 광장의 바루자이 동상.
18 프랑수아 뤼드 광장의 귀스타브 에펠을 모티프로 한 회전목마.
19 디종 프랑수아 뤼드 광장의 전통 목조 가옥과 레스토랑 〈오 물랭 아 방〉.

20 디종 노트르담 성당 뒤 부엉이.
21 디종 노트르담 성당의 3층으로 배열된 가고일.
22 디종 노트르담 성당의 얼굴이 다른 가고일.
23 디종 노트르담 성당의 가고일.
24 디종 노트르담 성당의 가고일 일부.
25 〈노틀담의 꼽추〉 애니메이션 속 콰지모도와 친구들.

26 디종 노트르담 당 위 종을 치는 자크마르 가족.
27 디종 노트르담 성당의 성모 마리아상.
28 디종 노트르담 성당의 태피스트리.

29 리베라시옹 광장.
30 부르고뉴 공작궁.

프랑스 국왕 장 2세Jean II le Bon(1319–1364)

발루아 공작 1대, 용맹공 필리프Philippe le Hardi(1342–1404)
- 프랑스 국왕 장 2세의 아들, 부르고뉴 공국 하사 받음
- 플랑드르의 상속녀인 마르그리트 드 바비에르와 혼인, '발루아-부르고뉴'가문
  의 시조
- 피노 누아를 '고귀한 품종'으로 지정, 가메 품종 재배 금지
- 〈부르고뉴 공작들의 무덤〉 조성 시작

발루아 공작 2대, 대담공 장Jean sans Peur(1371–1419)
- 샤를 6세 재위기, 오를레앙 공 루이 1세 · 아르마냑 가문과 대립
- '부르고뉴파' 수장, 오를레앙 공 암살 주도
- 아르마냑파에 의해 파리에서 피살
- 이후 부르고뉴파는 잉글랜드와 동맹
- 사후 아들 선량공 필리프에 의해 아내와 〈부르고뉴 공작들의 무덤〉에 안치됨

발루아 공작 3대, 선량공 필리프Philippe le Bon(1396–1467)
- 아버지를 죽인 오를레앙파에 대한 복수심으로 프랑스 전역을 강하게 압박하며
  백년전쟁에서 잉글랜드와 강력한 동맹 유지
- 잔 다르크 체포에 협력
- 부르고뉴 공작궁 증축, 핵심 공간 건축
- 〈부르고뉴 공작들의 무덤〉 완성
- 부르고뉴 공국의 정치 · 문화적 최전성기 주도

발루아 공작 4대, 담대공 샤를Charles le Téméraire(1433–1477)
- 부르고뉴 공국을 독립 왕국으로 만들고자 야심을 불태움
- 사촌이자 과거 친구였던 프랑스 국왕 루이 11세와 치열한 경쟁 관계
- 루이 11세의 전략에 휘말려 무리한 정복 전쟁을 벌이다 전사
- 직계 후계자 없이 사망하여 부르고뉴 공국의 독립 역사 종결

마리 드 부르고뉴Marie de Bourgogne(1457–1482)
- 대담공 샤를의 외동딸
- 아버지의 갑작스러운 죽음 이후 부르고뉴의 후계자 지위 계승
- 프랑스 왕족과 부르고뉴 공국 귀족들의 압박 속에서 합스부르크의 막시밀리안
  1세Maximilian I에게 구원을 요청
- 막시밀리안 1세와의 결혼으로 플랑드르 등 북부 영토는 합스부르크로 이양
- 부르고뉴 본토는 프랑스에 병합되면 공국의 정치적 독립은 종결

31 작가 미상, 〈발루아 공작 1대 용맹공 필리프〉, 14세기 원작 복제본, 16~18세기, 프랑스 디종 미술관 소장.
32 장 페레알, 〈대관식 예복을 입은 젊은 샤를 6세의 초상〉, 15세기 필사본, 프랑스 국립도서관 소장.
33 작가 미상, 〈대담공 장의 초상〉, 15세기 중반, 벨기에 앤트워프 왕립 미술관 소장.
34 작가 미상, 〈대담공 장에 의한 오를레앙 공작 루이 1세의 암살〉, 1472–1480, 프랑스 디종 미술관 소장.

35 작가 미상, 〈선량공 필리프의 초상〉, 1455년경, 프랑스 디종 미술관 소장.
36 선량공 필리프 때의 부르고뉴 공국의 영토.
37 로지에르 반 데르 웨이든, 〈담대공 샤를의 초상〉, 1454년경, 독일 베를린 국립 미술관 소장.
38 오귀스탱 페옹 페랭, 〈낭시 전투 이후 발견된 담대공 샤를〉, 1865년, 프랑스 낭시 미술관 소장.
39 작가 미상, 〈담대공 샤를의 최후 발견〉, 1862년, 프랑스 뫼즈 미술관 소장.

40 쥘 외젠 르네프뵈, 〈오를레앙 포위 전의 잔 다르크〉,
19세기.
41 쥘 외젠 르네프뵈, 〈팡테옹 벽화 연작〉 중 잔 다르크
3부작 〈샤를 7세의 대관식〉, 19세기,
프랑스 팡테옹 소장.
42 쥘 외젠 르네프뵈, 〈부르고뉴파에 체포되는
잔 다르크〉, 19세기.
43 아돌프 알렉상드르 딜랑스, 〈잔 다르크의 체포〉,
19세기.

44 니클라스 라이저, 〈부르고뉴 여공작 마리〉, 1500년경, 오스트리아 빈 미술사 박물관 소장.

45 알브레히트 뒤러 & 조반니 암브로조 데 프레디스, 〈황제 막시밀리안 1세의 초상〉, 1519년, 오스트리아 미술사 박물관 소장.

46 안톤 페터, 〈겐트에서의 만남: 막시밀리안과 마리〉, 1477년, 벨기에 부슬레이덴 궁전 소장.

47 알브레히트 뒤러, 〈막시밀리안과 부르고뉴의 마리의 약혼〉, 1511년, 미국 워싱턴 D.C 국립 미술관 소장.

48 미켈란젤로, 〈에덴 동산의 유혹과 추방〉,
1508–1512년, 프레스코,
바티칸 시티 시스티나 예배당 천장.
49 얀 반 에이크, 〈겐트 제대화:
아담과 이브 패널〉, 1432년,
벨기에 성 바보 대성당 소장.

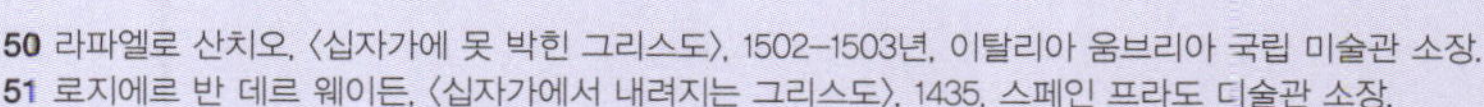

50 라파엘로 산치오, 〈십자가에 못 박힌 그리스도〉, 1502–1503년, 이탈리아 움브리아 국립 미술관 소장.
51 로지에르 반 데르 웨이든, 〈십자가에서 내려지는 그리스도〉, 1435, 스페인 프라도 미술관 소장.

52 레오나르도 다 빈치, 〈수태고지〉, 1472–1475년, 이탈리아 우피치 미술관 소장.
53 산드로 보티첼리, 〈수태고지〉, 1490년경, 이탈리아 우피치 미술관 소장.

54 얀 반 에이크, 〈수태고지〉, 1434년경, 미국 워싱턴 D.C. 국립 미술관 소장.
55 로지에르 반 데르 웨이든, 〈수태고지〉, 1435년경, 프랑스 루브르 박물관 소장.

56 〈부르고뉴 공작들의 무덤〉 1대 용맹공 필리프의 무덤.
57 〈부르고뉴 공작들의 무덤〉 2대 대담공 장과 아내인 마르그리트 드 바비에르의 합장묘.

58 〈부르고뉴 공작들의 무덤〉 하부의 애도자들.
59~60 〈부르고뉴 공작들의 무덤〉 하부의 애도자들 세부.

61 샹몰 수도원 안뜰 〈모세의 우물〉이 위치한 작은 건물.
62 〈모세의 우물〉 조각상 전면 다윗 왕.
63 〈모세의 우물〉 조각상 용맹공 필리프를 닮은 선지자 예레미야.

64~65 〈모세의 우물〉 조각상 천사들.
66 〈모세의 우물〉 조각상 머리에 뿔이 난 모세.

67 샹몰 수도원 예배당 입구.
68 샹몰 수도원 예배당 입구 조각 〈성모자상〉.
69 샹몰 수도원 예배당 입구 조각 〈용맹공 필리프〉.

70~71 화려한 지붕의 오스피스 드 본 건물.

72 오스피스 드 본의 과거 자선 병원으로 사용될 때의 병상 모습.
73 과거 오스피스 드 본의 의료 도구를 재현한 박물관 일부.

74 얀 반 에이크, 〈재상 니콜라 롤랭의 성모〉, 1437년경, 프랑스 루브르 박물 소장.
75 로지에르 반 데르 웨이든, 제대화 〈최후의 심판〉, 1445–1450, 프랑스 오스피스 드 본 소장.

76 오스피스 드 본의 와인 경매.
77~78 오스피스 드 본 경매 낙찰을 통해 양조된 와인.

79 로지에르 반 데르 웨이든, 〈최후의 심판〉 제대화 중
　〈대천사 미카엘의 저울〉, 1445–1450년,
　프랑스 오스피스 드 본 소장.
80 로지에르 반 데르 웨이든, 〈최후의 심판〉 제대화 중
　〈천국의 문〉, 1445 – 1450년,
　프랑스 오스피스 드 본 소장.

81~85 클뤼니 수도원과 클뤼니 마을의 전경.

86 클로 드 부조 포도밭의 돌담.
87 클로 데 랑브레 포도밭의 돌담.

88 샤토 뒤 클로 드 부조. 12세기 시토회 수도사들이 일군 부르고뉴의 상징적 와인 유산.

남편도 나와 비슷한 생각인 듯했다.

"초행이라 20분 이상 걸릴 수도 있겠지만, 길을 잃어도 부르고뉴 포도밭에서 잃는다면 행복할 것 같아."

"그래, 부르고뉴 포도밭을 보기 위해 여기까지 온 건데, 하루 일찍 더 많이 보는 게 나쁜 생각은 아니지?"

서로의 마음을 확인한 우리는 부르고뉴 주요 포도밭을 관통하여 펼쳐지는 D974 도로를 탔다. 디종에서 시작하는 D974 도로는 코트 도르의 끝자락 도시인 마랑주Maranges까지 막힘없이 뚫려 있다. 이 길은 부르고뉴 와인 기행을 하는 사람들에게 마법을 선사하는 도로다. 디종을 빠져나와 15분 정도 달렸을까? 디종시의 외곽 슈노브Chenove에서부터 드문드문 포도밭이 보이기 시작하다가 마르사네와 픽생에 이르니 사방이 온통 포도밭이었다. 5월, 아직은 옅은 녹색의 작은 열매마저 맺지 않았지만 푸릇푸릇 생기 넘치는 포도잎 넝쿨로 가득한 때! 찬란하게 내리쬐는 한낮의 따스로운 햇볕에 포도나무가 무럭무럭 에너지를 얻고 저녁이 되면 시원한 산바람에 휴식을 취하는 때. 하지만 포도밭을 가꾸는 이들은 두성히 자라는 나뭇잎과 가지를 치고 병충해를 막기 위해 눈코 뜰 사이 없이 바쁜 때. 바야흐로 5월의 싱그러운 부르고뉴 포도밭이 눈앞에 펼쳐졌다.

창문을 활짝 열고 숨을 크게 들이마셨다.

"부르고뉴 포도밭 냄새인가 봐, 공기가 달라."

내 말에 남편은 웃음을 터뜨렸다.

잔뜩 행복해진 나는 함성과 비명, 그 중간쯤 되는 소리를 질렀다.

"내일부터 본격적으로 와이너리에 가야 하니 예습을 좀 해야겠지? 퀴즈 하나 내볼까? 첫 번째 문제. 코트 도르는 무슨 뜻일까?"

남편은 미소를 머금고 대답했다.

"지금은 코트 도르가 아닌 것 같은데? 너무 푸릇푸릇하잖아."

코트côte는 구릉 혹은 언덕이란 뜻이고 오르or는 황금이란 뜻으로 코트 도르는 '황금색 언덕'이다. 끝없이 펼쳐진 구릉 위의 포도밭이 온통 황금색으로 물든 가을의 풍경이 황홀할 정도록 장관이기 때문에 이런 이름을 붙였을 것이다. 하지만 지금은 푸릇푸릇한 5월이니 '초록verte 구릉'이라고 해야 하지 않을까.

"좋아, 그럼 두 번째 질문. 부르고뉴 와인은 왜 그토록 유명한 것일까?"

"질문이 너무 광범위한 것 같은데?"

"그건 그렇지. 하지만 부르고뉴 와인의 핵심 하나만 꼽자면? 내가 이미 여러 번 말했는데."

"음…, 그렇담 첫날부터 자기가 가장 많이 말한 단어가 테루아르일 거야. 테루아르, 테루아르, 테루아르. 부르고뉴 하면 테루아르, 테루아르 하면 부르고뉴."

남편은 나를 흉내내며 놀려댔다. 그래도 상관없다. 테루아르! 바로 그 부르고뉴의 테루아르가 지금 내 눈앞에 펼쳐져 있으니까.

테루아르라는 단어는 와인과 떼려야 뗄 수 없는, 선사 시대부터 이어져 내려온 몇 천 년의 역사 속에서 빚어진 와인의 정체성을 가장 잘 설명해 주는 개념이다. 테루아르는 프랑스어로 '땅soil'을 의미한다. 1차적으로 포도밭의 토양 내지는 땅을 뜻하고, 넓게 보면 포도밭이 위치한 곳의 지형과 기후 등을 뜻한다. 더 크게 보면 포도밭에 영향을 주는 자연환경, 환경적 요소까지 뜻한다. 와인에서 중요한 개념이지만 부르고뉴 지방은 전 세계 와인 생산지 중에서도 '땅'의 개념이 더욱 중요한 곳이다. 부르고뉴 와인의 독적은 바로 와인이 만들어진 포도가 자라난 땅을 표현한 것이니까.

와인을 '사치품'으로 여기는 사람도 있지만 와인은 사치품이 아니다. 농산물을 가공하여 만든 식품으로 와인의 토대는 농업이다. 모든 농산품이 그렇듯 포도도 땅에서 비롯된다. 프도가 생산되는 땅과 지형, 기후가 중요하다. 그리고 그 요소들이 포도의 맛을 결정한다. 같은 품종이어도 한국 영주의 사과 맛이 다르고, 미국 캘리포니아의 사과 맛이 다른 것은 테루아르 때문이다. 포도도 마찬가지다. 같은 카베르네 소비뇽 품종이라도 프랑스 보르도의 포도와 미국 캘리포니아 포도는 맛이 다르다. 모든 농산품에 해당하는 당연한 이야기를 왜 와인에서는 굳이 '테루아르'라는 단어를 운운하며 어렵게 말하냐고 하겠지만 이쯤에서 포도주만의 득특함이 드러난다. 독특함은 결국 '인간의 발견'에서 시작된다. 만약 사과와 사과주가 만들어지는 땅에 집착했던 이들과 그들의 역사가 있다면 사과에서도 테루아르가 매우 중요하게 작용했을 것이다. 인류의 역사에 '포도의 맛'과 '포도주의 맛'에 완전히 매료되어 포도밭 연구에 평생을 바친 이들이 있었으니, 그들은 바로 중세 시대 부르고뉴의 수도사들이었다. 그들은 전 세계의 어느 시대, 어떤 지역의 포도 농부나 포도주 생산자들보다도 포도라는 열매가 맺히는 땅에 집중했다.

"같은 품종이라도 한국 영천의 포도 맛이 다르고, 프랑스 보르도의 포도 맛이 다르고 미국 나파밸리의 포도 맛이 다르다. 여기까진 쉽지?"

"그럼그럼. 토양과 기후가 다르니 당연한 거지."

"부르고뉴는 기본적으로 단일 포도 품종으로 와인을 만들어. 부르고뉴의 레드 와인은 모두 피노 누아 품종을 사용하고, 화이트 와인은 샤르도네 품종을 사용한다고 봐도 무방해(물론 아닌 경우도 있어). 그럼 부르고뉴 포도밭들에는 피노 누아나 샤르도네가 심겨 있겠지. 한국 경상북도 영천시를 부르고뉴라고 보면, 영천시 전체에 피노 누아 포도 품종을 쫙 심은 거야. 그런데 영천시에도 무슨 읍, 무슨 면 등등의 마을이 있잖아? 마을별로도 똑같이 피노 누아를 심었을 텐데 포도 맛이나 와인 맛을 보고, 아 이건 무슨무슨 읍 포도로 만든 와인이다, 이건 무슨무슨 면 포도로 만든 와인이다를 구별할 수 있다는 거야."

"같은 포도나무를 심었는데?"

"그렇지. 거기에 더해서 부르고뉴에서는 포도밭이 연속적으로 딱 붙어있는데 이씨네 포도밭까지 구별할 수 있다고 해. 포도를 먹고 혹은 와인을 마시고 '아, 이건 이씨네 포도밭 포도로 만든 와인이구나', '이건 김씨네 포도밭 포도 와인이야'라고 말하는 거지."

"그 정도면 초능력 아니야? 거의 진기명기 수준인데?"

"하하하, 그러니 재미있고 매력적인 거지. 이 체계는 지금 우리

앞에 펼쳐진 코트 도르, 황금 언덕을 따라 조성된 쿠르고뉴의 모든 포도밭에 해당 돼. 온 마을의 포도밭은 이씨네 포도밭, 김씨네 포도밭처럼, 아니 그보다도 훨씬 더 작게 조각조각 나뉘어서 명칭이 매겨지고 그걸 '클리마'라고 하거나 '리우디'라고 해."

"그게 몇 개 정도 되는데?"

"내가 알기로는 클리마가 1247개이고 리우디는 훨씬 더 많아."

"그럼 이론적으로 1247개 땅 조각에 같은 포도나무를 심으면 각각의 땅을 드러내는 맛이 다른 포도 열매가 맺힌다는 거네?"

"그렇지. 그러니까 부르고뉴의 포도주는 본인들의 맛과 향으로 자신들의 고향이고 뿌리인 클리마를 드러내는 거야. 예를 들어 진흙처럼 고운 입자의 토양이 더 많은 곳에서 자란 포도는 좀 더 농밀하고 둔탁한 맛을 내고, 배수가 잘 되는 석회질 토양이 많은 곳에서 자란 포도는 산미가 좋고 향기롭지. 마찬가지로 평범한 땅의 열매는 맛이 별로겠지만, 프르미에 크뤼나 그랑 크뤼로 지정된 좋은 포도밭의 열매는 아주아주 맛있다는 원리야. 때문에 부르고뉴 와인의 체계는 '땅'에 기초하고 있고."

"테루아르에 따른 포도주의 맛은 와인 전문가들이 블라인드 테이스팅을 해서 맞출 만큼 느껴지는 차이가 있단 거고?"

"이론적으로는 그래."

"이런 부르고뉴 테루아르 체계의 기본을 만든 게 중세 시대 부르고뉴의 수도사들이라고 했지? 종교나 신념의 영역으로 넘어가는 건가?"

"신의 존재는 지식의 영역보다는 경험의 영역이라고 생각해. 부르고뉴 와인도 마찬가지고. 직접 경험하지 않으면—와인이 자신의 뿌리를, 그러니까 이 땅에 내려진 생명의 시작과 자람을 열매로 표현해 낸다는 걸 믿기 어렵지. 자신이 직접 그걸 구별해낸 순간이 있지 않고선 어려운 거야."

"당신도 부르고뉴 와인을 그렇게 구별해낸 첫 순간이 있어서 좋아하게 된 거야?"

"이게 정말 '존재한다'라고 느낀 순간이 있긴 했지. 그래서 더 궁금해진 거고. 하지만 아직 난 멀었어. 그냥 어떤 커다란 덩어리 정도만 더듬어 알게 된 거랄까? 장님이 코끼리 다리를 만지듯이."

첫 순간이라. 우연한 기회에 부르고뉴 와인 테이스팅 모임에 간 적이 있었다. 자리 한 석이 비었다는 지인의 연락을 받고 급하게 참석한 자리였다. 부르고뉴 와인 세션인지도 몰랐고 심지어 부르고뉴 와인을 제대로 마셔본 적도 없는 완전 초짜 때였다. 그 모임에는 진지한 와인 애호가들이 모여 있었다. 열 병 정도의 부르고뉴 레드 와인을 블라인드로 테이스팅한 후, '에셰조'라는 그랑 크뤼 포도밭 와인을 찾는 게 그날의 미션이었다. 나는 에셰조 포도밭 와인의 특징도 모르는 채 한 잔씩 천천히 테이스팅을 시작했다. 한 잔 두 잔 석 잔 …. 테이스팅을 하다가 한 와인에서 나도 모르게 '에셰조다'라고 튀어나왔다. 그 와인은 특별했다. 꽃향기가 향수처럼 퍼져 마치 꽃밭에 앉아있는 느낌이었다. 테이스팅이 끝난 후 참가자들이 돌아가면서 차례로 본인의 생각과 테이스팅 노트를 발표하는 순서가 왔다. 모두 부르고뉴 지역과 마을, 포도밭의 특징을 언급하며 설명했고, 결과적으로 본인이 '지목'하는 와인을 이야기했다. 나는 뭐가 뭔지 몰랐기 때문에 아무런 설명도 없이 '이 와인이 셰셰조예요'라고만 말했다. 놀라운 건 그날 그 자리에서 맞힌 사람은 나뿐이었다. 이날의 경험은 내게 굉장하고도 강렬한 여운을 남겼다.

블라인드 테이스팅에서 중요한 건, '답'을 맞히는 게 아니라 '논리의 과정'이기 때문에 그날 나의 블라인드 테이스팅은 우연에 불과했다. 당시 테이스팅한 와인들은 모두 바로 옆 동네 혹은 바로 옆 포도밭 와인들로 설명하기는 힘들지만 조금씩 달랐고 그중 유독 에셰조에서 풍긴 강한 꽃향기가 내 입맛과 시선을 사로잡은 것이었다. 다만 그때 처음 부르고뉴의 테루아르를 믿게 되었고, 어떤 시점에서는 결국 '지식'이 아닌 '경험'의 영역이라고 받아들이게 되었다. 때로는 지식이 없어도 경험할 수 있고, 지식이 있어도 경험할 수 없는 게 있다.

―――― 지질학 박물관 부르고뉴 ――――

D974 국도는 부르고뉴의 핵심 와인 생산지인 코트 도르의 테루아르를 이해하는 데 좋은 기준점이다. 북쪽에서 남쪽으로 내려가는 방향 오른쪽으로는 언덕이, 왼쪽으로는 평야가 펼쳐져 있다. 코트 도르는 2억 년 전에 바닷속에 잠겨 있었다. 해저 지층의 조개류

와 해양생물의 화석들이 오랜 세월 켜켜이 쌓인 이유다. 수억 년 전에 만들어진 해양퇴적물 토양은 '석회암Limestone'이라고도 하는데 부르고뉴 토양의 가장 대표적인 특징으로 언급된다. 포도밭마다 석회질의 구성과 비율은 다르다. 3천만 년에서 5백만 년 전쯤 판끼리 충돌하는 일이 생겼다. 코트 도르는 거대한 판과 판의 끝자락이었고 두 판이 충돌하면서 바닷속에 있던 한 쪽 지층이 솟구쳐 고원이 되고 내려앉은 층은 평야가 됐다. 해양퇴적물, 거대한 판의 충돌, 크고 작은 단층의 충돌, 수만 년 동안 이어진 비와 바람의 침식 작용을 통해 온갖 협곡, 언덕, 지형이 만들어지고 토양 또한 지질학 박물관이라 할 만큼 다양한 구성을 갖게 된다. 때문에 코트 도르에서 동네마다 포도밭마다 심지어는 작은 단위의 땅 조각마다 테루아르가 다른 것은 어느 정도 지질학적으로 일리가 있다. 작은 협곡의 영향으로 바로 옆 포도밭의 바람의 방향이나 세기가 달라지기도 하고 언덕의 경사면에 따라 햇빛을 받는 방향과 면적이 달라지기도 하니 말이다.

─────── 부르고뉴 포도밭 구분과 위치의 중요성 ───────

부르고뉴의 등급 체계는 땅, 즉 포도밭을 중심으로 크게 레지오날, 빌라주, 프르미에 크뤼, 그랑 크뤼로 나뉜다. 이 중 그랑 크뤼 포도밭이 가장 최상급이고 레지오날이 가장 낮은 등급이다.

코트 도르, 특히 코트 드 뉘는 고원으로 높아지고 평야쪽으로 낮아지는 언덕 지형이다. 부르고뉴에서 가장 좋은 포도밭이라고 선정된 그랑 크뤼 포도밭은 부르고뉴 전체 생산량의 1퍼센트밖에 되지 않는다. 보통 언덕의 해발고도 200~300미터에 배치되어 있으며 대부분의 언덕면이 동쪽을 바라보고 있다. 동향의 포도밭은 아침부터 해를 충분히 받아서 토양이 일찍부터 따뜻해지며 언덕에 위치하다 보니 평평한 지역보다 더 가깝게 햇살을 충분히 받을 수 있다는 장점이 있다. 이곳은 산맥을 뒤로 끼고 있어 거센 바람에도 보호를 받는다. 또 언덕에는 입자가 다소 큰 토양이 위치한다. 부르고뉴에는 석회암 지층이 발달해 있어 언덕의 비교적 깊은 석회암 기반 토양은 배수가 뛰어날 수밖에 없다. 이러한 해양 퇴적돌의 영향으로 특유의 좋은 향기와 미네랄리티가 느껴지는 우아한 와인을 생산한다. 프르미에 크뤼 포도밭은 대개 그랑 크뤼 포도밭과 인접해 있다.

마을급(빌라주)이나 지역급(레지오날) 와인을 만드는 포도밭은 평야 쪽에 위치한 편이다. 평야로 내려갈수록 토양의 입자는 곱고 진흙류와 작은 돌멩이 들이 혼합되어 있다. 고운 입자는 수분을 많이 머금기 때문에 배수가 어렵고 토양이 빨리 따뜻해지지 않는다. 평지는 특히 해를 받는 데에도 불리한 면이 있어 등듭이 높은 포도밭으로 여기지 않는다. 하지만 가볍게 마실 수 있는 과실 풍미가 좋은 와인이 생산된다.

전 세계적으로 와인의 양대산맥은 프랑스의 부르고뉴와 보르도다. 와인 애호가, 와인 전문가, 심지어 프랑스인에게도 부르고뉴와 보르도는 도저히 풀 수 없는 난제다. 과거 프리미엄 와인 시장에서는 보르도가 독보적인 위치를 차지하고 있었다. 하지만 2013년을 기점으로 부르고뉴 와인의 가격이 눈에 띄게 상승했다. 이 바탕에는 부르고뉴의 테루아르의 철학이 중요하게 작용한다.

부르고뉴와 보르도는 역사부터 와인이 표현하는 와인의 스타일까지 모두 다르다. 부르고뉴는 역사적으로 중세 성직자들이 일구어 낸 와인이다. 무엇보다 '땅'이 중요한 지역이라 부르고뉴의 와인 체계도 땅과 직결되어 있다. 부르고뉴 와인의 라벨에는 '땅' 이름, 즉 수백 가지의 포도밭 이름과 마을명만 적혀 있기 때문에 와인 전문가나 애호가뿐 아니라 프랑스인까지도 어렵고 복잡하게 여긴다. 땅을 기준으로 체계가 되어 있기 때문에 와인의 최대의 목표는 '자신이 태어난 땅'을 표현하는 것이라고도 볼 수 있다. 부르고뉴의 와이너리는 보통 '도멘Domaine'이라고 부르는데 여기에는 영역territory의 개념이 포함되어 있다. 땅이 중요한 곳이다 보니 와이너리도 하나의 이어진 영역, 관할 구역으로 보는 것이다. 부르고뉴의 와이너리와 포도밭 풍경은 전원적이고 소박하다. 몇 백만 원을 호가하는 와인을 생산하는 도멘이라도 소규모 가족 경영을 하는 곳이 많기 때문에 와이너리 방문이 쉽지 않다. 일손이 부족해 포도밭 농사를 짓다가 손님을 맞이해야 하기 때문이다.

보르도는 중세 초기부터 현대까지 역사적으로 아주 부유한 도시다. 보르도의 위치는 대서양과 맞닿아 있어 오래전부터 항구도시로 무역이 활성화했다. 중세 시대에는 해상무역으로 상업이 발달하고 돈이 오갔기 때문에 항구도시가 갖는 이점은 대단히 컸다. 12세기 초, 도시 보르도를 소유한 프랑스 내 아키텐 공국의 상속녀 엘레오노르가 영국의 왕비가 되면서부터 약 300년 동안 영국에 소속되었다. 때문에 당시 영국인들의 보르도 와인에 대한 사랑과 영국 왕실의 전폭적인 애정과 지지, 또한 항구도시라는 이점으로 300년간 보르도 와인은 유럽에서 가장 유명한 와인으로 거듭났다. 백년전쟁이 끝나자 보르도는 프랑스로 반환되었다. 그 후에도 보르도는 무역으로 부유한 도시였다. 현대의 자본과 주식 시장과 가장 먼저 결부한 와인도 보르도 와인이다. 보르도 와인에서 가장 중요한 것은 '샤토Château', 즉 와이너리다. 보르도에서는 와이너리를 샤토(성)라고 부르는데, 실제 보르도의 와이너리들은 부르고뉴의 조경과는 사뭇 다르게 으리으리한 성으로 지어져 있다. 와이너리 경영의 형태도 가족 경영보다는 기업 경영이 대부분으로 와이너리를 방문해도 대부분 마케팅 혹은 투어 담당자가 맞이한다. 보르도의 와인 체계에서는 특히 메독Médoc 지역의 경우, 샤토를 중심으로 1등급부터 5등급으로 분류된다. 그 외 지역도 대부분 샤토 단위를 중심으로 품질 체계를 형성하고 있다. 샤토와 와인에 따라 포도 품종의 블렌딩 비율도 달라지며 스타일을 만들어간다. 때문에 부르고뉴와 달리 '땅'이나 '포도밭'보다는 와이너리의 양조 기술이나 등급, 네임밸류가 크게 작용한다.

—————— 니콜라 롤랭과 와인 경매 ——————

아름다운 포도밭 길을 구경하며 D974 국도를 타고 내려오니 어느덧 도시 본에 다다랐다. 본은 디종보다 작지만 전설적인 레드 와인이 만들어지는 북쪽의 코트 드 뉘와 향기로운 화이트 와인이 만들어지는 남쪽의 코트 드 본을 잇는 중간에 위치한 보석 같은 도시다. 유명 와인 생산지 코트 도르, 황금의 언덕 딱 중간에 위치한 지리적인 이점으로 부르고뉴를 대표하는 3대 엘리트 대형 네고시앙(소유한 포도밭도 있지만, 다양한 포도밭에서 포도만을 사와 와인을 양조하는 생산자)인 부샤르 페르 에 피스, 조제프 드루앵, 루이 자도가 있는 곳이다. 또한 미식 문화가 발달해 프랑스와 부르고뉴 지방의 음식을 맛볼 수 있는 훌륭한 레스토랑이 밀집해 있다. 무엇보다 본에 가면 꼭 들러야 할 곳 '오스피스 드 본'이 도시 중심에 위치해 있다.

오스피스 드 본은 부르고뉴 공국이 깊게 개입한 백년전쟁을 마무리하며 지은 자선 병원이자 호스피스 병원이었다. 당시 백년전쟁의 여파로 부르고뉴 공국도 안팎으로 혼란스러웠다. 부르고뉴 궁전은 찬란하고 호화로운 궁중문화를 즐겼지만 대다수의 사람들은 궁핍했고, 역병이 창궐했다고 알려져 있다. 부르고뉴 공국의 실세

중의 실세, 선량공 필리프의 오른팔이었던 수상 니콜라 롤랭Nicolas Rolin이 자신의 아내와 함께 이곳을 설립했다. 144_년에 처음 설립 승인을 받고 1452년에 완공되었다. 가난하고 병든 이들을 위한 병원이자 예배당으로, 또 묘지로 만들어 중세부터 20세기까지 수많은 노인, 고아, 병자, 장애인, 열악한 상황의 여성, 빈민층을 위해 사용되었다. 당시 니콜라 롤랭은 "나의 구원을 위해 그리고 현재의 재화를 천상의 것과 교환하고자, 이로써 하느님과 성모 마리아를 기리고자" 이 병원을 설립한다는 기록(프랑스 국립 도서관 소장 Hotel-Dieu de Beaune 설립 헌장 필사본)을 남겼다. 오스피스 드 본은 말 그대로 '본 도시의 병원'이란 뜻이며, 한편으로는 '오텔 디외Hotel-Dieu'라 불리는데, 이는 프랑스어권 국가에서 그리스도교 신념을 가지고 건립된 자선 병원을 뜻하는 단어다.

니콜라 롤랭은 이야깃거리가 많은 인물이다. 15세기 초반 유럽의 봉건주의적인 사회 체제에서 독특하게도 '상인' 출신 재상이었기 때문이다. 중세 유럽에서 상인은 아무리 돈이 많아도 천시받게 마련이었고 어떤 고귀한 계급에도 소속되지 못했다. 하지만 부르고뉴 공국은 달랐다. 기본적으로 중세 초기부터 바다를 끼고 있는 도시와 국가 들은 일찍부터 상업이 발달했고, 무역을 통해 부를 쌓은 상인 계층이 성장했다. 대표적으로 이탈리아의 피렌체, 베네치아, 제노바와 같이 부유했던 공화국이 항구도시를 통해 부를 쌓은 경우다. 여기에 플랑드르가 있었다. 플랑드르는 척박한 땅 때문에 중세 초기부터 항구 무역과 무역품을 가공하여 되파는 식의 중개무역으로 부를 축적했다. 따라서 중세 초기부터 부유했다. 플랑드르를 소유했던 부르고뉴 공국은 그 덕을 톡톡히 보았고, 때문에 플랑드르 상인들은 정치적으로 발언권이 셌다. 부르고뉴 공국의 마지막 상속녀인 마리를 성에 가두고 압박한 세력 또한 불안정한 정세로 재정적 피해를 염려했던 플랑드르 상인 계층이었다. 니콜라 롤랭이 상인 출신인 것 자체는 전혀 문제가 되지 않지만, 두고두고 몇 백 년이 지난 지금까지 그에 관해 회자되는 것은 그가 대단히 돈 욕심이 많은 사람이었기 때문이다.

현재 루브르 박물관에 소장되어 있는 플랑드르 사실주의 기법의 창시자인 얀 반 에이크가 그린 〈재상 니콜라 롤랭의 성모〉(**화보 74**)만 봐도 알 수 있다. 이 그림은 종교적 봉헌화로 성모 마리아와 아기 예수님이 등장한다. 중세 시대에는 귀족이나 권력이 있는 사람이 종교화를 의뢰해 교회에 봉헌하는 경우가 많았고, 그림에 봉헌자가 작게 등장하곤 했다. 하지만 이 그림에는 니콜라 롤랭이 크게 묘사되어 있다. 마치 니콜라 롤랭의 초상화에 성모 마리아와 아기 예수님이 우정 출연한 것 같은 착각을 불러일으킨다. 니콜라 롤랭은 성모 마리아와 예수님보다 훨씬 크고 화려하게 묘사되어 있으며, 아주 비싸고 사치스러워 보이는 모피 코트 같은 옷을 입고, 손만 모으고 있을 뿐 시선은 강렬하여 그의 태도에서 겸손함이라고는 찾아볼 수 없다. 그는 성모 마리아와 아기 예수님 앞에서 본인의 지위와 재력을 과시하는 듯하다. 그림 뒤쪽에는 부유하고 풍요로운 부르고뉴 공국의 드넓은 땅과 본인 소유의 성과 건물 들이 보인다. 재미있는 것은 이 그림을 감정한 결과 밑그림의 재상 손에는 어마어마한 지갑이 들려 있었다고 한다. 얀 반 에이크는 스케치 단계에서 탐욕스러운 니콜라 롤랭의 손에 두둑한 돈주머니를 그린 것 같은데, 실제로 그런 그림을 그릴 수 없었기 때문에 채색으로 덮었다고 추측된다. 실제로 니콜라 롤랭은 친잉글랜드파에 잔 다르크를 넘긴 대가로 엄청난 액수의 돈을 받은 장본인으로도 알려진 인물이다. 《부르고뉴 공국의 연대기*Chronique des ducs de Bourgogne*》의 작가 조르주 샤틀랭Georges Chastellain(1405/1415~1475)은 "그는 마치 지상의 삶이 영원한 것처럼 재산을 거두어들였다. 그리하여 그의 정신은 길을 잃었다. 그는 나이가 들면서 생애의 마지막이 눈앞에 닥쳤는데도 인생의 장벽이나 한계를 인정하지 않으려 했다"라고 롤랭을 묘사한다(《시대를 훔친 미술》). 니콜라 롤랭은 탐욕스러운 삶에도 불구하고 오스피스 드 본과 같은 거대한 자선 병원을 증축하거나 교회에 많은 헌납을 함으로써 일종의 '면죄부'를 얻고 천극에 가길 염원했던 것 같다.

그의 염원은 오스피스 드 본 박물관에 있는 넓이 5.48미터, 높이 2.2미터 규모의 거대한 제대화를 통해 들여다볼 수 있다. 이 제대화에는 최후의 심판 장면을 그렸는데, 마지막 날 심판하는 예수 그리스도와 대천사 미카엘 그리고 북유럽 사실주의의 대가인 로지에르 반 데르 웨이든의 작품에 걸맞게 사실적인 기법으로 천국과 지옥, 구원과 저주의 모습을 묘사하였다. 이 그림의 목적은 죽음을 앞둔 호스피스 병동의 환자들에게 마지막으로 최후의 심판을 떠올리며 회개하고 구원받게 하려는 것이라고 알려진다. 하지만 제대화의 양쪽 날개에 니콜라 롤랭과 그의 아내가 기도하는 모습이 있어 제 대화를 닫으면 부부의 모습을 볼 수 있다. 혹자는 니콜라 롤랭 부부가 이 자선 병원을 설립한 명확한 속내를 〈최후의 심판〉(**화보 75**) 속의 그림을 통해 노골적으로 드러내고 있다고 말한다.

니콜라 롤랭에 대한 이러한 평가는 '승리한 자들의 역사'로 치우친 기록이라는 의견도 있다. 당시 부르고뉴 공국이 아무리 특수한 상황이었다 해도 평민 출신이 최대의 권력을 가진 것은 큰 조롱거리였기 때문에 니콜라 롤랭을 견제하는 이들이 더 부풀린 것이라고 한다. 어쨌거나 니콜라 롤랭은 많은 돈을 들여 약자를 위해 오스피스 드 본을 설립했고, 그의 아내 또한 노년의 전부를 호스피스 병동에서 생활하며 봉사했다고 알려진다. 오스피스 드 본은 처음 건립된 이후로 1971년까지 최초의 설립 취지에 맞게 가난한 자를 위한 자선 병원으로 사용되었다. 현재 이곳은 박물관이자 와인 경매장으로 사용 중이다.

자선 병원에서 와인 경매라니? 현재 오스피스 드 본은 중세의 자선 병원이었던 유적으로서의 명성보다는 쟁쟁한 부르고뉴 포도밭의 와인을 경매하는 기관으로 훨씬 더 유명하다. 부르고뉴 와인의 인기가 높아지면서 와인 생산자이자 와인 경매 기관으로서의 명성은 날로 더 높아지고 있다.

자선 병원이 운영되기 위해서는 그에 따른 재정이 뒷받침되어야 했다. 때문에 중세 부르고뉴 지역의 귀족들은 자선 병원의 부족한 자금 조달을 위해 포도밭을 기부하며 힘을 보태기 시작했다. 이후 포도밭 기부는 수 세기 동안 이어져, 오스피스 드 본은 오늘날 60헥타르(약 18만 평)에 이르는 코트 드 본 지역의 포도밭을 소유하고 있다. 포도밭 기부는 현재도 지속되고 있다. 부르고뉴 유명 와이너리들은 자신들의 포도밭 일부를 오스피스 드 본에 기부한다. 오스피스 드 본이 소유한 포도밭의 85퍼센트 이상이 프르미에 크뤼와 그랑 크뤼로 구별되는 명실상부 부르고뉴 최고의 포도밭이기 때문에 1859년부터는 포도밭 와인을 경매로 판매하기 시작한 것이다. 그렇게 시작한 와인 경매는 150년 이상 이어져 현재까지 활발하며, 전 세계 와인 애호가들의 적극적인 참여와 관심, 지지와 사랑을 온몸으로 받고 있다.

경매는 매년 11월 셋째 주 일요일에 열리고(화보 76) 약 50종(아펠라시옹)의 와인이 나온다. 경매에서 팔리는 와인은 '완전품'이라기보다는 그해 수확한 포도로 갓 발효를 마친 신선한 와인에 가깝기 때문에 원재료라고 볼 수 있다. 때문에 경매에서 와인은 나무 배럴 단위로 팔리며, 실질적으로 재료를 구입해 완제품을 만들 수 있는 네고시앙이나 숙성된 와인으로 양조할 수 있는 와인 생산자가 구입하여 와인을 병입하고 출시한다. 당연히 경매 금액의 단위도 높다. 양조자가 아닌 개인이나 단체가 경매에 참여할 수도 있다. 다만, 경매에서 낙찰받은 후원자 개인이나 단체는 반드시 네고시앙이나 와인 양조자에게 위탁하여 와인을 완성해야 한다(화보 77, 78). 와인 라벨에는 낙찰받은 구매자Acheteur 개인 혹은 단체의 이름과 와인을 숙성하고 병입한Elevé et mis en boutille par 양조자의 이름이 새겨지므로 매우 뜻깊다고 할 수 있다. 본래는 배럴 단위로만 경매 참여가 가능했는데, 최근에는 접근성을 높이기 위해 오스피스 드 본 자체에서 특정 양조자(알베르 비쇼)에 지정 위탁하여 숙성하고 병입까지 하여 병 단위로도 판매할 수 있게 되었다. 단 한 병이라 해도 구입자 이름을 새겨주는 서비스와 함께 말이다. 다만, 전 세계적으로 부르고뉴 와인의 인기가 높아지고 가격이 치솟으면서 오스피스 드 본 경매 총액과 스케일도 날이 갈수록 어마어마해지고 있다.

오스피스 드 본의 경매는 전통적인 본 도시의 대대적인 축제다. 경매가 열리는 11월 셋째 주 일요일을 낀 토요일, 일요일, 월요일은 '트루아 글로리우즈Trois Glorieuses(영광스러운 3일)' 축제 기간이다. 본 곳곳에서는 전 세계 와인 애호가와 주민 들을 위한 행사와 이벤트가 열린다. 축제의 공식적인 행사 스케줄은 크게 3개인데, 일반인이 아닌 부르고뉴 와인 생산자와 미리 초대를 받거나 등록한 관계자들을 위한 행사다. 토요일 밤에는 클로 드 부조에서 '타스트뱅 기사단의 연회Confrérie des Chevaliers du Tastevin'가 열리고, 일요일 오후에는 오스피스 드 본 경매가 열리며, 월요일 점심에는 샤토 드 뫼르소Château de Meursault에서 와인 생산자와 관계자 들이 한 해의 포도 수확을 축하하며 각자의 와인을 가져와 선보이며 식사하는 행사가 열린다.

—— 오스피스 드 본 ——

오스피스 드 본의 건물들은 알록달록 화려한 기하학적 무늬의 중세 풍 지붕(화보 70, 71)으로 눈길을 끌었다. 빨강, 노랑, 파랑의 화려한 타일 장식은 그 자체만으로도 본의 상징이 될 만큼 인상적이었다. 현재 오스피스 드 본은 당시 병상과 의료 도구, 사료 등을 전시하는 박물관으로 사용되고 있지만, 이 규모의 면적을 병실(화보 72)로 사용했다면 니콜라 롤랭이 봉헌한 자선 병원의 규모가 얼마나 굉장했는지 짐작할 수 있다.

중세의 병원을 재현한 듯한 박물관 전시(화보 73)는 여러 모로 많은 생각을 하게 했다. 당시의 의료 도구와 약제는 현재의 의료 기술에 비하면 상상할 수 없을 정도로 열악했다. 자선 병원이 당시의 의료 기술로 사실상 치료 목적이라기보다는 가난하고 아픈 이들이 남은 생 동안 먹고 잘 걱정 없이 편히 쉴 수 있는 호스피스의 역할을 했겠다는 생각이 들었다. 비록 의학적 기술은 열악했을지라도 가난하고 병든 이들이 종교적 분위기와 신념 안에서 타인의 봉사와 헌신으로 어떤 식이든 위안을 삼고 쉼을 얻었다면, 그것만으로도 자선 병원의 역할은 충분했을 것이다. 아니, 그 어떤 목적보다 숭고하고 중대했으리라.

생각해 보면 죽음이라는 기세등등한 놈 앞에서 최첨단 의료 기술이 얼마나 위안이 될까 싶긴 하다. 발달한 의료 기술로 온갖 수술과 거듭되는 치료를 받는다고 한들 200년 전이나 지금이나 인간은 여전히 죽음과 마주해야 한다. 궁극적으로 그 죽음을 풀어가는 것은 결국 종교나 신앙의 영역일 수밖에 없다. 딱히 이렇다 할 의료 기술 없이 병상에 누워 죽음을 기다렸을 그들은 어쩌면 이곳에서 생의 마지막을 보내며 소망을 찾았을지 모른다.

로지에르 반 데르 웨이든의 거대한 제대화 〈최후의 심판〉을 보며 중세인들에게 '죽음'이란 가늠하기 어려운 것이 아니라 오히려 이 그림처럼 눈에 보이듯 생생하고 확실한 것은 아니었을까 생각했다. 호스피스 병원에 이토록 생생하고 사실적으로 묘사된 하느님의 심판이라니, 천국과 지옥의 묘사(**화보 79, 80**)라니. 심지어 5미터가 넘는 크기의 그림이라니. 너무 세련되지 못하고 야만하고도 단순하다는 생각이 스쳤다. 그렇다면 현대인은 그들을 비웃을 만큼 세련되고 지적으로 발달되고 철학적이고 합리적인 사고로 죽음 앞에 뾰족한 대안이라도 있는가? 죽음과 사후에 대해 조금이라도 유의미한 발견을 했는가? 놀랄만큼 아름답고 생생하게 묘사된 〈최후의 심판〉을 보면서 천국을 소망하며 죽음을 맞이한 그들이 어떤 면으로 보나 우리보다 낫다는 생각이 들었다. 200년 전 낙후한 의료 기술로 자선 병원에서 죽음을 맞이해야 할 정도로 가난하고 힘없던 이의 죽음일지라도, 사후 어디로 가는지 확신하며 소망과 희망을 품었다면 조롱거리가 될 이유가 없다. 로지에르 반 데르 웨이든의 그림은 작품 자체만으로도 인상적이었다. 초기 북유럽 사실주의 작가의 회화 작품을 실제로 보는 것은 처음이었다. 제대화가 거대해서인지 몰라도 작품 속 인물들은 꼭 살아 숨쉬는 것처럼 보였다.

그 외에 박물관에 소장된 플랑드르 양식의 다양한 태피스트리 작품들도 여유롭게 감상할 수 있었다.

'나를 구원해 달라'는 이기적 목적으로, 혹은 면죄부를 목적으로 봉헌한 자선 병원이라 해도 현재까지 오스피스 드 본과 니콜라 롤랭은 전 세계적으로 가장 영향력 있는 자선 경매의 설립자로 기억되고 회자된다. 결국 '자선'의 목적은 몇 백 년에 걸쳐 이곳을 대단히 쓸모있게 만들었고, 수많은 사람들이 오가며 축제를 하고 모이게 만들었다. 현재까지 이 공간과 목적은 살아 숨쉬어 왔다. 그리고 니콜라 롤랭이 결국 어떤 염원과 소망을 품고 죽음을 맞이했는지는 모를 일이다. 그가 이토록 말년에 자선과 기부에 집착한 것은 어쩌면 자신이 태생적으로 가지지 못한 결핍 때문일지도 모르겠다. 애초에 중세 시대 왕족이나 귀족, 성직자 계층은 자신의 삶을 돌아보지도 않고, 신에게 애걸하여 천국에 가겠다고 하지 않아도 당연히 천국에 갈 자격이 충분하다고 생각했을 가능성이 높다. 하지만 상인 출신 니콜라 롤랭은 자신이 없었을 것이다. 콤플렉스인 출신 때문에 자신의 삶을 되돌아보고 돌이켜보면서 고민하고 절대자 앞에 무엇이라도 꺼내 놓을 수 있는 기회를 얻으려 했을 것이다.

오스피스 드 본을 생각하며 뭐든 나누는 것이 깊고 긴 의미를 남긴다는 걸 되새겼다. 공고히 나만을 위한 성벽을 쌓아봤자 결국 역사 속에서 퇴색하기 마련이니까. 니콜라 롤랭은 몇 백 년 동안 생명처럼 살아 숨쉬는 공간과 발판을 만들고 떠났고 그 위에 포도밭 기부자들이 켜켜이 쌓아 오스피스 드 본이란 자선 경매 와인을 탄생시킨 것이다.

——— 점심 식사, 볼네와 에푸아스 ———

점심 식사를 하기 위해 예약한 레스토랑으로 향했다. 이른 아침부터 움직여서 배가 많이 고팠고, 맛있는 음식과 과실 풍미가 좋은, 말 그대로의 '주시juicy'한 본 지방의 레드 와인을 마시고 싶었다. 탁 트인 야외에 자리가 있는 아름다운 레스토랑에는 다양한 부르고뉴 와인 리스트가 있었다.

코트 드 본의 중심 도시인 본에 오기도 했고 본 와인의 상징인 오스피스 드 본에도 다녀왔으니 맛있는 '코트 드 본' 와인을 골라보리라. 와인 리스트를 보자마자 '볼네 프르미에 크뤼Volnay Premier Cru' 가 눈에 들어왔다. 볼네는 코트 드 본 지역에서도 우아하고 섬세한 레드 와인을 만드는 것으로 호평을 받으며 날이 갈수록 인기를 얻고 있는 지역이다. 볼네에는 그랑 크뤼 포도밭은 없지만 밀집된 프르미에 크뤼 포도밭이 좋은 평가를 받으며 각광받고 있다.

"60유로 이하 볼네 프르미에 크뤼 와인으로 추천해 주세요. 과실 풍미가 좋고 꽃향이 나는 걸로요."

유창한 프랑스어라면 좋았겠지만 실은 단어의 나열이었다. "Vin Rouge, Volnay Premier Cru, moins de 60euros, juteux et fleuri, une recommandation s'il vous plait?" 와인이라는 공용어 앞에서

는 단어만으로도 충분하다. 나는 와인 리스트가 좋은 레스토랑에 가거나 와인 바에 가면 되도록 추천을 받는 편이다. 세상에는 수없이 많은 와인이 있고 그 레스토랑의 와인 리스트에 있는 와인을 다 알지도 못하거니와 마셔보지 않은 와인이 대부분이므로 차라리 소믈리에에게 가장 맛있는 와인을 추천해 달라고 하는 게 낫다. 내가 추천을 원할 때는 두 가지를 명확히 말한다. 먼저 추천받고 싶은 와인의 지역이나 품종을 말하고 다음으로는 가격대를 말한다. 그러면 소믈리에는 그 안에서 최고의 와인을 소개한다.

소믈리에는 몇 가지 와인을 추천했는데 그중에는 가격대가 너무 높은 것도 있어 60유로대를 다시금 강조했다. 결과적으로 선택한 와인은 도멘 앙리 부아이요 생산자의 '롱스레Ronceret'라는 프르미에 크뤼 포도밭 와인이었다. 낯선 이름에 갸웃거리는 나를 보며 소믈리에는 흥미진진한 표정으로 말했다.

"앙리 부아이요는 본 지방의 유명한 와인 생산자이지만 이 포도밭 이름은 처음 들어봤을 거야. 이 프르미에 크뤼 포도밭은 정말 작거든. 그래서 이 포도밭 포도는 프르미에 크뤼 블렌딩 와인에 합쳐 들어가는 경우가 많아서 거의 없지. 롱스레는 블랙베리 덤불이란 뜻이야. 정말로 블랙베리 향이 나! 꽃향기도 나고."

나는 앙트레부터 와인 서브를 부탁하였다. 도멘 앙리 부아이요의 프르미에 크뤼 롱스레 와인의 첫 인상은 생각보가 꽤나 두툼했다. 볼네 프르미에 크뤼라고 했을 때 기대했던 약간의 우아함이나 섬세함보다는 야생 블랙베리 덤불에서 막 나온 것 같은 블랙베리의 과즙 풍미와 스파이스가 잔뜩 묻어 있는 와인이었다.

앙트레로 푸아그라 테린과 간단한 샐러드, 플라로는 토끼 고기를 선택했다. 한국에서는 토끼 요리를 찾아보기 어렵지만 유럽에서는 흔히 접할 수 있는 메뉴다. 토끼 고기는 육질이 연하고 기름기가 없으면서 담백하다. 이 요리에 와인을 곁들이면 비교적 무게감이 가볍고 과실 풍미가 사랑스러운 부르고뉴 레드 와인이 잘 어울린다. 앙트레와 플라를 관통하면서 볼네 와인의 페어링이 좋았다. 특별히 토끼 고기라는 야생 사냥고기로 분류되는 육류의 맛과 볼네의 야생에서 갓 따온 것 같은 블랙베리와 온갖 스파이스한 풍미의 맛은 예상치 못한 즐거움을 선사했다.

마지막 데세르로 치즈를 주문했다. 치즈는 두 종 나왔는데 에푸아스와 콩테였다. 부르고뉴 지방을 대표할 만한 치즈를 꼽는다면 단연 에푸아스와 콩테다. 전통적으로 부르고뉴 와인과 함께 먹는 치즈들이다. 에푸아스는 '신의 발냄새'라고 불릴 정도로 아주 강한 숙성취를 자랑한다. 보통 부르고뉴의 브랜디인 '마크 드 부르고뉴 Marc de Bourgogne'로 겉면을 씻어내며 4주 이상 숙성한다. 숙성취가 매우 강해 냄새가 고약하지만 질감은 아주 크리미하고 맛은 짭조롬하면서도 스파이시한 풍미가 있다. 냄새가 너무 심해서 이 치즈를 지니고 대중교통을 이용하는 것이 금지된 지역도 있을 정도다. 에푸아스는 부르고뉴의 가장 대표적인 치즈이기 때문에 부르고뉴 와인과 영혼의 단짝으로 묶인다. 부르고뉴 지역의 어떤 레스토랑에도 이 치즈는 반드시 있다. 콩테의 원산지는 쥐라 지역과 좀 더 가깝지만 이 역시 부르고뉴의 대표 치즈이다. 에푸아스는 크리미한 질감을 가진 소프트 치즈(연성 치즈)인데 콩테는 딱딱한 하드 치즈(경성 치즈)로 수분을 완전히 제거한 것이다. 에푸아스와 같은 강한 숙성취는 없지만 우유와 버터의 깊은 풍미가 살아 있다.

남은 볼네 와인과 치즈 두 종을 페어링하며 점심 식사를 마무리했다. 만족스러운 식사였다. 부르고뉴에 와서 가장 부르고뉴다운 음식과 와인을 곁들였으니 이토록 완벽한 마리아주에는 부족함이 끼어들 틈이 없다.

── 조제프 드루앵의 지하실 ──

점심 식사를 마치고 서둘러 향한 곳은 조제프 드루앵의 외노테크 Œnothèque(와인 저장소)였다. 조제프 드루앵은 부르고뉴를 대표하는 유명 네고시앙 중 하나다. 네고시앙의 개념은 전 세계의 와인 생산지에 다 있지만 특히 부르고뉴 네고시앙의 역사와 전통이 깊다.

부르고뉴 포도밭의 생산 체계는 '포도밭' 중심이기 때문에 단연 포도밭과 땅이 중요하다. 부르고뉴의 땅뙈기는 땅의 개성과 특성별로 천 개가 넘는 조각으로 나뉘어 있다. 작은 조각을 또 나누어 여러 생산자가 소유할 뿐 아니라 프랑스 상속법의 영향으로 그 작은 땅뙈기를 자손들이 더 작은 조각으로 나눠 갖는 아주 독특한 지역이다. 그렇기 때문에 부르고뉴 와인은 포도밭별로 생산량이 아주 적고 '마이크로micro'하다. 이로 인해 부르고뉴 와인을 더 희귀하고 특별하게 만들기도 하지만 한편으로는 부르고뉴 와인의 접근성과 대중성을 낮추고, 대량생산도 불가능하다. 그런 이유로 부르고뉴에서는 어느 정도 규모가 있는 와인 생산을 네고시앙에서 담당해왔다. 네고시앙은 한 포도밭에 얽매이지 않고, 자본력을 바탕으로 다양한 지역과 동네의 포도를 구입해서 와인을 생산해 일정 정도 규모의 경제와 대량 생산을 이룬다. 또 뛰어난 안목과 양조 기술로 품질적으로도 흠잡을 데 없는 훌륭한 와인들을 생산한다. 그중 조제프 드루앵은 1880년에 만들어져 현재까지도 창립자인 조제프 드루앵의 자손들이 가족 경영을 하는 뿌리 깊은 네고시앙이다. 조제프 드루앵은 본에 위치한 '와인 저장소'를 방문객이 관람할 수 있도록 운영하고 있는데, 이곳은 본에 방문한다면 꼭 한 번 가 봐야 할 역사적인 공간이기도 하다. 와인 저장소는 프랑스어로 '외노테크'라는 단어로 설명하는데, 이는 이탈리아어 '에노테카Enoteca'와 같은 단어다. 조제프 드루앵에는 하루 세 번, 미리 정해진 시간에 와인 저장고 투어와 와인 테이스팅을 할 수 있는 프로그램이 있다.

조제프 드루앵의 와인 저장소는 오스피스 드 본과 가까운데 중세 시대 성벽과 자갈길을 따라 걸어 올라가다 보면 본의 노트르담 성당Basilica of Our Lady 바로 옆에 있다. 그야말로 본의 심장 한가운데 위치한 것이다. 안으로 들어가 보니 관광객으로 추정되는 사람들이 삼삼오오 모여 있었다. 우리와 같은 시간에 투어 프로그램을 예약한 이들이었다. 크리스토프라는 직원이 안내를 시작했다.

"부르고뉴 역사의 한가운데에 오신 것을 환영합니다."

크리스토프는 자랑스러운 표정으로 자신감 있게 인사했다. 그럴 만도 했다. 중세 유럽의 도시에서 교회는 심장이자 중심으로 본의 노르트담 성당 바로 옆에 위치한 곳에 대단한 역사를 가진 곳이니 얼마나 자랑스럽겠는가. 아니나 다를까 이 건물은 한때 부르고뉴 공국 의회Cour du Parlement de Bourgogne로 사용했다고 한다.

"본에 뿌리를 둔 드루앵 가문은 부르고뉴 공국과 중세 수도사들의 유산을 보호하고 복원하는 역할도 하고 있지요."

크리스토프가 가장 먼저 보여준 것은 한눈에 봐도 아주 오래돼 보이는 거대한 목조 와인 프레스Pressoir en bois였다. 1577년까지 거슬러 올라가는 역사가 깊은 와인 프레스로, 실제 노트르담 성당 수도사들이 와인 양조를 할 때 사용한 기구라고 했다. 와인을 만들려면 포도를 으깨고 압착하여 맑은 즙을 내야 한다. 나무통 몇 통만 만들려고 해도 어마어마한 양의 포도가 사용되는데, 기계가 자동으로 포도도 분쇄하고 압착하는 지금과 달리 전기가 없던 때에는 일일이 인간의 힘으로 포도를 압착해야 했다. 중세 시대 목조 와인 프레스는 사진으로 여러 번 보았지만, 막상 실물을 대하니 중세의 수도사들이 와인을 양조하는 수고로움은 상상을 초월했겠다는 생각이 들었다. 이토록 거대한, 물레처럼 생긴 바퀴를 돌리려면 장정 세 사람의 인력이 필요한데 하루종일 생산해도 3배럴(약 470리터)밖에 되지 않았다고 한다.

"놀랍게도 이 와인 프레스는 메종 드루앵이 세 번이나 실제로 사용해서 와인을 만든 역사가 있습니다. 1980년 메종 창립 100주년 기념, 2000년 밀레니엄 기념, 2005년에 베로니크 드루앵이 새로운 양조가로 취임한 것을 축하하기 위해 클로 데 무슈Clos des Mouches 와인을 생산하는 데 사용했습니다.”

크리스토프는 투어의 하이라이트라인 지하 와인 저장고로 우리를 안내했다. 좁고 가파른 나선형 계단을 따라 내려가니 말로만 듣던 유서 깊은 역사의 현장, 석회암 돌벽으로 만들어진 어두운 지하 저장고가 나타났다. 겉으로 볼 때 작다고 여긴 건물 밑에 이토록 어마어마한 규모의 지하실이 있을 줄은 상상도 못했다.

“세상에, 이렇게 큰 지하실이라니!”

“이 정도면 ‘건물 지하실’이 아니지, ‘본 도시의 지하실’이라고 해야 할 것 같은데?”

남편이 지하 와인 저장고 규모에 감탄하며 말했다. 입을 다물지 못하는 우리를 보며 크리스토프는 약 2.5에이커(약 11만 평)에 달하는 규모라고 자랑스럽게 말했다.

“대체 이런 공간은 언제 무슨 목적으로 만들어진 건가요?”

우리와 비슷하게 감탄을 자아내던 한 관람객이 크리스토프에게 물었다.

“이곳의 역사는 고대 로마 시대로 거슬러 올라갑니다. 고대 로마 요새의 기초 위에 세워졌고, 저 복도 끝 벽면은 실제 고대 로마 성벽의 유적이기도 합니다. 이후 이 지하실은 부르고뉴 공국의 공작들과 프랑스 왕들이 소유했었죠. 프랑스 왕들을 위한 부르고뉴 와인들은 모두 이곳에 보관을 했습니다. 그래서 이곳은 조제프 드루 앵의 지하실이기 이전에 '프랑스 왕들의 지하실'로 불렸습니다."

놀랍도록 넓은 규모의 지하실에는 수많은 양의 와인 배럴과 와 인병이 빼곡하게 저장되어 있었다. 크리스토프는 도든 버럴과 와인 병에는 와인이나 증류주(마크 드 부르고뉴)가 채워져 있다고 말했다. '실제로' 이 공간을 사용한다는 것을 강조한 것이다.

"다른 곳들의 카브cave에 가보면, 보통 배럴이 비어 있거나 물로 가득 차 있죠. 하지만 우린 달라요. 조제프 드루앵은 실제로 이 역사 적인 지하 저장고를 활용하고 있습니다."

저장고를 돌아보는 중에 우리가 방문하고 왔던 '오스피스 드 본' 이라고 적힌 와인 배럴도 있었다. 조제프 드루앵도 오스피스 드 본 와인 생산자 중 한 곳이라는 사실을 떠올렸다. 크리스토프는 이와 관련해 흥미진진한 영화 같은 이야기를 들려주었다. 창립자의 아들 인 모리스 드루앵Maurice Drouhin과 오스피스 드 본의 깊은 인연에 관 한 내용이었다.

"모리스 드루앵은 제1차 세계대전에 군인으로 참전하였고, 제2 차 세계대전 때는 본의 레지스탕스의 일원이었습니다. 부유했지만 두려워하지 않고 전면에 나서 프랑스를 위해 저항운동을 했죠. 그 러다 1944년 독일군이 본을 점령했고, 그들은 모리스를 잡으러 이 곳에 왔습니다. 그때 모리스는 바로 이 지하 통로를 이용해 파라디 거리Rue Paradis로 탈출했고 오스피스 드 본으로 숨어 병원의 보호를 받았습니다. 그곳에서 숨어 지내며 수도사들을 통하 아내와 메모를 주고 받고, 숨어서 이곳 노트르담 성당에서 예배를 드리기도 했죠. 그렇게 몇 달이 지난 후 전쟁이 끝나 본은 해방되었고 모리스는 집으로 다시 돌아올 수 있었죠. 이후 감사의 뜻으로 모리스는 오스피스 드 본에 2.75헥타르 규모의 프르미에 크뤼 포도밭을 기증했고, 그의 이름을 따 '퀴베 모리스 드루앵Cuvée Maruice Drouhin' 와인이 되었습니다."

조제프 드루앵의 지하실은 제2차 세계대전 당시 독일군으로부터 보호하기 위해 부르고뉴의 보석 같은 와인들을 숨겨 놓았다고 한다. '가짜 벽'을 세워 안쪽으로 좋은 와인들을 숨긴 것이다.

지하실에서 인상적인 공간은 바로 '도서관bibliothèque'이라 불리는 곳이었는데, 이곳은 정말 도서관처럼 연도별로 와인병이 켜켜이 쌓여 보관되어 있었다. 이곳에는 약 5만 개의 와인병이 저장되어 있는데 모두 드루앵 가족의 소장품이라고 한다. 와인병들은 말 그대로 곰팡이와 수북한 먼지에 덮여 있었고, 언젠가 어떤 목적을 위해 열릴 날을 기다리고 있었다. 와인은 1911년 빈티지부터 저장되어 있었다. 조제프 드루앵의 지하실은 고대 로마부터 부르고뉴 공국과 교회, 프랑스 왕실 그리고 세계대전에서 현재까지 이어지는 역사를 품은 경이로운 곳이었다. 이토록 역사적인 곳이 가문의 소유인 드루앵 가족의 행운은 자랑스러움과 동시에 그들의 어깨 또한 무겁겠다는 생각이 들었다. 또한 한 도시의 심장을 와인이 담당하고 있다는 것도 가슴에 와 닿았다.

지하 저장고 투어를 마치고 처음 모였던 곳으로 돌아와 우리는 조제프 드루앵의 와인 여섯 종을 테이스팅하는 시간을 가졌다. 준비된 와인은 화이트 와인 3종, 레드 와인 3종이었다.

시음 와인 리스트

화이트

1 Joseph Drouhin, Chablis Grand Cru, Vaudésir, 2012

(조제프 드루앵, 샤블리 그랑 크뤼, 보데지르)

레몬과 라임 등의 상큼한 시트러스, 사과와 서양배, 살구, 향긋한 꽃향기. 무엇보다 일품인 것은 고소한 넛츠의 뉘앙스와 함께 아주 짭조롬한 미네랄리티의 밸런스가 좋게 어우러져 있다는 점이었다. 상당히 맛있게 마신 0 주 잘 만들어진 샤블리. 조제프 드루앵에 대한 이미지가 환기되는 기분이다.

2 Joseph Drouhin, Chassagne-Montrachet Premier Cru, Clos Saint-Jean, 2011

(조제프 드루앵, 샤사뉴 몽라셰 프르미에 크뤼, 클로 생 장)

꽃향기가 인상적이었다. 사랑스러운 꽃향기와 함께 레몬 커드, 꿀 등의 풍미가 입안에 아주 부드럽게 감기면서 마지막에 짭조롬한 미네랄리티로 정리되는 우아하고 섬세한 부르고뉴 블랑이다.

3 Joseph Drouhin, Meursault Premier Cru, Perrières, 2011

(조제프 드루앵, 뫼르소, 프르미에 크뤼, 페리에르)

향에서부터, 한 모금 입안에 머금을 때부터 그 우아함과 아로마에 압도당했다.

탄탄한 산도에 달다고 느껴질 만큼 잘 익은 살구와 복숭아 풍미, 아름답게 어우러진 꿀, 넛츠, 오크, 좋은 산도, 사랑스럽게 잘 익은 과실 풍미에 꿀과 오크 풍미는 아름다운 오케스트라의 하모니 같다. 하지만 전혀 으스대지 않는 사랑스러움이 인상 깊다.

레드

4 Joseph Drouhin, Savigny les Beaune, Clos des Godeaux, 2011
(조제프 드루앵, 사비니 레 본, 클로 데 고도)
정석적인 본의 엔트리급 레드 와인. 잘 익은 체리, 딸기 범벅, 크랜베리, 레드커런트. 아무 생각 없이 마시기에 딱 좋은 봄날의 피크닉을 닮은 사랑스러운 부르고뉴 루즈로 싱싱한 우드와 숲속의 향이 곁들여진 와인이다.

5 Joseph Drouhin, Morey-Saint-Denis Premier Cru, Clos Sorbè, 2010
(조제프 드루앵, 모레 생 드니 프르미에 크뤼, 클로 소르베)
상당히 강한 느낌의 와인. 레드 베리와 블랙베리의 혼합, 스파이스와 약간의 스모키함. 음습한 젖은 낙엽, 버섯, 젖은 나무, 토바코 등의 풍미가 어우러졌다. 타닌이 아주 부드럽다고 말하기 어려운, 약간 까끌한 텍스처. 쉽지만은 않은 와인이다. 어쩐지 사냥한 야생 고기와 곁들여 먹으면 맛있을 것 같다.

6 Joseph Drouhin, Beaune Premier Cru, Clos des Mouches, 1996
(조제프 드루앵, 본 프르미에 크뤼, 클로 데 무슈)
조제프 드루앵의 시그니처 와인 '클로 데 무슈' 1996년산. 10년 가까이 숙성된 와인이라 다홍색을 띠지만, 맛을 보니 새콤달콤한 체리와 자두 과실 풍미, 신선한 과즙이 살아 숨쉬고 있어 깜짝 놀랐다. 나무 틈 사이로 살짝 들어오는 아침 햇빛에 새벽녘 안개가 걷히는 이른 아침 숲속의 향기, 쿰쿰하지만 싱싱한 버섯, 부드러운 흙 등의 훌륭한 어우러짐. 10년이나 되었지만 여전히 산도는 짱짱하며, 타닌은 아주 부드럽고 우아한 상태다.

조제프 드루앵은 뿌리 깊은 역사를 가진 부르고뉴의 대표 네고시앙답게 코트 드 뉘와 코트 드 본 전역에 넓은 포도밭을 소유하고 있으며, 또한 네고시앙으로서 코트 도르 전역의 수많은 마을과 포도밭의 포도를 사들여 와인을 생산하고 있다. 다양하고 좋은 와인들을 생산하지만, 그중 시그니처는 본의 프르미에 크뤼 포도밭 클로 데 무슈 와인이다. 본 남쪽 끝, 포마르 마을과 바로 인접한 곳에 위치한 클로 데 무슈 포도밭은 절반은 샤르도네, 절반은 피노 누아를 재배한다. 프랑스어로 무슈Mouches는 '파리'를 의미한다. 지역 방언으로 '꿀벌'을 '무슈 아 미엘Mouches à miel(꿀 파리)'이라고도 한다. 햇볕이 잘 드는 이 포도밭에 한때는 큰 벌집이 있었고 꿀벌이 많았다는 데서 유래한 이름으로 이 와인의 라벨에는 꿀벌이 그려져 있다. 이곳은 레지스탕스로 활동했다는 창립자의 아들 '모리스 드루앵'이 애정을 가지고 인수한 최초의 포도밭 중 하나로 포도밭 조각조각을 41개의 개별 거래를 통해 한 필지씩 매입하였다고 한다.

조제프 드루앵 방문을 마치자마자 서둘렀다. 본에서 자동차로 1시간 이상 달려야 클뤼니 수도원에 도착할 수 있다. 수도원이 문을 닫는 6시 전에 도착하여 둘러보는 것까지 마치려면 시간이 빠듯했다. 하늘이 맑고 햇살이 아름다운 코트 드 뉘 포도밭의 평원과 낮은 구릉을 마주하며 1시간을 달렸다. 마음 같아서는 부르고뉴에 온 김에 시토회 수도원과 클뤼니 수도원 모두 방문하고 싶지만 둘 다 외곽에 있어 이본느의 조언에 따라 클뤼니 수도원만 방문하기로 했다.

프랑스에서도 중심이 아닌 유럽의 변방 부르고뉴에서 시작한 클뤼니 수도원은 전성기 때 유럽 전체에 직속 분원으로는 300여 개, 간접적으로는 2000여 개의 수도원에 영향을 행사했다. 중세 시대 수도원 문화의 불씨를 지피고, '개혁파' 성향으로 세속권력과 대립각을 세운 것도 클뤼니 수도원이었다. 무엇보다 중세 유럽에서 가장 큰 영향력과 권력을 가진 교황을 네 명이나 배출한 곳이기도 하다. 십자군 원정을 제창시킨 교황 우르바누스 2세도 클뤼니 수도원 출신 엘리트였으며, 우르바누스 2세를 발탁한 이 또한 클뤼니 수도원 출신 교황 그레고리우스 7세였다. '십자군 전쟁'의 시작점도 클뤼니 수도원으로 세속권력과 교회권력의 줄다리기 한복판에 있던 곳이었다.

클뤼니Cluny 마을에 도착했을 때 우리는 눈앞에 펼쳐진 보석 같은 마을의 풍경(**화보 81~85**)에 감탄했다. 클뤼니 마을은 타임머신을 타고 중세 시대로 여행을 간 듯한 착각을 불러일으켰다. 이곳은 본과 디종보다 더 많이 보존된 중세 건축과 주택과 조각 들로 이루어져 있었다. 더 일찍 알았다면 하루 정도는 클뤼니 가을 구석구석을 걸어도 좋았겠다는 생각에 아쉬움이 컸다. 실제 클뤼니 마을에는 11세기에서 14세기에 지어진 200여 채의 주택이 남아 있는데 그중 50여 채는 외벽 장식의 일부 혹은 전부가 남아 있다고 한다. 거기에 마을 전체를 포도밭과 목초 들이 감싸 안고 있으니 말 그대로 한적한 중세 마을에 들어온 것 같았다. 마을에서는 이러한 환경을 십분 활용하여 역사적인 전시와 연극, 공연 등 다양한 행사를 치르는 모양이었다. 마을을 관통하여 클뤼니 수도원이 가까워질수록 마음이 들떴다. 교회의 첨탑이 보이기 시작했다.

클뤼니 수도원은 910년경에 처음 세워져 전성기인 11~12세기까지 여러 번의 증축을 거쳤다. 이곳은 16세기 이전 로마 성 베드로 대성당이 지어지기 전까지는 유럽에서 가장 큰 교회 건물이었다고 한다. 부르고뉴에 이토록 크고 중심적인 수도원이 있었다니 신기하고 흥미로웠다. 하지만 안타깝게도 클뤼니 수도원은 1790년부터 시작된 프랑스 혁명 때 모두 파괴당하고 말았다. 클뤼니 수도원은 독서와 기록을 노동으로 여기며 강조하던 공동체였다. 덕분에 말할 수 없이 방대하고 귀중한 기록과 자료, 도서를 보관하고 있었는데 1793년에 클뤼니 수도원의 문헌 보관서와 도서관이 완전히 불타버렸다고 한다. 심지어 클뤼니 수도원의 잔해는 인근 마을을 재건할 때 필요한 돌을 채취한 채석장으로 사용되었다고 한다. 문화적 역사적 가치를 생각한다면 끔찍한 일이지만 당시 시민들 또한 살아야 했을 테니 어쩔 수 없었겠지. 프랑스인들이 유물과 유적 보존에 목숨을 거는 것도 아마 프랑스 혁명 당시 허무하게 무너진 수많은 유적들 때문일 것이다. 현재 남아 있는 클뤼니 수도원은 본래 건축물의 8퍼센트밖에 되지 않는다고 한다. 안타깝고 충격적이지만 남은 잔해 건물만으로도 당시 클뤼니 수도원의 기개와 웅장함이 느껴져 매우 인상 깊었다.

클뤼니 수도원이 잘 보존되었다면 유럽 전체를 통틀어 상징적으로나 의미적으로 가장 정석적이고 웅장한 로마네스크 형식의 교회 건축물과 수많은 조각품, 기록물, 도서의 보관처를 보기 위해 전 세계에서 많은 이들이 찾아왔을 것이다. 하지만 그런 가정이 무슨 소용인가. 건축자들도 버린 하찮은 돌이 최고의 건축물의 머릿돌이 되고, 최고의 건축물도 한 순간에 무너져 채석장이 되는 것이 세상의 이치이며 역사인 것을.

수도원의 울타리 탑인 '치즈 탑Tour des Fromages'의 꼭대기에 올라갔다. 탁 트인 전망이 형용할 수 없을 정도로 아름다웠다. 클뤼니의 전경이 한눈에 들어왔다. 아름다운 중세의 도시는 하늘과 언덕과 포도밭과 목초지로 아무 걱정 근심 없는 듯 평화롭게 폭 둘러싸여 있었다.

——— 중세 수도사들과 부르고뉴 와인의 정수 ———

부르고뉴의 레드 와인은 피노 누아 품종 100퍼센트, 화이트 와인은 샤르도네 품종 100퍼센트로 만들어진다. 부르고뉴 와인의 전제는 똑같은 품종의 포도를 똑같은 방법으로 심어도 생산된 땅마다 포도 열매의 맛이 다르다는 데 있다. 그로 인해 만들어지는 와인의 맛도 완전히 다르다.

2015년, 유네스코에서는 이 개념을 문화 유산으로 지정했다. 부르고뉴는 이처럼 작은 땅 조각을 1247개로 나눴는데, 땅 조각조각마다 포도 열매의 맛과 생산된 와인의 맛이 다르다. 바로 그것이 부르고뉴 와인의 철학이다. '이게 진짜 가능한 일이냐?'라고 되물을 수 있다. 이것은 신념의 영역일까 경험의 영역일까? 나는 100퍼센트 '경험의 영역'이라고 생각한다. 구별이 되니까 믿는 것이다.

그렇다면 이렇게 말도 안 되는 개념, 초능력자가 아니고서야 이 작은 조각조각의 땅마다 다른 포도 맛의 체계는 누가 만들었을까. 믿어지지 않겠지만 중세 시대, 11세기 초반 부르고뉴 성직자인 수도사들이 만들어낸 것이다. '어떤 땅이냐에 따라 열매의 맛이 다르다'는 전제, 또한 생산물이 가지는 맛의 다양성에 관심을 갖는 것은 꽤 그리스도교적 발상이라는 생각도 든다.

11~12세기에는 교회의 권력이 가장 높은 때였기에 좋다는 포도밭들은 대부분 수도원과 교회의 소유였다. 수많은 귀족과 영주, 기사와 권력자 들이 포도밭을 헌납했기 때문이다. 특히 명성이 높았

던 클뤼니와 시토회 수도원은 부르고뉴 코트 도르 전역의 핵심 포도밭을 모두 소유하고 있었다. 중세 수도원은 기본적으로 공동체를 이루어, 속세와 분리되어 금욕적인 생활과 육체노동을 통한 자급자족적인 생활을 하며 쉬지 않고 기도하고 공부하는 것이 규칙이었다. 특히 클뤼니 수도원에서 분리되어 '더욱더' 엄격한 규칙과 규율을 따랐던 시토회 수도원 초기에는 차원이 다른 금욕적인 생활과 노동을 추구했다고 한다. 그들의 '육체노동'에는 포도밭 관리와 포도주 양조가 포함되어 있었다. 초기 시토회 수도사들은 직접 나가 포도밭 농사를 짓기도 했으며, 우스갯소리로 '이렇게 포도밭 노동을 하다가는 30번째 생일도 넘기지 못할 것 같다'라는 말이 기록될 정도로 고된 일상을 지냈다고 한다. 당시의 성직자는 완전한 엘리트 계층이었다. 이들은 총 인구의 1퍼센트도 되지 않는 지식인으로 글을 읽고 쓰는 것이 가능했다. 따라서 연구원처럼 포도밭을 샅샅이 관찰하고 연구하면서 농사를 지었다. 포도 재배 시기에 따른 포도 맛의 차이뿐만 아니라 땅에 따라 포도 맛이 어떻게 달라지는지까지 세심하게 관찰하고 연구한 후 문서로 체계화시켜 데이터로 축적해온 것이다. 수도사들은 작은 단위의 땅마다 포도의 맛과 향, 양조된 와인의 맛과 향과 품질이 다르다는 것을 알아내 구분하고 구별했다.

포도밭 농사와 포도주 양조, 포도주의 맛에 당시 수도사들이 왜 이렇게까지 열심이었는지는 그리스도교와 연관되어 있다. 중세 초기에는 성찬식에 사용되는 포도주가 신비한 방법mystical으로 실제 예수의 피로 변화한다고 믿는 성체변화설이 받아들여졌기 때문에 (가톨릭에서는 현재까지도 이 개념을 인정한다) 수도사들은 포도주 양조에 그토록 헌신했다. 또한 성경에 '땅과 열매'의 관계성에 관한 비유가 많기 때문인지 성직자 중심으로 와인을 생산한 유럽 지역들은 '테루아르'를 강조한다.

전 세계적으로 이렇게까지 땅을 구별한 와인 생산지는 없다. 테루아르의 개념은 있지만 이토록 세세하고 체계적으로 적용하여 성공한 지역은 부르고뉴뿐이다. 이 놀라운 체계를 만든 것이 11세기 부르고뉴의 수도사들이었으니 종교를 빼고는 개념을 설명할 수 없는 것이다. 현재까지도 부르고뉴에는 중세 시대 성직자들의 흔적이 곳곳에 남아 있는데, 부르고뉴 포도밭에서 흔히 볼 수 있는 돌담Clos이 대표적이다. 당시 수도사들은 돌담을 세워 좋거나 상징성 있는 포도밭을 구별했다. '클로Clos'는 '닫힌Closed'을 의미하는 어원에서 유래했는데 돌담으로 닫아 포도밭을 구별했다는 것을 뜻한다. 때문에 부르고뉴 포도밭의 대부분은 '클로'라는 이름으로 시작한다. 현재 볼 수 있는 돌담 중에는 중세 시대의 것도 있고 아닌 것도 있지만, 부르고뉴의 상징물로 여기는 '클로 드 부조Clos de Vougeot'라는 포도밭의 돌담(**화보 86**)은 11세기에 시토회 수도사들이 세워 처음으로 구별했다고 알려진다. 부르고뉴의 부조 마을은 시토회 수도사들이 처음 포도밭 농사와 와인 양조를 시작한 본거지이다.

부르고뉴의 테루아르에 대한 의견은 과학적으로 증명되지 않는다는 것과 경험적으로 구별된다는 의견으로 극명하게 나뉜다. 부르고뉴 와인 애호가라면 동의하겠지만, 과학적으로 증명되지 않는 허무맹랑한 전제나 가설이라 해도 와인들을 '구별'하는 경험을 하면서 믿게 된다. 1247개의 땅 조각조각 모두 구별이 가능하지는 않아도 기본적인 전제에는 동의할 수밖에 없다.

—— 그리스도교와 유럽 그리고 포도주 ——

그리스도교와 포도주는 깊은 연관성이 있다. 클뤼니 수도원과 시토회 수도원에서 보았듯이 유럽 중세에 교회와 수도원을 세우고 나서 하는 일은 바로 주변의 좋은 포도밭을 물색하거나 개간하여 포도 농사를 짓고 포도주를 양조하는 일이었다. 천 년의 로마 제국이 '야만인'이라 불리던 게르만족에 의해 초토화 되었을 때도 남아 있던 로마의 그리스도교인들이 제일 먼저 한 일은 폐허된 땅에 교회를 세우고 작게라도 포도밭을 개간해 와인을 양조한 것이었다. 곡주를 마시던 게르만족에게 포도주 문화를 전파한 것도 로마의 그리스도교인들이었다. 프랑스뿐 아니라 이탈리아, 독일 등 주요 와인 생산지 와인들에서는 중세 시대 수도사와 성직자 들의 헌신을 곳곳에서 찾아볼 수 있다. 그리스도교 문화와 포도주 문화는 지리적으로도 역사적으로도 함께 전파되었다.

그렇다면 그리스도교와 포도주는 어떤 관계일까? 일차적으로는 예수가 최후의 만찬에서 '포도주'를 '보혈'로 상징한 것에서 시작한다. 하지만 그리스도교와 포도주의 관계는 예수 십자가 사건보다도 몇 천 년을 더 거슬러 올라간다.

중동, 특히 지중해를 끼고 있는 현재의 이스라엘과 레바논 지역은 맛있는 포도와 올리브가 자랄 수 있는 천혜의 환경을 가지고 있었다. 그렇기 때문에 신석기 시대부터 포도주와 올리브가 사회, 경제, 문화적으로 중요한 생산품으로 자리 잡았다.

지중해 동쪽의 이스라엘과 레바논에서 만들어진 포도주는 이집트와 메소포타미아의 고대 문명에 빠르게 퍼졌고, 이들 문명은 포도주를 신성한 제의에 활용하며 신과의 연결 매개체로 여겼다. 이집트의 오시리스 신과 메소포타미아의 키벨레 여신은 포도주를 신비롭고 초자연적인 술로 신격화하는 데 큰 영향을 주었고, 이는 이후 그리스의 디오니소스 신 개념으로 이어졌다. 반면 유대교는 포도주를 엄격하고 제한된 방식으로 제의에 사용했으거, 영적인 힘보다는 식품의 하나로 다루며 근동 지역에서 독특한 종교 문화를 형성했다.

유대교에서 독특한 점은 포도주가 '신이 인간에게 주는 은혜 및 축복의 통로'로 상징되었다는 것이다. 이는 고대 이집트나 메소포타미아 및 고대 근동 전역에서 포도주를 숭배의 의미로 신에게 바치는 행위와 완전히 반대되는 방향이었다. 유대교의 경전이자 그리스도교의 구약 성경에서 '포도와 포도주'는 야훼가 유대 민족에게 내려주는 은혜와 축복을 상징하며 여타 종교나 신들과는 달리 '인간에게 은혜와 축복을 주고 싶어하는' 존재로 묘사된다. 특히 예언

서들에는 포도와 포도주에 대한 언급이 많은데 '포도가 없다, 포도주가 떨어졌다, 물에 섞은 포도주가 되었다, 질 나쁜 포도가 맺혔다' 와 같은 상징은 신이 은혜와 축복을 베풀고 싶어도 베풀 수 없는, 야훼와 끊어진 상태의 유대 민족을 뜻하며 그에 따른 야훼의 애통함을 표현한다. 반면 '포도가 풍성해질 것이다, 포도주가 차오를 것이다, 맛있는 포도주가 될 것이다, 좋은 포도 열매가 맺힐 것이다' 등의 표현은 야훼의 유대 민족에 대한 사랑과 언약을 상기시킨다. 비슷한 맥락으로 유대 민족 자체가 '포도, 포도나무, 포도주'로 상징되기도 하는데, 야훼가 유대 민족에게 '내가 이스라엘을 만났을 때 광야에서 포도를 만난 것 같았고'라는 표현은 개인적으로 재미있다고 생각한다. 광야는 이스라엘의 사막을 의미한다. 사막에서는 자랄 수 있는 과일 나무가 거의 없는데 드물지만 포도나무는 자랄 수 있다. 사막은 낮에는 미친듯이 덥지만 일교차가 커서 밤에는 매우 춥다. 포도나무는 뜨거운 여름도 잘 견디지만 매서운 추위에도 날 수 있다. 사막의 포도는 일교차로 인한 새벽 이슬을 먹고 자라 열매를 낸 것으로, 그 열매는 매우 귀하고 무엇보다 당도가 농축되어 아주 달콤할 것이다. 그러므로 사막에서 포도를 만난다는 것은 사막에서 오아시스를 만나는 것보다도 더 달고 귀한 표현이다.

재미있는 것은 '포도'라는 과일이 이스라엘인인 유대 민족, 더 나아가 현재 그리스도교를 상징할 만한 요소를 가지고 있다는 것이다. 특별히 포도주를 빚는 양조용 포도는 이스라엘처럼 아주 척박한 토양에서 이슬을 먹고 시원한 바람을 맞으며, 춥고 더운 일교차를 견디며 자라야 다디단 열매를 맺는다. 비옥하고 기름진 토양, 물이 풍부한 땅, 온화하고 일교차 없는 날씨는 최악의 포도를 생산한다. 이집트의 나일강 유역이나 메소포타미아의 두 강 사이와 같은 비옥한 토지는 포도가 자라는 데 최악의 토양이다. 이렇게 보았을 때 포도는 인류의 역사에서 가장 비옥한 환경과 거리가 먼, 척박한 환경에서 열매를 맺는 유대인과 가장 잘 어울리는 과일이라 할 수 있다. 또한 이렇게 척박한 땅에서 맺는 열매의 상징은 '그리스도교'로까지 이어진다.

고대 이집트와 메소포타미아 문명으로 대표되는 고대 근동의 종교관과 신관의 끝판왕은 고대 그리스에서 꽃을 피운다. '이집트와 메소포타미아의 신들이 그리스로 이사갔다'라고 표현할 만큼 그리스 신화는 이집트와 메소포타미아 신화 원형의 업그레이드 버전이다. 고대 그리스 신화와 종교관은 고대 근동 세계를 전부 먹어버린 마케도니아 왕국에 의해 계승되고 이후 로마 제국에 흡수된다. 그중 현재까지 친근하게 알려진 포도주의 신 '디오니소스'가 있다. 디오니소스는 이집트의 오시리스가 원형이라고 알려져 있으며, 또한 메소포타미아에서 시작해 아나톨리아에 영향을 준 키벨레 신과도 흡사한 점이 많다. 지금이야 포도주의 신으로 대중적이고 친숙하지만 디오니소스 신앙은 아주 파격적이며 섬뜩하고 광기가 서릴 정도로 급진적이었다. 디오니소스 신앙의 중심에는 '마이나데스'라는 여사제들이 있었고, 이 신녀들은 집단적으로 포도주에 취해 춤과 연극 등을 벌이며 산과 들로 다니면서 작은 짐승들과 사람을 잡아 찢어 죽이고 가죽을 벗겨 생살을 먹는 숭배 의식을 거행했다. 이때 피와 흡사한 디오니소스 신이 관장하는 포도주를 마시고, 짐승의 피와 함께 땅에 뿌리기도 했다. 이러한 내용은 그리스 3대 비극 작가 중 한 명인 에우리피데스의 희곡 《바카이 *The Bacchae*》에 묘사되어 있다. 디오니소스 신이 포도주만이 아닌 광기, 황홀경, 연극의 신으로 알려진 것은 이러한 광기 어린 숭배 의식에서 비롯된 것이다. 당시 디오니소스 신앙은 그리스 사회에서도 골치를 앓을 만큼 급진적이고 잔인했는데 로마 제국으로 흡수되면서 다소 안정이 된 측면이 있다. 디오니소스 신은 로마 제국에 와서 바쿠스로 이름이 바뀌었는데 여기에서도 인기가 많은 신이었고, 바쿠스를 위한 신전이 곳곳에 세워지고 바쿠스 제의이자 축제인 '바카날리아'가 이어졌다. 표면적으로는 풍요를 기원하는 축제였지만 바카날리아는 포도주를 동반한 야만적인 광란의 의식이었다. 이러한 영향으로 로마인들은 포도주라고 하면 바쿠스와 바카날리아 피의 숭배를 떠올렸다.

포도주의 의미를 뒤집어 놓은 것이 그리스도교였다. 성경의 구약, 즉 유대교에서 포도주를 '야훼가 내리는 은혜와 축복의 상징'으로 사용했던 것에서 한걸음 더 나아가 성경의 신약, 특히 예수님의 사역을 기록한 사복음서를 보면 사역의 끝과 마지막에 모두 포도주가 등장한다. 예수님의 첫 사역과 표적은 갈릴리의 어느 혼인 잔치에서 시작한다. 잔치에서 포도주가 떨어지자 예수는 물로 포도주를 만드는 기적을 행한다. 그리스도교에서는 '혼인'과 '잔치' 그리고 이로부터 비롯한 '언약'이 큰 의미를 가지는데, 포도주는 바로 이 혼인 잔치와 언약으로의 초대 혹은 통로와도 같은 상징을 한다. 예수님의 마지막 사역인 십자가 사건 전날, 제자들과의 마지막 만찬 자리에서도 포도주가 직접적으로 언급되며, 이것이 현재까지 이어오는 성찬식의 근거가 된다. '이 잔은 너희를 위해 흘릴 내 피로 세우는 새 언약이니'라고 하며 제자들과 포도주를 나눠 마시는데, 그리스도교의 가장 핵심인 '십자가 사건', 그를 통해 예수님의 피로써 인류를 구원할 언약을 포도주로 상징한 것이다. 바로 이 십자가 사건, 보혈, 새 언약, 인류의 구원이라는 콘텍스트가 '포도주'로 상징되고 언급된 것이다. 로마 가톨릭에서는 지금까지도 '화체설'이 인정되어 성찬식에 사용되는 포도주는 신비한 방식으로 실제 예수 그리스도의 피로 변화한다고 믿어왔기 때문에 특별히 이를 생생히 믿었던 중세 초기의 성직자들은 포도주 양조에 헌신을 다할 수밖에 없었을 것이다.

같은 '피'의 상징이지만 디오니소스 신앙이나 키벨레 신앙에서는 신을 위해 숭배로 드리는 인간의 희생에서 나오는 피로, 그리스도교에서는 신이 인간을 구원하기 위해 흘리는 피로 상징된다. 대부분의 문화와 종교, 역사에서 인간이 신을 향해 충성을 맹세하고, 정성을 보이기 위해 목숨을 내놓고 희생하며 제물을 바치는데 반대로 신이 인간을 사랑하여 목숨까지 내놓는 경우는 그리스도교가 유일하다. 또한 기본 전제가 '기복'이 아닌 '구원'이라는 점도 독특하고 흥미롭다. 십자가 사건을 기점으로 유대교와 그리스도교는 분리된다. 유대교는 예수를 구원자로 인정하지 않고 구약인 과거의 약속만을 인정한다. 그리스도교는 예수가 인간을 위해 대신 죽은 사건을 기점으로 '과거의 약속'은 폐기되고 '새로운 약속'이 유효하기 때문에 누구라도 예수를 통해 구원받을 수 있다고 말한다.

신약 성경에는 '제대로 된 열매 맺는 것'에 대한 비유와 언급, 강조가 많은데 그 열매는 결국 좋은 나무와 좋은 밭에 뿌려진 씨앗에서부터 시작한다. 또한 열매를 통해 그 나무와 땅을 가늠해볼 수 있다. 포도 농사와 포도주 양조를 직접 하던 중세 성직자들은 이러한 메시지에 큰 영향을 받았을 것이다.

예수는 로마 제국 시대의 인물이다. 로마 제국 이전부터 유대인은 소수였는데 그중에서도 분리된 '신흥 종교'의 느낌으로 그리스도교가 시작됐다. 전무후무하게 거대했던 로마 제국 안에서 열두 명의 제자들로 시작한 종교다. 그런 그리스도교가 10년에 40퍼센트씩 성장하여 제국 주도하에 이루어진 그리스도교 핍박과 박해에도 꾸준히 성장해 300년경에는 로마의 국교가 되었다. 476년경에 로마 제국은 게르만족에 의해 허무하게 멸망당하고 드넓은 땅은 게르만족의 각개전투로 황폐해진다. 그중 살아 남은 로마의 그리스도교인들은 교회를 세우고 포도밭을 개간하고 게르만족을 교화시킨다. 영원할 것 같던 로마 제국의 문화와 종교 중 살아 남은 유산은 오직 '그리스도교'였고, 그것이 유럽 대륙 역사의 시작점이 된 것이다. 이후 유럽 대륙에 누가 로마 제국을 이을 것인가의 정통성을 부여할 수 있었던 것은 로마의 국교였던 '로마 가톨릭'뿐이었다.

유럽 대륙 통일에 다시 깃발을 꽂은 것은 800년경 게르만족 프랑크 왕국의 '샤를마뉴Charlemagne'(카롤루스)였다. 서로마가 멸망하고, 약 400년의 어둠의 시대, 게르만족의 각개 전투가 끝나고 처음으로 유럽 대륙을 통일한 것은 게르만족 출신 프랑크 왕국의 정복자였다. 신성 로마 제국, 즉 새로운 로마 제국의 시초로 보며 '유럽의 아버지Pater Europae', '유럽의 등대Pharus Europae'라는 말이 동시에 만들어지고 기록되었다. 신실한 로마 가톨릭 신자였던 그는 유럽 대륙을 그리스도교 세계로 만들고자 했다. 멸망한 로마인들과 새로운 세력인 게르만족 그리고 로마의 그리스도교가 샤를마뉴 때 합쳐져 '유럽'이라는 정체성을 만들어낸 것이다. 실제로 '유럽인들Europenses'이라는 단어도 샤를마뉴 시대에 처음 사용되었다. 이로써 로마 제국은 서로마를 이은 샤를마뉴의 로마 가톨릭(그리스도교) 문명권, 동로마를 이은 동방정교회 문명권 그리고 이슬람 문명권으로 나뉘며 정체성을 공고히 해나갔다. 유럽은 중세 내내 '유럽'이라는 단어로 정체성을 나타냈지만 '그리스도 세계Christianitas'라는 단어를 훨씬 많이 사용했다. 종족과 왕국이 달랐던 유럽 대륙의 수많은 지역을 '유럽'이라고 일컫게 된 것은 결국 '그리스도교'였고, 어떤 국가든 왕족이든 가문이든 민족이든 유럽(현재로 말하면 EU)에 들어가기 위해서는 반드시 그리스도교로 개종해야 했다. 그로부터 짧게는 르네상스, 넉넉히 보면 시민 혁명 이전까지 천 년에 가까운 시간 동안 중세 유럽의 정체성을 확립했던 것은 바로 '그리스도교 세계Imperium Christianum'로 그 안에서 꽃피웠던 중세 유럽의 포도주 문화가 지금 우리가 향유하는 유럽 와인의 체계와 기틀이 된 것이다.

그러기에 직접적이고 실제적으로, 역사에서 손수 포도주를 양조하고 체계를 만들어 포도 농사의 기법와 양조 방법을 연구해 품질을 높이며 와인 문화를 만든 것은 그리스도교와 성직자들이었다. 디오니소스나 바쿠스가 아니라.

넷째 날
코트 드 본에서 코트 샬로네즈까지

──────── 드디어 포도밭으로 ────────

번쩍 눈을 떴다. 시간은 7시를 향하고 있었다. 오전 9시에 이본느가 우리를 데리러 오기로 했는데 두 시간이 지루할 정도로 길게 느껴졌다. 드디어 본격적인 부르고뉴 와이너리 방문이 시작된다. 앞으로 사흘은 최고의 컨디션으로 온 정신과 마음을 집중해서 모든 보는 것과 듣는 것, 무엇보다 마시는 것들을 스펀지처럼 쫙쫙 빨아들이겠다고 다짐하며 남편을 흔들어 깨웠다. 커피와 빵으로 아침 식사를 하고 준비를 마쳤다. 그러고는 커다란 창 앞에서 한참을 서성였다. 이본느는 시간에 맞춰 오겠지? 혹여라도 갑자기 와이너리 방문이 취소됐다고 하진 않겠지? 많은 생각이 스쳐 지나갔다. 나는 이본느가 보내준 일정표를 훑어봤다. 마지막 날 일정에는 '주브리 샹베르탱 도멘 클로드 뒤가 방문 및 와인 테이스팅visit and wine tasting at Domaine Claude Dugat in Gevrey Chambertin'이라고 선명하게 적혀 있었다. 뒤로 갈수록 더 흥미진진한 일정에 흥분이 가라앉지 않았다.

설렘 가득 안고 약속 시간 10분 전부터 숙소 앞으로 나가 이본느를 기다렸다. 멀리 흰색 차 한 대가 달려오고 있었다. 이본느였다. 이본느는 에너지 넘치고 밝은 목소리로 "자, 이제 준비 됐니?" 인사하고 뒷좌석 문을 열어주었다. 덩치 큰 남편과 키가 큰 이본느 두 사람만으로도 차 안이 꽉 차는 것 같았다. 남편은 앞좌석에 앉지 않은 것이 못내 아쉬운지 몸을 앞쪽으로 바짝 당겨 이본느와 얘기하며 길을 보기 시작했다. 얼떨결에 뒷자석에 앉았지만 남편이 조수석에 앉았다면 길도 보고, 이본느와 대화도 하고 더 좋았을 것 같았다. 남편의 어정쩡한 자세 덕분에 나는 자리를 넓게 차지하고 스쳐 지나가는 포도밭과 햇살과 냄새와 그 모든 분위기를 만끽할 수 있었다. 진짜 끝내주는 기분이었다.

"오늘은 코트 드 본으로 갈 거예요. 모니카가 보내준 리스트를 보니 대부분 코트 드 뉘 와이너리더군요. 여기까지 왔는데 코트 드 본에 안 가면 안 되겠죠? 혹시 부르고뉴 블랑Bourgogne Blanc(부르고뉴 화이트 와인)은 좋아하지 않나요?"

"아니요. 그럴 리가요! 부르고뉴 블랑 사랑하죠!"

"코트 드 본 레드 와인도 코트 드 뉘에 가려져 있긴 하지만 더없이 훌륭하고 사랑스럽답니다."

"당연하죠!"

나는 진심 어린 표정으로 이본느를 향해 열심히 고개를 끄덕였다. 부르고뉴 화이트 와인을 사랑하지 않을 리가! 코트 드 본 레드 와인을 평가절하할 리가! 아무래도 코트 드 뉘 와이너리들, 특히 주요 여섯 개 마을의 와이너리가 워낙 전설적이고 명성이 자자해 우선 순위를 매기다 보니 코트 드 본 와이너리가 거의 없었던 것이다. 또 코트 드 뉘보다 와이너리나 와인에 대한 정보가 부족하기도 했다. 첫 하루를 할애해 코트 드 본 지역을 돌아보고 와이너리를 방문할 수 있게 일정을 짜준 이본느에게 진심으로 고마웠다.

코트 드 뉘는 언덕의 경사와 변화가 더 많고 해발고도도 좀 더 높은 편이며 육안으로도 구별되는 하얗고 바스라지는 조개나 굴껍데기 같은 척박한 석회질 토양이 두드러진다. 반면 코트 드 본은 언덕이나 경사가 둥글고 완만한 편이며 해발고도도 전반적으로 낮고 석회질에 고운 점토 재질이 섞인 토양의 비율이 높다. 레드 와인의 경우 코트 도르 전역에서 생산하지만 전통적으로 코트 드 뉘 지역의 레드 와인이 높은 평가를 받아왔고, 코트 드 본 지역의 레드 와인은 그에 비해 낮은 평가를 받아왔다. 하지만 부르고뉴 와인의 인기가 치솟으면서 전통적으로 언급되는 코트 드 뉘의 핵심 레드 와인 마을(주브리 샹베르탱, 모레 생 드니, 샹볼 뮈지니, 부조, 본 로마네, 뉘 생 조르주) 여섯 개를 제외하고는 테루아르에 따른 와인 스타일의 개성만 다를 뿐 지역에 따른 품질을 논하는 것은 큰 의미가 없다. 오히려 코트 드 본에서는 접근성 좋고 사랑스럽고 맛도 있는 꽤 친근한 레드 와인을 생산하고 있다. 그곳은 코트 드 본의 알록스 코르통, 포마르, 볼네, 상트네 등의 마을이다.

부르고뉴 화이트 와인은 코트 드 본 지역에 생산이 거의 밀집되어 있다. 특히 뫼르소의 구불구불한 언덕이 있는 지역부터 퓔리니 몽라셰, 샤사뉴 몽라셰 마을은 부르고뉴 최고의 화이트 와인을 생산한다고 평가받는다. 부르고뉴의 화이트 와인은 전 세계 어디에서도 흉내내지 못할 기품과 귀족스러움, 화려하면서도 절제된 품위를 가지고 있다. 높고 산뜻한 산도와 향긋한 시트러스, 싱그러운 사과와 꽃향기, 그에 곁들인 절제된 오크통의 고소함, 때로는 버터리하고 때로는 바닐라 향이 나는 부드럽고 화려한 풍미를 느낄 수 있다. 이렇게 상반된 개성들이 한 병의 화이트 와인에서 조화롭게 느껴진다는 것은 여간 귀한 일이 아닐 수 없다.

"자, 이제 코트 드 본으로 들어갑니다. 코르통 언덕으로 먼저 갈 거예요."

D974 국도를 타고 어느덧 코트 드 본의 첫 자락인 라두아^{Ladoix} 마을로 들어가며 이본느가 말했다. 코트 드 본 포도밭 풍경은 코트 드 뉘의 풍경과 사뭇 달랐다. 코트 드 뉘는 꽤나 가파른 언덕 위에 포도밭들이 있었는데, 코트 드 본은 능성이 완만하고 동글동글했다. 라두아에서 조금 더 들어가 이본느는 차를 멈췄다.

"전설적인 코르통 언덕에 온 것을 환영합니다."

샤토 드 코르통 앙드레^{Château de Corton-André}

유럽의 시초를 따라가면 그 시작점에 '샤를마뉴'가 있다. 그는 190센티미터가 넘는 거대한 몸집의 '전사 왕'이다. 로마 제국이 멸망하고 400년가량 어둠의 시대, 게르만족의 각개전투가 끝나고 처음으로 유럽 대륙을 통일한 게르만족 출신 프랑크 왕국의 정복자로 신성 로마 제국의 시초이자 '유럽의 아버지'이다. 우리는 차로 한참을 달려와 천 년 전, 전설적인 황제가 소유했던 포도밭 앞에 서 있었다.

"우리는 지금 코르통의 심장 한가운데에 서 있어요."

이본느가 밝은 목소리로 외치듯 말했다.

"코트 드 본 초입의 마을—라두아 세리니Ladoix-Serrigny, 알록스 코르통, 페르낭 베르줄레스—세 개에 걸쳐 있는 코르통과 코르통 샤를마뉴Corton-Charlmagne 그랑 크뤼 포도밭 앞에요."

그렇다. 코트 드 본 초입에 위치한 유명한 두 개의 그랑 크뤼 포도밭이다. 인접하는 포도밭이지만 코르통 포도밭은 레드 와인과 화이트 와인을 둘 다 생산하고 바로 옆인 코르통 샤를마뉴 포도밭에서는 샤르도네 품종의 화이트 와인만 생산한다. 신기하게도 이 두 포도밭은 마치 '샤를마뉴'를 닮은 듯 웅장하면서도 화려하고 위엄 있고 기품있는 와인을 만들어낸다. 실제로 코르통 샤를마뉴 포도밭과 이 일대의 포도밭은 7세기에 샤를마뉴가 소유했던 곳이다. 이 언덕에 처음으로 포도를 심은 것도 샤를마뉴였다. 다른 데보다 코르통 언덕 위의 눈이 먼저 녹는 것을 보고 햇빛이 잘 드는 곳이니 저곳에 포도나무를 심게 했다고 한다. 샤를마뉴는 7세기 말경에 포도밭 일대를 교회에 헌납하였고 현재까지도 '샤를마뉴'의 이름이 붙은 그랑 크뤼 포도밭이 남아 있다.

코르통 샤를마뉴 포도밭이 화이트 와인만 생산하게 된 일화가 있다. 190센티미터가 넘는 거대한 몸집과 길고 흰수염은 샤를마뉴의 트레이드 마크였다. 본래 샤를마뉴의 포도밭에는 적포도 품종의 포도나무를 심었는데 적포도주를 마실 때마다 수염에 붉은 포도물이 묻어 불편해 하자 왕비가 포도밭에 청포도를 심거 화이트 와인을 만들면 어떻겠냐고 제안했고 이후 언덕 위 코르통 샤를마뉴 포도밭에는 청포도만 심기 시작했다고 한다.

포도밭 한가운데에는 알록달록한 유약 타일 지붕이 인상적인 샤토(성)가 있었다. 지붕의 타일 무늬나 창문 모양, 뾰족한 첨탑 등의 스타일은 전형적인 중세 부르고뉴풍 건축이고 오스피스 드 본의 건물과도 닮아 있었다.

"19세기 말에 지어진 성, 샤토 드 코르통이에요. 코르통 언덕 기슭에 자리 잡은 상징적인 이 성을 1927년 코르통의 와인 생산자 피에르 앙드레Pierre André가 매입하여 와이너리로 만들어 설립했죠. 그러면서 성의 이름이 '샤토 드 코르통 앙드레'가 되었어요. 지금은 앙드레 가문이 소유하고 있진 않지만, '코르통 앙드레Corton André'라는 이름으로 여전히 코르통과 코트 드 본 지역의 훌륭한 와인을 생산하고 있답니다."

정말로 19세기 성의 것처럼 보이는 커다란 철문을 열며 이본느가 말했다.

"코르통 그랑 크뤼 와인과 코르통 샤를마뉴 그랑 크뤼 와인도 오늘 시음하나요?"

"물론이죠."

그 유명한 샤를마뉴의 코르통 언덕! 코르통의 전설적인 두 개의 그랑 크뤼 포도밭의 전경을 직접 구경하면서, 언덕 기슭에 지어진 19세기 샤토에서 코르통 최고의 와인들을 시음할 수 있다니 믿을 수 없이 행복했다. 정말 심장부에 있구나!

성 안으로 들어가자 담당자가 밝게 우리를 맞이해 주었다. 그의 안내에 따라 먼저 지하의 셀러를 구경했다. 이곳은 15세기의 지하 와인 저장고 위에 17세기에 지어진 와인 셀러라고 했다. 지하 와인 셀러를 둘러보고 응접실로 자리를 옮겨 본격적인 와인 테이스팅을 시작했다. 총 여섯 병의 와인이 준비되어 있었다. 피에르 앙드레 와인의 라벨에는 샤토의 타일로 된 지붕 그림이 그려져 있었다.

시음 와인 리스트

화이트

1 Pierre André, Ladoix, 2011(피에르 앙드레, 라두아)

라두아는 코르통 언덕 근처에 위치한 작은 마을로, 코르통 언덕의 명성에 가려진 곳이었다. 평소에 즐겨 마시던 마을이 아니라 생소했는데, 시트러스 풍미가 아주 좋고 상큼하면서도 서양배, 복숭아와 같은 달콤한 과실 풍미가 어우러져 부르고뉴 엔트리급 화이트 와인으로 너무 괜찮다는 생각을 했다. 깔끔한 산도와 미네랄리티까지 산뜻했다.

2 Pierre André, Chassagne-Montrachet Premier Cru, La Maltroie, 2010(피에르 앙드레, 샤사뉴 몽라셰 프르미에 크뤼, 라 말트루아)

처음 접해보는 샤사뉴 몽라셰 마을의 프르미에 크뤼 포도밭 '라 말트루아'. 그리 유명하거나 인기가 많은 포도밭은 아니다. 결론적으로 아쥬 독특했다. 전형적인 샤사뉴 몽라셰 와인이 아니었다. 레몬과 같은 시트러스와 잘 익은 살구, 복숭아의 풍미와 오크 숙성에서 오는 고소한 넛츠, 버터, 토스트, 헤이즐넛 등의 풍미가 어우러졌다. 특이하게도 독특한 스모키 풍미와 묘한 스파이스, 미네랄리티가 느껴졌는데 테루아르의 특징으로 여겨진다. 테루아르의 개성이 두드러지는 와인을 만나면 늘 기쁘고 재미있다.

3 Pierre André, Corton-Charlemagne Grand Cru, 2011
(피에르 앙드레, 코르통 샤를마뉴 그랑 크뤼)

코르통 샤를마뉴 그랑 크뤼 포도밭 와인. 샤를마뉴를 떠올리며 시음했다. 색깔부터 금빛이 도는 레몬에 코에서부터 더없이 기품 넘치고 귀족적인 화려한 향이 느껴졌다. 갓 구운 듯한 페이스트리, 고소한 아몬드, 바닐라, 버터, 은은한 캐러멜 향까지. 입에서는 향긋한 사과, 농축된 살구, 잘 익은 천도 복숭아 등의 사랑스러운 과실 풍미와 앞선 오크 풍미, 즉 바닐라, 아몬드, 캐러멜 등의 밸런스가 완벽에 가까웠다. 탄탄한 산도와 끝맛에 느껴지는 약간의 미네랄리티까지!

레드

4 Pierre André, Savigny-les-beaune Premier Cru, Clos des Guettes, 2009(피에르 앙드레, 사비니 레 본 프르미에 크뤼, 클로 데 게트)

사비니 레 본 마을의 프르미에 크뤼 포도밭. 예쁜 루비 색깔, 숲속을 산책하는 기분, 새콤한 산딸기, 향긋한 산속의 라스베리, 어디선가 나는 듯한 야생의 허브향과 흙향. 진한 과실 농축미는 떨어졌지만 좋은 산도와 함끼 가볍게 곁들일 수 있는 산뜻한 부르고뉴 와인이다.

5 Pierre André, Corton le Renardes Grand Cru, 2010

(피에르 앙드레, 코르통 르 르나르드 그랑 크뤼)

코르통 언덕의 그랑 크뤼 포도밭답게 사비니 레 본에서 체급이 확 올라가고 뉘
앙스나 스타일도 완전히 달라졌다. 잘 익은 검붉은 체리와 잘 익은 딸기, 레드커
런트, 전형적인 젖은 듯한 새벽녘의 숲속 향과 산버섯, 젖은 낙엽, 흙향, 쿰쿰한
가죽향 등이 전체적으로 짙게 깔렸다. 후추와 같은 스파이스와 초콜릿 풍미가
느껴졌다. 3차 향이 전반적으로 두드러졌는데 조금 더 브리딩을 해서 마셨으면
어땠을까 하는 궁금증이 들었다.

6 Pierre André, Corton Grand Cru, 2006

(피에르 앙드레, 코르통 그랑 크뤼)

코르통 언덕에서 가장 유명한 그랑 크뤼 포도밭 중 하나인 코르통 그랑 크뤼 포
도밭. 무려 2006년 빈티지라 근 10년을 병숙성한 와인이다. 색깔부터 빛이 살
짝 바랜 듯한 주황빛이 도는 가넷색이었다. 푹 익은 사과, 자두, 건포도, 잘 익은
검붉은 체리 풍미에 향긋한 나무 냄새가 예상치 못하게 싱싱하게 깔리며 와인
에 생명력을 준다. 숨을 크게 들이마시고 싶은 숲속의 향, 소나무, 맑은 날의 숲
속 풍미가 피크닉을 온 듯 기분 좋은 인상을 준다. 10년이 된 와인에서 이렇게
산뜻하고 싱싱한 풍미가 나다니! 감초와 같은 약간 스위트한 풍미가 끝맛에 맴
돌았다.

샤토 드 코르통 앙드레

1923년 와인 생산자 피에르 앙드레가 시작한 와인 브랜드 코르통 앙드레와 샤토 드 코르통 앙드레 및 그에 따른 포도밭은 앙드레 가문 소유로 이어가다 2002년 이후 대규모 네고시앙에 소속되어 그랑 크뤼 등의 훌륭한 와인을 생산해 왔다. 그러나 2016년 빈티지부터는 샤토와 그에 포함된 포도밭들을 부르고뉴 와인 생산 가문 '프레이Frey'가 매입하면서 '샤토 코르통 시Chateau Corton C.'라는 이름으로 와인을 생산하고 있다. 와인 라벨에도 이전 피에르 앙드레 라벨과 비슷한 샤토 드 코르통의 전경을 그려 넣고, 코르통의 주요 포도밭 와인을 생산하며 그 명맥을 유지하고 있다. 여전히 샤토 방문과 시음 방문이 가능하다. 다만, 와인과 프로그램 구성은 2015년 방문 때와 다를 것이다. '피에르 앙드레'라는 와인 이름은 네고시앙 프랑수아 마르테노François Martenot가 인수한 것으로 보이고 이름만 넘겨 받은 것 같다. 따라서 2015년 이후 빈티지의 '피에르 앙드레'는 같은 와인이 아니다.

도멘 다르뒤 ^{Domaine D'Ardhuy}

우리는 전설적인 코르통 언덕을 뒤로 하고 코트 드 뉘 방향 북쪽으로 조금 더 올라갔다. 푸르고 아름다운 포도밭 길 안으로 들어가며 이본느가 말했다.

"저기, 저 앞을 봐요."

그녀가 가리킨 곳에는 동화 속 그림처럼 예쁘고 우아한 주택이 있었다. 따뜻한 봄 햇살이 밝게 비추고 공기는 바삭하고 쾌적한 날, 동서남북 어디를 봐도 푸르른 포도밭 전경 한가운데에 이렇게 예쁘고 우아한 도멘이라니! 탄성이 절로 나왔다.

“저기가 도멘인가요?”

“네, 도멘 다르뒤Domaine D'Arhuy.”

가까이에서 본 건물과 전경은 더욱 아름다웠다. 건물의 절반 정도를 담쟁이 덩굴이 뒤덮었는데 방치가 아니라 모양과 색깔을 신경 쓰며 푸릇푸릇하게 관리한 듯 보였다. 담쟁이의 어떤 부분은 밝은 노랑이고 어떤 부분은 연둣빛인데 또 어떤 부분은 짙은 녹색이었다. 가을이 되면 붉게 물들 담쟁이가 벌써부터 기대됐다. 포도밭 근처의 크고 작은 꽃 화분은 풍성하고 아름다웠다. 건물은 꽤 유서 깊어보였고 관리가 잘 되어 페인트 하나 벗겨진 곳이 없었다.

“어서 와요, 반갑습니다.”

담당자가 반갑게 인사하며 성큼성큼 씩씩한 걸음으로 우리에게 왔다. 안내를 받으며 그림처럼 아름다운 건물 안으로 들어갔다.

“뒤를 한번 보세요.”

방금 들어온 입구의 커다란 문을 양쪽으로 활짝 여니 아름다운 부르고뉴의 포도밭이 끝도 없이 펼쳐졌다. 장관이 따로 없었다.

“이런 곳에서 매일 일을 하시다니 정말 행운이네요!”

“부르고뉴에서 최고로 아름다운 정원이라고들 말하죠. 완전 동의해요.”

우리는 웃음으로 대답을 대신했다.

"이곳 도멘 다르뒤의 위치는 아주 특별하죠. 코트 드 본과 코트 드 뉘의 경계에 있답니다. 그래서 이곳을 코트 드 본이라고도 하고, 코트 드 뉘라고도 할 정도로 딱 경계예요. 덕분에 우리 와이너리에서는 코트 도르 전체의 마을과 포도밭을 아우르며 와인을 생산합니다. 그랑 크뤼 포도밭, 프르미에 크뤼 포도밭, 마을 단위 와인 모두를 포함해 약 200개 구획에 걸쳐 총 38헥타르를 경작해 36종의 와인을 생산하고 있어요. 네고시앙이 아닌 가족 경영의 단일 도멘으로 보면 아주 넓은 범위이고 와인도 다양하죠. 하지만 그만큼 한 와인당 생산량은 아주 적습니다. 그래서 저희 와인은 찾아보기 어려우실 거예요. 밖으로 보이는 포도밭이 바로 '클로 데 랑그르'로 모노폴(독점으로 소유한 포도밭) 포도밭이에요. 저희는 이 모노폴 포도밭 와인을 특별히 자랑스럽게 여긴답니다."

"모노폴 포도밭 한가운데에 이토록 아름다운 건물이 있다니 정말 의미 있네요."

"클로 데 랑그르 포도밭의 역사는 천 년 전으로 거슬러 올라가요. 부르고뉴의 시토회 수도원 수도사들이 처음 포도밭을 일구고 포도나무를 심은 곳으로 알려져 있습니다. 이 포도밭은 특별하게도 코트 드 뉘와 코트 드 본의 경계선에 위치해 있죠. 또한 햇볕이 아주 잘 들고, 아마 느끼셨을 텐데 바람이 아주 시원하게 불어 포도밭으로는 최고예요. 우리는 이 모노폴 포도밭을 참 좋아합니다."

우리는 고개를 끄덕였다. 같은 포도밭 안에서도 조각조각 갈라진 부르고뉴의 특징을 생각하면, 부르고뉴의 도멘의 입장에서 모노폴 포도밭은 아주 특별한 의미일 것이다.

"저희 도멘의 역사는 1930년경 코르통 언덕과 사랑에 빠진 피에르 앙드레에서부터 시작해요."

"아! 피에르 앙드레! 저희 피에르 앙드레에서 오는 길이에요."

"그렇군요, 샤토 드 코르통 앙드레 말이죠? 2002년까지는 그곳도 우리 소유였어요. 하지만 2002년에 처분하고, 현재 도멘 다르뒤만 운영하고 있죠. 부르고뉴에서는 1930년경부터 역사가 시작된다고 하면 어색할 정도로 아주 최근의 일이죠. 그래서 우리는 아주 젊은 도멘이랍니다. 파리에서 와인 회사를 운영하던 피에르 앙드레는 코르통 언덕과 사랑에 빠져 샤토 드 코르통을 구입하며 피에르 앙드레 도멘을 시작합니다. 1947년부터는 가브리엘 리오지에 다르뒤Gabriel Liogier d'Ardhuy가 양조 담당자로 초빙되었는데, 그때 피에르 앙드레의 딸인 엘리안느Eliane와 사랑에 빠져 결혼하게 되죠. 이 둘의 결합이 도멘 다르뒤의 시작이었습니다. 샤토 드 코르통과 함께 최고의 포도밭들을 물려받았고, 2002년에는 몸집을 줄이고 핵심 포도밭들만 남기며 도멘 다르뒤를 키우기로 결정했죠. 현재는 가브리엘과 엘리안느의 딸 일곱 명이 에스테이트를 소유하고 함께 운영하고 있어요."

"와, 그렇군요. 이렇게 아름다운 주택과 정원을 누가 가꾸나 했더니, 따님이 일곱 분이나 계셨군요!"

"그렇답니다. 이 주택은 19세기에 지어졌지만 관리가 아주 잘 되어 있죠? 이곳은 와인을 숙성하고 손님을 맞이하거나 행정적인 일을 하는 본부로 사용하고 양조는 다른 건물에서 하고 있어요. 우선 와인을 숙성하는 지하 셀러를 둘러보시겠어요? 참고로 지하 셀러는 17세기경에 지어진 것으로 추정된답니다."

우리는 도멘 다르뒤의 지하 셀러로 내려갔다. 와인을 담은 나무 배럴들이 촘촘히 쌓여 있었다.

"보시다시피 저희는 꽤 작은 캐스크cask를 사용해요. 다만 배럴 에이징barrel ageing을 오래하지 않아요. 부르고뉴에서도 꽤 짧게 하는 편입니다. 향이 강한 뉴 오크통이나new oak 토스트toast가 강하게 된 오크통도 사용하지 않고, 오크 향보다는 테루아르에 집중합니다. 그런 의미에서 2009년부터 포도밭도 비오디나미 농사 기법(오가닉 농사 기법으로 테루아르 본연의 개성을 중시한다)으로 하고 있습니다. 보시다시피 한 와인당 포도밭 생산량도 아주 적죠. 이 퀴베cuvée들이 모노폴 포도밭인 클로 데 랑그르 화이트 와인인데 1년에 600병 내외로 소량 생산하고 있어요."

그녀는 지하 셀러를 나오자 18세기에 사용했던 것으로 추정되는 거대 와인 프레스를 보여 주었다. 조제프 드루앵에서도 거대 와인 프레스를 보았던지라 큰 감흥은 없었지만 유적처럼 중세 시대 와인 프레스를 보관한 와이너리가 많다는 사실은 아주 감명 깊었다. 테이스팅 룸에 도착하자 다섯 병의 와인이 준비되어 있었다.

시음 와인 리스트

화이트

1 Domaine d'Ardhuy, Ladoix, 2013(도멘 다르뒤, 라두아 블랑)

라임, 시트러스, 복숭아, 더해서 파인애플, 리치와 같은 열대과일 향까지 생각보다 꽤나 리치하게 농축된 과실 풍미에 놀랐다. 잘 알려지지 않은 빌라주급 와인에서 찾아보기 힘든 과실 풍미라 인상 깊었다. 소량 생산된다고 한다.

2 Domaine d'Ardhuy, Beaune Premier Cru, Petit Clos des Theurons, 2008(도멘 다르뒤, 본 프르미에 크뤼, 프티 클로 데 테우롱 블랑)

여러 모로 감탄 포인트가 많은 와인. 우선 2008년산으로 약 7년 숙성된 보틀이다. 아주 상큼하고 탄탄한 산도와 자몽의 시트러스, 화사한 흰 꽃 향기까지. 상당히 독특하다고 느꼈던 것은 숙성 과정에서 느껴진 것인지 모르겠지만, 석류처럼 작은 열매. 만약 있다면 산속에서 발견할 것 같은 손톱보다 작은 빨간 열매를 먹는다면 날 것 같은 맛, 씁쓸할 것 같지만 분명 베리 열매류의 풍미가 느껴졌다. 어찌 보면 자몽 맛과도 비슷한 맥락이려나? 약간의 짭조롬한 미네랄리티까지 살아있었다.

3 Domaine d'Ardhuy, Clos des Langres, 2013

(도멘 다르뒤, 클로 데 랑그르 블랑)

등급 자체는 코트 드 뉘 레지오날 등급으로 들어가지만, 모노폴 포도밭이라 단일 포도밭 와인으로 출시하는 도멘 다르뒤의 시그니처 와인으로 전형적이지 않았다. 전형적인 부르고뉴 블랑과는 조금 달랐는데 전반적으로 도멘 다르뒤 와인이 지향하는 와인 스타일이 읽혔다고 할까? 자몽과 파인애플, 흰 꽃, 소비뇽 블랑에서 느껴질 만한 약간의 구스베리. 앞선 와인들 모두 오크 풍미가 강하게 느껴지지 않았다. 잘 익은 과실 풍미 위주에 꽤나 세련되고 현대적인 스타일의 와인을 추구한다고 느껴졌다.

레드

4 Domaine d'Ardhuy, Clos des Langres, 2011

(도멘 다르뒤, 클로 데 랑그르 루즈)

굉장히 생기발랄하고 새콤달콤한, 아주 쾌활하고 기분 좋은 라스베리, 딸기, 붉은 체리 등의 과실 풍미가 느껴졌다. 거기에 스파이스가 꽈나 두드러졌는데 후추와 약간의 감초였다. 다소 가벼운 스타일일 것이라는 이미지와는 다르게 탄탄한 산도에 미디움 플러스 정도의 바디감, 충분한 타닌감, 길고 만족스러운 피니시가 이 와인의 잠재력을 알아보게 했다. 타닌의 텍스처 또한 촘촘하고 밀도 있었다. 잠재력이 좋은, 아주 매력적으로 밸런스 맞게 잘 만들진 와인이었다.

5 Domaine d'Ardhy, Corton Grand Cru, Clos du Roi, 2011

(도멘 다르뒤, 코르통 그랑 크뤼, 클로 뒤 루아)

농축된 레드커런트와 자두 풍미, 장미와 바이올렛 풍미가 파워풀하고 강렬하게 느껴졌다. 적어도 10년 후에 마셔야 할 와인 같았고, 만약 길찍 으픈해야 한다면 충분한 브리딩 시간이 필요하다고 느껴졌다. 신선한 우드와 노간주 나무, 뒤따라오는 사랑스러운 초콜릿과 시나몬 등의 스위트한 풍미도 매력적이었다. 상당히 리치하고 화사한 느낌의 와인이었다. 관대하고 매력적인 여인이 떠올랐다. 보르도 우안 지역의 와인 뉘앙스도 있었다. 부르고뉴의 우아하고 전통적인 스타일이기보다는 매력적이고 세련된 스타일의 그랑 크뤼 와인이다.

—— 점심 식사 ——

아름다운 다르뒤의 정원을 나와 우리는 가까운 본으로 향했다. 어느새 점심 시간이었다. 이본느는 우리를 위해 비스트로를 예약해주었다.

"식사를 하고 뫼르소로 내려갔다가 다시 메르퀴레까지 갈 예정이에요. 그러니 든든히 식사 하고 1시간 후에 만나기로 해요."

"메르퀴레까지요?"

메르퀴레는 코트 도르 언덕보다 더 남쪽에 위치한 코트 샬로네즈에 위치한 마을이다.

"부르고뉴까지 왔는데 코트 샬로네즈까지는 모두 둘러보고 가야 하지 않겠어요?"

벌써 지친 듯한 우리를 바라보며 이본느는 생기 넘치는 표정과 목소리로 말했다.

이본느가 예약해준 비스트로는 정통 프랑스식 요리를 하는 곳이었는데 아담해서 두런두런 이야기하며 가볍게 식사할 수 있을 만큼 아늑한 공간이었다.

"어땠어?"

남편이 물었다.

"좋았지. 코트 드 본 와이너리도 이렇게 좋은데, 코트 드 뉘로 올라가면 얼마나 더 좋을지 하하. 정말 정신을 못 차릴 것 같아."

"맞아. 그런데 시음하는 양이나 속도를 좀 조절해야겠더라. 이렇게 두 군데를 더 가면 취해버릴지도 모르니 말이야."

나는 진심으로 고개를 끄덕였다. 우리는 주량이 센 편은 아니다.

"그나마 나는 많이 뱉었지. 와인 테이스팅 훈련을 할 때도 스피툰spittoon에 모두 뱉는다고. 다 마시면 취해버려서 와인을 제대로 평가하거나 판단하지 못해."

"하지만 너무 아까운걸."

남편의 진심어린 말에 우리는 크게 웃음을 터뜨렸다. 레스토랑 자리에 앉아 먼저 스파클링 워터를 한 병 주문했는데, 누가 먼저랄 것도 없이 순식간에 다 비워서 한 병을 더 주문했다.

"와인 주문하시겠어요?"

남편은 오늘 와인을 이미 많이 마셔서 괜찮다고 했지만 나는 와인 생산지의 레스토랑에 와서 와인을 한 잔도 마시지 않는 것은 아쉬울 것 같아 바이더글라스by the glass 메뉴를 확인했다.

"한 잔 정도는 괜찮겠지?"

마침 눈에 띄는 와인이 있었다. 도멘 드 빌렌느Domaine de Villaine의 부즈롱 와인이었다. 식사로는 간단하게 앤다이트 샐러드와 파테 엉 크루트 그리고 작은 농어 요리를 주문했다. 샐러드에는 무화과와 월넛 그리고 브리 치즈로 추정되는 치즈와 앤다이브 잎과 발사

믹 소스가 먹음직스럽게 어우러져 있었다. 파테 엉 크루트의 파이지(크러스트)는 바삭하면서도 버터리한 질감이 아주 맛있게 파테와 어울렸다. 파테는 파이 크러스트crust에 고기, 생선, 채소 등을 갈아 만든 소를 채워 넣고 오븐에 구워 차갑게 식혀 나오는 요리다. 농어 요리도 아주 맛있었다. 잘 구운 농어 필레가 방울토마토와 소스와 함께 나왔는데, 부드러운 농어의 식감과 상큼한 소스의 맛이 일품이었다. 무엇보다 이 모든 요리들과 한 잔의 부즈롱은 아주 잘 어울렸다.

"부르고뉴 블랑에는 샤르도네만 있는 건 아니라고."

"부르고뉴 블랑은 샤르도네 100퍼센트 아니었어?"

"알리고테라는 품종도 있어. 실은 알리고테 품종이 부르고뉴 지역에서는 샤르도네보다 더 오래되고 더 넓게 심겨진 원조야. 하지만 와인을 만들 때 가장 적합하다는 노블 포도종Noble Grapes인 샤르도네에 밀려 저가 와인을 만드는 포도로 인식되었어. 샤르도네에게 주인공 자리를 내어준 거지. 그래서 부르고뉴의 AOC 등급 체계에 들어가는 마을들은 샤르도네로 화이트 와인을 만들어. 딱 한 곳, 부즈롱 마을을 제외하고 말이야. 특히 도멘 드 빌렌은 도멘 드 라 로마네 콩티라는 아주 유명한 부르고뉴 와이너리의 공동 소유자가 부즈롱에 만든 와이너리야. 스타와도 같은 그가 알리고테의 진면목을 발견한 것인가 하는 효과도 있었지."

남편은 나의 와인잔을 가져가 한입 마셔보며 물었다.

"당신 생각은 어때? 샤르도네랑은 뭐가 달라?"

"알리고테는 샤르도네보다 좀 더 풋풋하고 순수한 매력이 있는 것 같아. 왜 그런 거 있잖아. 빨간 사과와 초록 사과의 차이? 알리고테는 초록 사과인 거지. 복숭아도 잘 익고 무른 복숭아가 있는 반면 당도는 높지 않은데 묘하게 싱그러운 딱딱한 복숭아도 있잖아? 알리고테는 딱딱하면서 조금은 싱거운 듯하지만 싱그러운 복숭아에 가까운 거지. 또 샤르도네에서는 흔치 않은 싱그러운 들꽃이라든지 들판에서 느껴질 만한 풋풋한 허브류의 풍미도 있지. 또 태생적인 미네랄리티도."

"샤르도네 중에도 그런 스타일의 와인이 있지 않나? 예를 들어, 일반 부르고뉴급(레지오날급) 화이트 와인의 경우 말이야."

"비슷하지. 하지만 개인적인 생각에 샤르도네는 힘을 빼면 그 맛도 너무 중성적이어서 이렇게 '힘 빼고' 잘 만들기가 쉽지 않은 것 같아. 하지만 알리고테는 태생적으로 풋사과, 들꽃, 들풀, 흰 꽃, 허브 같은 아기자기하고 싱그러운 향이 있지. 그게 다른 점이 아닐까 해. 사실 다양한 스타일의 훌륭한 샤르도네가 있는데 굳이 부르고뉴에서 알리고테를 찾을 필요가 있을까 생각했는데, 이렇게 가볍게 마시려니 부담없이 깔끔하고 맛있네."

나는 입맛을 다시며 말했다. 꼭 두둑한 존재감을 드러내야만 좋은 와인은 아니니까. 백합처럼 화려한 꽃도 아름답지만 길가에 핀 수수한 들꽃도 아름답듯이.

식사를 마친 후 우리는 다시 남쪽으로 조금 내려가 뫼르소 마을에 도착했다. 뫼르소부터 남쪽으로 이어지는 퓔리니 몽라셰, 샤사뉴 몽라셰 마을들은 부르고뉴 최고의 화이트 와인뿐 아니라 전 세계 최고의 화이트 와인을 만들어내는 지역이다.

이번에는 포도밭 쪽이 아닌 뫼르소 시내의 광장으로 접어들었다. 와인을 양조하는 건물은 아니지만 손님들이 방문해 본인들의 와인을 테이스팅할 수 있게 만든 셀러 겸 와인 숍에서 테이스팅 약속을 잡아두었다고 했다. 도멘 장 모니에 에 피스 와이너리의 와인 숍은 시내의 일반 와인 숍과 같았다. 와이너리가 아니다 보니 딱히 돌아볼 것은 없지만 담당자는 간단한 와이너리 설명과 대표 와인 테이스팅을 할 수 있다고 했다.

도멘 장 모니에는 처음 들어봤는데 1720년에 설립되어 부르고뉴 지역에서도 가장 오래된 와이너리 중 하나라고 했다. 주로 화이트 와인을 생산하는 마을이기 때문에 레드 와인이 귀한데, 도멘 장 모니에는 생산량의 절반 가까이 뫼르소에 이웃한 포마르의 레드 와인을 생산하고 있었다. 오래된 와이너리답게 25년에서 60년 수령의 오래된 포도나무들을 보유하고 있는 듯했다. 뫼르소 기반 와이너리다 보니 화이트 와인도 맛있지만, 포마르의 레드 와인도 꽤 밀고 있는 듯했다. 특별히 포마르의 프르미에 크뤼 포도밭인 '클로 드 시토Clos de Citeaux'를 모노폴로 가지고 있으며 오늘의 마지막 시음 와인으로 기대를 해도 좋다고 했다.

시음 와인 리스트

화이트

1 Domaine Jean Monnier et Fils, Meursault, Clos du Cromin, 2012
(도멘 장 모니에 에 피스, 뫼르소, 클로 뒤 크로망)
가볍게 마시기 좋은 스타일로 잘 익은 과실 풍미에 집중한 듯했다. 뫼르소 와인
에서 기대할 만한 복합적인 오크 풍미는 느껴지지 않았다. 달달하게 잘 익은 사
과와 서양배, 스타푸르츠.

2 Domaine Jean Monnier et Fils, Beaune Premier Cru, Montrevenots,
2013(도멘 장 모니에 에 피스, 본 프르미에 크뤼, 몽트르브노 블랑)
앞선 와인과 비슷한 맥락의 와인. 잘 익은 사과, 서양배, 구아바. 산도가 좋았고,
오크 풍미는 크게 느껴지지 않았다. 고소한 너츠와 버터리한 터치 정도.

3 Domaine Jean Monnier et Fils, Meursault, Les Chevalières, 2011
(도멘 장 모니에 에 피스, 뫼르소, 레 슈발리에르)
산뜻한 시트러스부터 싱싱한 사과, 서양배, 복숭아. 앞선 와인 들에 비해 미네랄
리티가 아주 좋고 잘 느껴졌다. 비스킷, 토스트 등의 고소한 효모 풍미. 산도가
좋았으나 좋은 밸런스로 아주 부드럽게 느껴졌다.

4 Domaine Jean Monnier et Fils, Meursault Premier Cru, Charmes, 2012(도멘 장 모니에 에 피스, 뫼르소 프르미에 크뤼, 샴)

복숭아의 진한 과실즙(넥타) 풍미, 잘 익은 살구, 파인애플. 좋은 과실 농축미. 여기에 더해 고소한 아몬드와 헤이즐넛.

5 Domaine Jean Monnier et Fils, Pommard Premier Cru, Argillières, 2011(도멘 장 모니에 에 피스, 포마르 프르미에 크뤼, 아르길리에르)

검은 체리, 잘 익은 체리, 석류, 약간은 캔디 혹은 잼 같은 뉘앙스. 과실 자체가 잘 익었다기보다 마세레이션Macération을 통한 결과 같다. 삼나무 풍미와 약간의 스모키함. 그렇게 클래식하지도 그렇다고 아주 밸런스가 맞거나 복합적이라고 말하기 어려웠던 포마르 프르미에 크뤼.

6 Domaine Jean Monnier et Fils, Pommard Grands Épenots Premier Crus, Clos de Citeaux, 2010

(도멘 장 모니에 에 피스, 포마르 그랑 에프노 프르미에 크뤼, 클로 드 시토)

잘 익은 석류, 검붉은 딸기, 검붉은 체리, 살짝 건조된 듯한 열매 풍미, 정향과 감초, 장미꽃, 라벤더꽃. 입안에서 아주 부드럽고 풍성하게 느껴졌으며, 타닌과 산도는 좋았으나 텍스처가 상당히 부드럽게 떨어졌다. 우아하면서도 전혀 모나지 않게 테루아르의 개성이 그려진 듯한 매력적인 와인이었다.

뫼르소에서 다시 20킬로미터 정도 남쪽으로 달려 메르퀴레Mercurey 마을에 도착했다.

"코트 드 본까지만 가려고 했는데 마침 와이너리 방문 약속도 잡혔고, 코트 샬로네즈에도 훌륭한 와인 생산 마을이 많으니까요."

이본느는 다시 한번 강조했다.

"그런데 코트 샬로네즈에 유명한 와인 생산 마을이 어디야?"

남편이 속삭이듯 내게 물었다.

"코트 샬로네즈는 레드 와인과 화이트 와인 둘 다 생산하는데 코트 도르의 비교적 잘 알려지지 않은 와인 생산지들보다도 코트 샬로네즈 마을들은 최근까지도 더 평가절하된 부분이 있었지. 예를 들어, 우리가 방금 마시고 온 부즈롱 와인 있지? 부즈롱 마을도 코트 샬로네즈에 속해. 또 지금 우리가 있는 메르퀴레 마을도 생기 발랄하고 맛있는 레드 와인을 생산하고 지브리도 마찬가지야."

"지브리! 맞아요. 지브리는 프랑스 왕 앙리 4세Henri Ⅳ (1553~1610)가 가장 좋아했던 와인이었다고 알려져 있죠. 그의 연인이 지브리 출신이어서 그랬다는 이야기도 있어요. 워낙 16세기부터 이름을 날렸던 지역이랍니다."

이본느가 신이 나서 말했다.

"메르퀴레는 우리가 아는 행성 머큐리인가요?"

"아마도 그럴 거예요. 5~6세기경 이 지역에 커다란 머큐리 신(로마 신화의 전령의 신, 그리스 신화의 헤르메스)의 신전이 있었던 것으로 추정된답니다. 모니카가 말했다시피 코트 샬로네즈는 코트 도르의 그늘에 가려진 지역이에요. 메르퀴레나 지브리는 맛있는 레드 와인을 주력으로 생산하고, 륄리Rully와 몽타뉘Montagny는 맛있는 화이트 와인을 주로 양조하죠. 부즈롱 와인은 이미 마셔봤다니 다행이네요. 부즈롱은 그곳만의 특별한 알리고테 화이트 와인을 만들어요. 오늘 가는 와이너리는 코트 샬로네즈의 터줏대감 같은 곳이지요.”

이본느는 우리를 말 그대로의 샤토, 작은 성 같은 건물로 안내했다. 담당자가 반갑게 맞이해 주었다.

“안녕하세요, 샤토 드 샤미레에 오신 것을 환영합니다. 이 샤토는 18세기 초에 세워졌답니다. 루이 14세와 루이 15세의 통치 시기였죠. 포도밭 전경을 한눈에 볼 수 있는 아름다운 위치에 지어진 샤토랍니다. 1934년에 마르키 드 주엔느 데르빌Marquis de Jouennes d'Herville이 와이너리, 즉 도멘으로 만들며 샤토 드 샤미레가 만들어졌습니다. 이후 그의 사위인 베르트랑 드빌라르Betrand Devillard가 물려받으며 현재까지 5대째 가족 경영을 해오고 있습니다.

현재 빌라르 가족은 ‘도멘 드빌라르’라는 이름으로 와인을 생산하기도 하고, 메르퀴레 와인만을 전문으로 생산하는 ‘샤토 드 샤미레’, 지브리 와인만을 생산하는 ‘도멘 드 라 페르테Domaine de la Ferté’, 또한 뉘 생 조르주를 기반으로 코트 드 뉘 와인을 생산하는 ‘도멘 데 페르드릭스Domaine des Perdrix’ 와인 브랜드를 운영하고 있습니다. 그 외 마코네 지역과 쥐라에도 와이너리가 있답니다. 오늘은 샤토 드 샤미레에 오셨으니 메르퀴레 포도밭을 바라보며 메르퀴레 와인들을 시음해 보시죠. 훌륭한 메르퀴레 와인들입니다. 마지막으로 코트 드 뉘 와인도 2종 준비했습니다. 에셰조 와인과 함께요."

시음장 한쪽 벽에는 빌라르 가족이 소유한 각각의 와이너리 들의 와인이 진열되어 있었다. 메르퀴레 마을을 바라보며 서 있는 상징적인 샤토에 코트 샬로네즈에서 가장 유명한 두 마을 메르퀴레와 지브리 와인을 각각 전문으로 하는 와이너리가 있을 뿐 아니라 코트 드 뉘까지 진출해 에셰조를 비롯한 쟁쟁한 포도밭 와인들을 만들고 있다니 열심히 잘 가꾸고 있다는 생각이 들었다.

시음 와인으로는 여덟 병이 준비되었다. 맛있는 부르고뉴식 치즈 빵인 구제르도 내어주었고 커다란 스피툰도 준비되어 있었다.

시음 와인 리스트

화이트

1 Devillard, Pouilly-Fuissé, Le Renard, 2013

(드빌라르, 푸이 퓌세, 르 르나르)

산뜻한 산도, 잘 익은 복숭아, 파인애플, 살짝 느껴지는 캐러멜과 꿀의 터치. 밸런스가 좋고, 마시기 즐거운.

2 Château de Chamirey, Mercurey, En Pierrelet, 2013

(샤토 드 샤미레, 메르퀴레, 엉 피에르레)

(특별히 돌stone이 많은 포도밭이라고 설명을 들었다) 레몬, 시트러스, 잘 익은 사과,

서양배, 복숭아, 오렌지필. 테루아르의 개성을 드러내 듯 기분 좋은 짭조롬함,
미네랄리티, 플린티flinty함. 전형적인 부르고뉴 블랑을 기대한다면 가우뚱할지
모르겠지만, 시원 짭조롬하고 독특하면서도 매력적인 와인이었다.

3 Château de Chamirey, Mercurey Premier Cru, La Mission Monopole,
   2012(샤토 드 샤미레, 메르퀴레 프르미에 크뤼, 라 미시옹 모노폴)
   샤토 드 샤미레의 모노폴 포도밭 와인. 잘 익은 사과와 서양배, 살구, 레몬 커드,
   흰 꽃의 향기와 구스베리, 기분 좋은 미네랄리티. 우아하면서도 밸런스가 좋았
   다. 메르퀴레 화이트 와인의 재발견.

레드

4 Château de Chamirey, Mercurey Premier Cru, Clos du Roi, 2011
   (샤토 드 샤미레, 메르퀴레 프르미에 크뤼, 클로 뒤 루아)
   잘 익은 검붉은 체리, 산딸기, 라스베리 과실 향이 새콤달콤 아주 좋았다. 장미,
   약간의 후추와 같은 스파이스, 산도, 타닌 모두 미디엄 플러스 정도. 다른 와인
   들은 이미 오픈이 되어서 브리딩이 된 상태였는데 이 와인만 바로 열어서 그런
   지 어느 정도 부드러워지기 위한 시간이 필요한 듯했다.

5 Château de Chamirey, Mercurey Premier Cru, Les Ruelles Monopole,
   2011(샤토 드 샤미레, 메르퀴레 프르미에 크뤼, 레 뤼르 모노폴)
   (특별히 철 성분이 풍부한 붉은 색의 고운 토양) 모노폴 포도밭 와인. 검붉은 체리, 레
   드커런트, 꽃향기 등 밝고 농축된 과실 풍미와 함께 어우러지는 초콜릿과 바닐

라, 시나몬과 정향 등의 달콤한 스파이스, 흙 묻은 흰색 버섯, 밸런스가 좋은 전반적으로 둥근 맛있는 남부 부르고뉴 루즈.

6. Château de Chamirey, Mercurey Premier Cru, Les Cinq, 2011
(샤토 드 샤미레, 메르퀴레 프르미에 크뤼, 레 생크)
레 생크는 '5'라는 뜻으로, 샤토 드 샤미레가 보유하고 있는 메르퀴레의 다섯 개의 프르미에 크뤼 포도밭 와인을 블렌딩한 것이다. 앞서 테이스팅한 클로 뒤 루아, 레 뤼르 포도밭 등도 포함되어 있다. 레드커런트, 검은 체리 등의 아주 농축되고 파워풀한 과실 풍미가 느껴지면서 동시에 어씨earthy함. 후추, 스파이스, 거기에 적당한 삼나무와 오크통 풍미가 아주 밸런스 좋게 어우러졌다. 타닌의 텍스처가 다소 떫었지만 개성이 될 수 있겠다. 전반적으로 좋은 구조감과 복합성, 밸런스를 가진 와인이다.

7 Domaine des Perdrix, Nuits-Saint-Georges Premier Cru, Aux Perdrix, 2012(도멘 데 페르드릭스, 뉘 생 조르주 프르미에 크뤼, 오 페르드릭스)
(포도밭의 99퍼센트를 소유하고 있기 때문에 모노폴이라고 볼 수 있는 포도밭) 더없이 우아하면서도 힘있는 향이 마구 솟구쳐 올라왔다. 농축된 딸기, 블랙커런트, 레드커런트, 체리, 자두 등 다양한 검고 붉은 베리류, 오크통 풍미와 함께 어씨함, 약간의 스파이스. 마셨을 때 입안에서 아주 부드럽게 감기며 모든 산도, 타닌, 알코올, 과실 들의 풍미가 아주 부드럽게 조화되어 우아하게 느껴졌다. 동시에 탄탄한 구조감과 긴 피니시로 단단한 힘을 느낄 수 있었다.

8 Domaine des Perdrix, Echezeaux Grand Cru, 2011

(도멘 데 페르드릭스, 에셰조 그랑 크뤼)

개인적으로 코트 도르 전역 그랑 크뤼 중 가장 사랑하는 에셰조 포도밭. 도멘 데 페르드릭스에서도 에셰조를 만든다니 기대가 되었다. 역시 에셰조를 알리는 피어오르는 풍성한 꽃향기. 아주 사랑스러운 꽃다발, 장미, 사랑스럽게 잘 익은 붉은 열매인 딸기, 라스베리, 체리, 자두의 풍미가 피어올랐다. 입안에서도 마찬가지, 꽃과 붉은 열매의 향연, 약간 셰리스러운 스위트 스파이스와 우디함. 산뜻하고 생기발랄하고 생동감 있으면서 한편으로 달콤하면서도 우아하고 부드럽고(아주 스무스했다), 그러면서도 파워풀하기까지 했다. 밸런스, 구조감, 피니시는 물론 아주 사랑스럽고 매력적인 와인.

—— 코트 드 본, 코트 샬로네즈, 마코네 주요 와인 마을 ——

코트 드 본

코트 드 본은 부르고뉴 황금 언덕 코트 도르의 남쪽에 위치한다. 훌륭한 레드 와인과 화이트 와인 모두 생산하지만 전통적으로 코트 드 본 남부의 화이트 와인이 유명하며 세계적으로 가장 비싼 화이트 와인을 생산하는 마을들이 남부에 집중되어 있다. 코트 드 본의 북부 마을들은 레드 와인으로 점차 명성을 얻고 있다.

라두아 세리니, 알록스 코르통, 페르낭드 베르줄레스

이 세 마을은 좋은 포도밭이 밀집한 코르통 언덕을 공유하고 있다. 코르통 언덕에는 레드 와인과 화이트 와인 모두 생산하는 '코르통' 그랑 크뤼 포도밭과 화이트 와인 그랑 크뤼 포도밭 '코르통 샤를마뉴' 등이 있다. 화이트 와인, 레드 와인 둘 다 몸집과 체급이 크고 좋은 와인들을 생산한다.

그랑 크뤼: Corton(코르통), Corton-Charlemagne(코르통 샤를마뉴), Charlemagne(샤를마뉴)

사비니 레 본

작고 비교적 유명하지 않은 마을이지만, 가성비 좋은 부르고뉴 와인을 찾기에는 최고인 마을이다. 다만 작은 마을이기 때문에 물량이 많지는 않다. 레드 와인, 화이트 와인 모두 생산하지만 레드를 주력으로 한다. 많이 복잡하지 않고 친근하며 좋은 과실 풍미 위주의 심플하면서도 맛있는 와인들을 생산한다. 22개의 프르미에 크뤼 포도밭이 있다.

쇼레 레 본

도시 본의 북쪽에 인접한 작은 마을 쇼레 레 본Chorey-lès-Beaune은 상대적으로 덜 알려져 있지만 가격 대비 만족도가 높은 와인을 찾는 이들에게 추천할 만한 지역이다. 주로 레드 와인을 중심으로 생산하며 부드럽고 접근하기 쉬운 스타일의 와인이 많다. 토양 특성상 코트 드 본의 다른 마을들에 비해 구조감은 약간 약할 수 있지만 균형 잡힌 맛과 친근한 매력 덕분에 일상적으로 즐기기에 제격인 와인을 만날 수 있다.

생로맹

해발고도가 높은 생 로맹Saint-Romain은 미네랄과 산도가 좋은 화이트 와인과 산뜻하고 가벼운 스타일의 레드 와인을 생산한다. 작지만 점차 인지도가 높아지고 있는 마을이다.

본

도시 이름이기도 하지만, 와인 생산 마을명이기도 하다. 전통적으로 부르고뉴 네고시앙들의 고향으로 3대 부르고뉴 네고시앙 부샤르 페르 에 피스, 조제프 드루앵, 루이 자도가 모두 본을 근거지로 하고 있다. 레드 와인과 화이트 와인 모두 생산하지만 레드 와인이 더 유명하다. 그랑 크뤼는 없지만 42개의 프르미에 크뤼 포도밭이 있으며 생산자에 따라 애정을 담은 좋은 프르미에 크뤼 와인을 생산한다. 프르미에 크뤼 포도밭을 접하기 좋은 마을이다.

포마르

레드 와인만 생산하는 마을이다. 일반 부르고뉴 레드 와인과 달리 근육질의 야생적이며 다소 거칠고 몸집이 큰 스타일로 알려져 있다. 아직 와이너리마다 격차가 있기 때문에 좋은 와이너리를 찾는 것이 중요하다. 젊은 와인 생산자들을 중심으로 이웃 볼네 마을과 함께 발전하는 지역이다. 28개의 프르미에 크뤼 포도밭이 있다.

볼네

레드 와인만 생산하는 마을로 최근 몇 년간 급부상한 지역이다. 볼네의 잠재력을 알아보고 이주한 와인 생산자들도 많으며 와인 애호가들 또한 볼네에 관심을 집중하고 있다. 아직 그랑 크뤼 포도밭은 없지만 29개의 프르미에 크뤼 포도밭들이 있으며, 이 중 몇 개는 미래에 그랑 크뤼로 승급이 될 가능성도 있어 보인다. 볼네 마을의 장점은 토양의 다양성에 있다. 테루아르의 개성을 뚜렷하게 보여준다는 평가가 있어 볼네의 가장 큰 매력으로 작용한다. 코트 드 뉘의 레드 와인보다 가격적으로 접근성이 좋으면서도 테루아르의 개성이 드러나는 섬세하고 우아한 레드 와인을 만든다는 평가가 많다.

뫼르소

코트 드 본의 남부 마을로 뫼르소 마을부터 명품 화이트 생산지로 불린다. 화이트 와인을 주력으로 하며 19개의 프르미에 크뤼 포도밭을 보유하고 있다. 특유의 헤이즐넛 등 고소한 넛츠 풍미가 있다. 와인 생산자별로 와인의 품질과 스타일이 달라지기 때문에 마을명, 포도밭명보다도 생산자가 더 중요한 마을이기도 하다.

쀨리니 몽라셰

화이트 와인을 주력으로 생산하며 그랑 크뤼 포도밭을 4개나 보유한 명실상부 전 세계 최고의 명품 화이트 와인 생산 마을 중 하나다. 프르미에 크뤼 포도밭도 17개 있다. 쀨리니 몽라셰 화이트 와인은 정교하고 아름다운 부르고뉴 화이트 와인의 정수라고 불리며 아주 순수하면서도 농축미 있는 과실 풍미와 미네랄리티, 탄탄한 구조감을 자랑하는 화이트 와인을 생산한다. 몇 십 년은 숙성이 가능하며 숙성했을 때 더 멋진 모습을 보여주는 최고급 화이트 와인을 생산한다.

그랑 크뤼: Montrachet(몽라셰), Chevalier-Montrachet(슈발리에 몽라셰), Bâtard-Montrachet(바타르 몽라셰), Bienvenues-Bâtard-Montrachet(비앵브뉘 바타르 몽라셰)

샤사뉴 몽라셰

화이트 와인을 주력으로 생산하며, 쀨리니 몽라셰와 함께 전 세계 최고의 화이트 와인을 생산하는 마을이다. 3개의 그랑 크뤼가 있으며 그중 둘은 쀨리니 몽라셰 마을과 연결된다. 55개의 프르미에 크뤼를 가지고 있다. 샤사뉴 몽라셰 와인 또한 최고 품질의 화이트 와인을 생산하는데, 웅장하고 화려하고 풍부하면서도 상당히 섬세한 허브나 미네랄리티의 터치까지 느껴지는 복합적인 화이트 와인을 생산한다. 역시 오랜 숙성이 가능한 화이트 와인이다.

그랑 크뤼: Montrachet(몽라셰), Bâtard-Montrachet(바타르 몽라셰),

Criots-Bâtard-Montrachet(크리오 바타르 몽라셰)

생토뱅

명품 화이트 와인 생산지와 인접한 마을로 전통적인 인지도는 낮지만 위치만으로도 부르고뉴 화이트 와인을 찾는 애호가들이 선호하는 생산지다. 30개의 프르미에 크뤼 포도밭을 가지고 있으며, 화이트 와인을 주력으로 하나 밝고 명랑한 스타일의 레드 와인도 생산한다. 새로운 바람이 불고 있는 주목할 만한 생산지다.

오세 뒤레스

뫼르소 옆에 위치한 숨겨진 진주 같은 마을로, 최근 부르고뉴 애호가들에게 주목받고 있다. 오세 뒤레스Auxey-Duresses는 화이트와 레드 와인을 모두 생산하며 높은 해발고도와 냉량한 미기후 덕분에 산도가 살아 있는 견고하고 균형 잡힌 스타일의 와인이 특징이다. 총 9개의 프르미에 크뤼 포도밭을 보유하며 가격 대비 품질이 뛰어난 지역으로 평가받는다.

상트네

코트 드 본 남단에 위치한 마을로, 풍부한 과일 향과 잘 익은 풍미의 레드 와인으로 알려져 있다. 남향 포도밭이 많고 일조량이 풍부해 구조감 있는 와인이 생산되며 프르미에 크뤼는 총 12개다. 레드 와인이 중심이지만 화이트 와인도 점차 주목받고 있으며 일부 프르미에 크뤼 화이트는 밸런스와 구조감이 뛰어나다는 평가를 받는다.

마랑주

코트 드 본 최남단, 샤사뉴 몽라셰와 맞닿은 지역으로, 최근 주목받는 부르고뉴의 신흥 생산지 중 하나다. 주로 레드 와인을 생산하며, 풍성한 과일 향과 진한 스타일이 특징이다. 프르미에 크뤼 포도밭은 총 7개다.

코트 샬로네즈

부르고뉴 황금 언덕 코트 도르 남부에 위치한 지역으로 화이트 와인과 레드 와인 모두 생산하며 코트 도르 와인보다 더 친근하고 친숙한 스타일의 와인을 생산한다.

부즈롱

오직 알리고테 품종 와인만 생산하는 부르고뉴 내 유일한 마을이다. 1998년 정식 마을로 승격되었으며, DRC 창업자가 와이너리를 설립하는 등 와인 애호가들의 눈길을 끌고 있다.

륄리

화이트 와인과 레드 와인을 생산하지만 화이트 와인이 좀 더 유명한 마을이다. 23개의 프르미에 크뤼 포도밭이 있다. 전반적으로 생기 넘치고 가볍게 마시기 쉬운 화이트 와인을 생산한다. 또한 스파클링 와인인 크레망 드 부르고뉴 생산지로 잘 알려져 있다.

메르퀴레

레드 와인을 주력으로 하지만 맛있는 화이트 와인도 생산한다. 32개의 프르미에 크뤼가 있다.

지브리

레드 와인을 주력으로 하며 총 38개의 프르미에 크뤼 포도밭이 있다. 가성비 좋은 레드 와인으로 주목 받고 있는 마을이다.

몽타뉘

화이트 와인만 생산하는 마을로 총 49개의 프르미에 크뤼가 있다. 접근성 좋고 생기발랄한 화이트 와인을 생산한다.

마코네

마코네는 부르고뉴 최남단에 위치한 지역으로, 따뜻한 기후와 완만한 언덕이 펼쳐진 전원적인 풍경을 자랑한다. 코트 도르의 유명 AOC들에 비해 상대적으로 덜 알려져 있어 오랫동안 저평가되어 왔지만, 최근에는 품질 향상과 함께 샤르도네 화이트 와인 산지로 주목받고 있다. 대체로 과실 풍미가 풍부하고, 밝고 매력적인 샤르도네 스타일을 생산한다.

중세 유럽 최대 수도원 중 하나인 클뤼니 수도원의 영향으로 와인 양조의 역사가 매우 오래되었으며, 중세부터 교통과 무역의 요충지였던 만큼 고풍스러운 마을들이 많다. 인근 브레스 지역의 브레스 닭은 유럽에서 AOC 지정을 받은 유일한 가금류이며, 샤롤레소는 프랑스 최고급 쇠고기로 마코네의 미식 문화와도 깊은 관련이 있다.

마코네의 AOC 구분

마코네 지역은 특이하게 마을명이 병기되어 있어도 대부분이 레지오날(지역) AOC로 분류된다. 총 5개의 마을만이 독립된 빌라주 등급으로 분류된다.

레지오날 등급

마콩

마콩 전역에서 생산되는 와인. 보통 샤르도네 100퍼센트 화이트 와인을 생산하지만 레드나 로제도 생산한다.

마콩 빌라주Mâcon-Villages

마콩의 여러 마을의 샤르도네 포도를 블렌딩하여 생산한 화이트 와인이다.

마콩-마을명

총 27개 마을 이름이 사용 가능하다. 한 마을의 포도만으로 생산한 단일 마을 와인이지만, 법적으로는 예외적으로 리지오날 등급으로 분류된다. 샤르도네 100퍼센트 화이트 와인만 생산한다.

예: Mâcon-Lugny(마콩 뤼니), Mâcon-Uchizy(마콩 위시지), Mâcon-Prissé(마콩 프리세) 등

빌라주 등급

비레 클레세 Viré-Clessé

1999년에 독립 AOC로 비교적 최근에 승격된 마을이다. 부드럽고 풍성한 샤르도네 스타일로 꿀 향이 특징적이다.

생 베랑 Saint-Véran

생기있고 균형감 있는 샤르도네 와인을 생산하며 최근 인지도가 상승 중이다. 아직 프르미에 크뤼 포도밭을 보유하고 있지는 않지만 등급 신청을 준비 중에 있다.

푸이 뱅젤 Pouilly-Vinzelles

생산량은 적지만, 집중도 높은 샤르도네로 평가 받는다. 점토-석회질 토양에서 오는 미네랄리티와 구조감이 특징이며 숙성 잠재력도 갖추고 있다.

푸이 로셰Pouilly-Loché

작지만 평이 좋은 마을이다. 부드러운 질감과 산뜻한 산미, 은은한 과실 향이 조화를 이루며, 비교적 섬세한 스타일로 알려져 있다.

푸이 퓌세Pouilly-Fuissé

마코네 최남단에 위치한 마코네의 대표 와인 생산 마을이며, 부르고뉴 남부 샤르도네의 꽃이라고도 불린다. 유일하게 프리미에 크뤼 포도밭을 보유하고 있는 마을로, 부르고뉴 남부 와인의 자존심이다. 총 22개의 프리미에 크뤼 포도밭이 있다. 푸이 퓌세 와인은 따뜻한 기후 덕분에 과실 풍미가 풍부하고 무화과나 살구, 열대 과일, 꿀, 구운 아몬드, 바닐라 등의 노트를 지니며 입안에서 부드럽고 둥근 질감을 느낄 수 있다. 오크 숙성을 거친 경우가 많아 크리미한 풍미와 복합미가 뛰어나며, 북부 부르고뉴의 샤르도네보다 좀 더 접근성이 좋다. 잘 만든 프르미에 크뤼는 숙성 잠재력도 뛰어나고 중후한 깊이를 지닌다.

다섯째 날
부조와 본 로마네, 전설의 시작과 끝

샤토 뒤 클로드 부조 Château du Clos de Vougeot

눈앞에 있는 부르고뉴 와인들을 유심히 바라보았다. 어제 와이너리 방문에서 사온 와인들이다. '와인'이 매력적인 이유를 꼽자면 수십 가지다. 그중 한 가지만 꼽으라면 나는 늘 '수평과 수직의 여행'이라고 말한다.

수평의 여행은 지리적 공간의 여행이다. 와인을 알고 와인 생산지 어디를 가도 보고 배울 것이 무궁무진하다. 와인 한 잔에 그 지역의 기후, 토양, 위대한 와인 생산자들, 와이너리의 역사, 지역 문화, 미식 문화, 나아가 한 국가의 세금이나 실질적인 농업과 관련된 정책까지 고구마를 캐듯 캐낼 수가 있다. 과거에는 유명 와인 생산지가 유럽에 국한되어 있었지만 지금은 놀랍도록 범위가 넓다. 미국, 호주, 뉴질랜드, 칠레, 아르헨티나, 남아프리카공화국과 같은 '신대륙 국가' 들은 물론이고 고대 와인의 발상지였던 조지아나 아르메니아와 같은 근동 지역부터 중국과 일본 등 아시아까지 넓게 퍼져 있다.

　수직의 여행은 와인의 시작점, 근원까지 파고들어 갈 수 있는 시간 여행이다. 와인이 안내하는 길을 따라가다 보면 저 멀리 시작점과 현재 내가 서 있는 한점이 만난다. 말하자면 부르고뉴 와인으로 인해 현재의 나는 천 년 전 부르고뉴에서 와인을 빚던 시토회 수도사와 만날 수 있는 것이다. 그야말로 '부르고뉴 와인의 시작점'을 찾아가는 길이다. 부르고뉴 와인의 시작점은 천 년 전 코트 드 뉘의 '부조' 마을에 와인 양조의 터를 잡은 시토회 수도사들이었다.

　"시토회 수도원에 가지 못해 아쉬웠는데, 오늘 부조 마을에 가서 시토회 수도사들의 흔적을 찾아볼 수 있겠어."

　나는 흥분된 어조로 말했다.

　"그런데 시토회 수도사들이 포도밭과 클리마를 구별하고 포도밭 체계를 만든 건 코트 도르 전체에 해당하는 거 아니야? 왜 부조를 부르고뉴 와인의 요람이라고 하는 거야?"

　"부르고뉴 지역의 토양과 기후의 탁월함을 알아보고 테루아르를 일일이 연구하고 구별해서 '크뤼'라는 개념으로 발전시킨 것이 바로 시토회 수도사들이잖아. 그 시작점이 부조 마을이야. 우리가 엊그제 가려고 했던 시토회 수도원은 본래 늪지대여서 포도나무를 키우기에는 적합하지 않았거든. 그래서 서쪽으로 눈을 돌려보니 이처럼 훌륭한 코트 도르 언덕이 수도원과 가깝게 있었던 거지. 그러다 1100년 즈음에 시토회에서 제일 처음 포도밭을 기증받은 곳이 바로 부조 마을의 포도밭이었대. 부조 마을의 땅 중심으로 후원자들의 기증을 받다 보니 오늘과 같은 직사각형 모양의 포도밭이 형성되었고 그것이 바로 부조의 그랑 크뤼 포도밭 '클로 드 부조'가 된 거야."

"지도를 보니 클로 드 부조 포도밭은 정말 직사각형이더라."

"그리고 클로 드 부조 포도밭 한가운데에 샤토(성)가 있는데(**화보 88**) 시토 수도회에서 거대한 와인 프레스를 놓고 양조를 시작한 게 오늘 방문할 '샤토 뒤 클로 드 부조'의 시작점이야. 이곳에서 와인 양조 기술을 갈고 닦은 시토회 수도사들은 점차 부조 근처인 샹볼 뮈지니, 본 로마네 등의 포도밭을 매입하면서 확장시켰어. 그러니 진정한 부르고뉴 와인의 발원지라고 할 수 있지."

남편과 이야기를 하며 숙소 밖으로 나오는데 이본느 부인이 밝은 표정으로 우리를 기다리고 있었다.

"봉주르!"

우리는 다시 D974 도로를 달렸다. 드디어 오늘은 코트 드 뉘에 입성한다. 친절한 그녀는 차 안에서도 부르고뉴 지방에 대해 더 많은 정보를 전달해 주려고 애썼다.

"이본느, 솔직히 클리마와 리우디 개념이 헷갈려요. 어제도 와인 메이커들이 부르고뉴 포도밭에 관해 이야기하면서 클리마와 리우디 단어를 섞어 쓰더라고요. 둘 다 부르고뉴 포도밭을 구분하는 작은 단위의 땅 조각들을 의미하는 거잖아요?"

"부르고뉴 사람들도 와인 메이커가 아니면 클리마와 리우디를 동의어처럼 섞어 쓰죠. 아마 지나가는 사람한테 물어보면 둘은 똑같은 단어라고 할 걸요? 그러니 같은 단어처럼 사용해도 큰 문제는 없어요. 일상적으로는요! 쉽게 말하면 클리마는 포도밭 단위와 같다고 보면 돼요. 예를 들어, 모레 생 드니 마을의 그랑 크뤼 '클로 드 라 로슈' 포도밭이라고 하면 '클로 드 라 로슈' 포도밭 자체가 하나의 클리마죠. 하지만 8개의 리우디로 나뉘어 있어요. 포도밭 내에 더 작은 땅 조각들에 이름을 또 붙인 거죠. 그런데 8개의 리우디가 모두 같은 클리마에 소속된 것은 아니고 한 개의 리우디는 그 옆 포도밭과 함께 걸쳐 있어요."

"맙소사."

이본느의 말에 남편은 관자를 만지며 한숨을 내쉬었다.

"어려울 것 없어. 클리마는 포도밭 단위, 리우디는 더 조각조각 자른 땅 조각이라고 보면 될 것 같은데?"

"그렇게 이해하는 게 쉽죠. 오늘 우리가 가는 '클로 드 부조' 포도밭은 총 16개의 리우디로 나눠져 있어요. 그리고 이 16개의 리우디는 80명의 와인 생산자가 나누어 가지고 있죠."

"한 포도밭을 80명이 나누어 갖다니."

남편은 신음 비슷한 소리를 내며 외면하듯 창밖을 바라보았다.

어느새 우리는 샹볼 뮈지니 마을을 지나 부조 마을에 도착했고 이내 아름다운 광경이 눈앞에 펼쳐졌다. 사진으로만 보던 '클로 드 부조' 돌담 사이로 지평선까지 드넓게 펼쳐진 포도밭을 보니 시야가 맑아졌다. 그 가운데에는 멋진 성, 샤토 뒤 클로 드 부조가 그림처럼 서 있었다. 부르고뉴 와인 산지의 심장에 와 있다는 생각에 내 심장도 덩달아 요동쳤다.

부조 마을은 코트 드 뉘의 유명 마을 중 하나이지만 현재 평가되는 바에 따르면 그렇게 유명세를 떨치는 마을은 아니다. 부조 마을 와인의 명성은 땅이 지닌 '상징성', '역사성'에서 오는 면이 있다. 그도 그럴 것이 이 마을 북쪽으로는 '부르고뉴 와인의 왕비'라 불리는 우아한 와인을 생산하는 샹볼 뮈지니가 있고 남쪽으로는 현재 부르고뉴의 슈퍼스타 포도밭들이 대거 포진한 본 로마네 마을이 인접해 있기 때문이다. 샌드위치처럼 끼어있는 부조 마을은 그 사이에서 부르고뉴 와인 역사의 심장과도 같은 유적 역할을 하고 있다.

샤토에 들어서면서부터 이본느는 설명을 시작했다.

"부조 마을에서 '클로 드 부조'는 아주 중요해요. 그랑 크뤼 포도밭이기도 하지만 와인 생산량도 부조 마을의 75퍼센트 이상을 차지해요. 부조 마을=클로 드 부조라고 인식되어 있죠. 그만큼 부르고뉴 와인 역사에서도 중요한 곳이고요. 부르고뉴의 시토회 수도사들은 이미 10세기 이전부터 부조 마을에서 포도밭 경작을 시작했다고 알려져 있고, 그게 클로 드 부조 포도밭의 첫 시작이기도 했어요. 수도사들은 부조 포도밭에 거대한 중세식 와인 프레스를 놓고 와인 양조를 시작했지요. 그 와인 프레스는 지금까지도 이곳 샤토에 전시되어 있답니다. 또 와인을 저장하는 와인 셀러를 만들었는데 그 건물들이 지금 샤토의 초석이 되었지요. 클로 드 부조 포도밭은 처음에 작은 포도밭을 기증받은 후, 12세기부터 14세기 초까지 계속적으로 수도회에서 구입하거나 기부받으면서 형성되었죠. 14세기에 이르러 지금의 직사각형의 클로 드 부조 포도밭과 돌담이 완성되었다고 해요. 당시 최고의 명성을 누리던 시토 수도회가 소유한 대표 포도밭이었으니 수 세기 동안 부르고뉴의 심장과 같은 역할을 해왔죠. 16세기에 재정적으로 아주 부유했던 시토회에서는 기존 포도밭에 있던 작은 건물들과 예배당을 증축해 이와 같은 르네상스식 샤토를 세웠고요."

우리는 샤토 안으로 들어가 거대한 중세식 와인 프레스를 보았다. 천 년이나 된 와인 프레스가 익숙하게 보일 만큼 부르고뉴 곳곳에 몇 개씩 보관되어 있다는 게 놀라울 따름이었다 심혈을 기울여 와인 프레스를 고안하고 사용했을 당시의 시토회 수도사들을 상상하니 더 특별하게 여겨졌다. 옆쪽으로는 포도를 담고 발효했을 엄청나게 큰 나무통들이 전시되어 있었다.

"18세기 프랑스 혁명 이후 시토회가 소유한 모든 포도밭은 국가의 소유가 되었고, 차츰차츰 개인 구매자들에게 대각되었답니다. 클로 드 부조 포도밭도 마찬가지였고요. 그나마 클로 드 부조는 쥘 우브라르Jules Ouvrard라는 은행가가 1889년까지 단일 소유자로 있었지만 그의 사후 토지 매각과 상속 등으로 현재는 소유주가 80명이 넘어요."

우리는 샤토 안의 건물과 건물을 잇는 작은 길목을 지났다. 담쟁이와 장미 넝쿨로 작지만 아름답게 꾸며진 곳에 조각상이 하나 있었다. 수확한 포도를 바구니에 넣어 머리에 이고 가는 농부의 조각상이었다.

"이 조각상은 수도사일까요?"

"아니에요. 19세기 와인 상인이었던 레옹스 보케Léonce Bocquet라는 인물이에요. 혁명 이후로 샤토가 안정된 주인을 찾지 못하고 버려질 위기, 심지어 없어질 위기에 처했을 때, 보케가 샤토를 구입하고 리노베이션을 했답니다. 이 샤토를 사비로 복원하느라 파산 직전까지 갔다고 해요. 그의 헌신을 기리기 위한 조각상이죠. 보케 덕분에 샤토는 안전하게 보존되고 이후 본 로마네의 시장이었던 에티엔 카뮈제Etienne Camuzet가 소유하고 있다가 사회 환원으로 소유권이 시민 단체인 '소시에테 시빌 데 자미 뒤 샤토Société civile des Amis du Château'로 넘어갔습니다."

"아, 그럼 이 샤토는 시민 단체 소속인가요?"

"그렇죠! 샤토는 더 이상 와이너리의 역할을 하지 않고 역사 유적으로 등록되어 있어요. 동시에 부르고뉴 와인과 미식 문화 '본부' 역할을 하지요. 부르고뉴에는 와인과 음식 문화를 지키고 부르고뉴의 전통 유지를 목표로 하는 "슈발리에 뒤 타스트뱅'이라는 조직이 있어요. 이 단체에는 전 세계에 1만 명이 넘는 일원이 있다고 해요. 부르고뉴 문화와 와인을 수호하기 위해 축제도 열고, 주요 유적 복원이나 행사 등을 주최하며 부르고뉴 역사와 문화, 유산을 지키는 데 핵심적인 역할을 하고 있지요."

벽의 한 면에는 타스트뱅 기사단의 축제와 연설, 모임 사진 들이 있었다. 그러고 보니 홍콩의 한 유명한 와인 평론가도 부르고뉴 타스트뱅 기사단의 일원으로 매년 모임에 참석하고 부르고뉴 발전을 위한 기금 조성에 참석한 것을 그녀의 SNS에서 본 기억이 났다. 전 세계 와인 애호가들이 부르고뉴 와인과 이 지역의 문화와 역사 보존에 그토록 애정과 관심을 가진다는 것은 참으로 의미 있고 멋진 일이다.

시토회 수도사들이 처음 기부 받은 작은 포도밭 한 뙈기를 농작할 때 천 년 후에 부르고뉴 와인이 전 세계적으로 명성을 얻고, 전 세계의 기사단이 와인 유산을 지키기 위해 결의할 것이라고 상상이나 했겠는가? 당장은 큰 이익이 없어도 그 '의미'를 알고 소중하게 여기는 마음은 참으로 중요하다. 부르고뉴 와인의 역사와 유산을 이어가는 것이 당장의 금전적 이익보다 더 중요하다고 판단하고 행동한 이들로 인해 지금까지 부르고뉴가 이렇게 보존되고 명성을 얻고 있는 것이니까. 그러므로 슈퍼스타 사이에 끼어 있는 부조 마을은 세상 부러울 게 없을 것이다. 이곳이야말로 부트고뉴 유산의 요람이며 심장이니까.

────── 샤토 드 라 투르 ^{Château de la Tour} ──────

샤토 뒤 클로 드 부조를 나와 이본느를 따라 간 곳은 놀랍게도 샤토 뒤 클로 드 부조처럼 '클로 드 부조' 포도밭 가운데 있는 '샤토 드 라 투르'라는 와이너리였다.

"지금까지 '클로 드 부조' 포도밭에 있는 건물은 '샤토 뒤 클로 드 부조' 하나뿐이라고 생각했어요! 이렇게 유서 깊고 상징성 강한 포도밭 안에 개인 소유의 건물과 와이너리가 있다고요?”

“그럼요! 샤토 드 라 투르는 클로 드 부조 포도밭 안에 있는 유일한 개인 소유 건물이자 실제 와인을 생산하고 있는 와이너리죠.”

그렇게 우리는 포도밭을 걸었고 5분 만에 건물에 도착하여 직원의 안내에 따라 위층으로 올라갔다. 창밖으로 클로 드 부조 포도밭의 전경이 펼쳐졌다. 한쪽 벽면에 코트 도르의 길고 긴 언덕의 커다란 포도밭 지도가 가로로 걸려 있었는데 매우 세련되고 멋있었다. 1878년이라는 연도가 찍힌 것으로 보아 19세기 지도인 듯했다. 직원은 우리를 보고 웃으면서 와인 테이스팅을 준비했다. 무엇보다 궁금한 건 이 와이너리는 어떻게 해서 클로 드 부조 포도밭에 유일하게 세워졌느냐이다.

“하하, 굉장한 행운이라고 할 수 있죠. 거의 유적지가 돼버린 지금으로선 상상할 수 없는 일이니까요. 저희 와이너리는 보데^{Beaudet} 가문에서 시작합니다. 프랑스 혁명 이후, 시토회 수도원이 운영하던 클로 드 부조 포도밭과 로마네 콩티 포도밭을 쥘 우브라르라는 개인이 소유하게 되었습니다. 그분의 사후, 여러 명의 와인 네고시앙이 포도밭을 나눠 구입했는데 그중 하나가 바로 보데 가문이었어요. 1890년에 포도밭의 일부를 구입하고, 1891년에 포도밭 안에 샤토 드 라 투르를 짓기 시작했지요. 아주 초창기였으니 가능했던 셈이죠.”

“와, 그렇군요! 정말 행운이었네요!”

“그렇죠. 그러다가 보데 가문의 상속자인 샤를 보데는 건강상의 이유로 1920년에 보유하고 있던 몇몇 포도밭과 와이너리 들을 매각했는데, 그때 모랭Morin 가문에서 이 샤토 드 라 투르를 구입하게 됩니다. 재미있는 것은 샤를 보데의 외동딸이 모랭 가문의 아들과 결혼을 한 거예요. 이후 두 사람의 딸인 재클린 라베가 와이너리를 물려받았고, 현재는 재클린의 아들 프랑수아 라베François Labet가 와이너리를 운영하고 있죠."

"부르고뉴 포도밭과 와이너리들에는 이렇게 인물과 역사 이야기가 얽혀 있어서 좋아요."

"저희는 두 개의 도멘을 운영합니다. 하나는 오직 '클로 드 부조' 포도밭 와인만 생산하는 '샤토 드 라 투르'입니다. 샤토 드 라 투르라는 이름으로는 두 종류의 와인만 생산해요. 클로 드 부조 그랑 크뤼 와인, 클로 드 부조 비에으 비뉴 그랑 크뤼 와인 두 종이죠. 비에으 비뉴는 오래된 포도나무라는 뜻이에요. 저희가 보유한 클로 드 부조 1헥타르의 작은 구역에 있는 1910년산 100년 넘은 포도나무의 포도로 해마다 2000병 내외로만 소량 생산하고 있습니다. 부르고뉴에서도 클로 드 부조 포도밭 와인만 단일로 생산하는 와이너리는 저희뿐이죠. 클로 드 부조 포도밭은 조각조각 나뉘어 총 80명이 넘는 소유주가 있는데 그중 저희 샤토 드 라 투르가 가장 넓은 토지를 보유하고 있어 가능한 일이랍니다."

"그럼 또 다른 도멘은요?"

"또 하나는 '도멘 피에르 라베Domaine Pierre Labet'인데 주로 본 지역 와인을 생산합니다."

테이블에는 네 병의 와인이 준비되어 있었다. 세 병의 '도멘 피에르 라베'의 와인과 한 병의 '클로 드 부조' 그랑 크뤼 와인이었다. 생산량이 많지 않아 마셔보지 못했던 와이너리였는데 행운이라고 느낄 만큼 아주 맛있게 마셨다. 도멘 피에르 라베가 주력하는 본 와인들은 비인기 마을과 포도밭인데 와인을 매력적으로 잘 뽑아냈다. 가격적으로 생각한다면 더없이 매력적인 부르고뉴 와인 선택이 될 것이다. 마지막 클로 드 부조는 아직 3년이 되지 않은 어린 와인이었는데 엄청난 잠재력이 뿜어져 나왔다.

"예쁘고 향기로운 장미 향과 사랑스러운 레드 베리와 함께 치고 나오는 블랙베리 계열의 단단하고 농축미 좋은 풍미와 상남자 같은 타닌, 거기에 꽤나 인상적인 스파이스 그리고 끝맛까지. 와, 정신을 못 차리겠는데요? 한 10년은 거뜬히 숙성할 수 있을 것 같은데 어떻게 변해 있을지 무척 궁금해요."

담당자는 감탄하는 나를 보고 웃더니 저쪽 구석에서 와인병 하나를 더 들고 왔다.

"정말 귀한 건데요. 비에으 비뉴 와인이에요."

1헥타르 포도밭에서만 생산한다는 클로 드 부조 비에으 비뉴 와인은 앞선 와인보다 한층 더 깊은 농축미가 있으면서 우아함이 눈에 띄게 첨가된 느낌이었다. 사랑스러운 체리와 레드 베리의 풍미가 농축미 있게 받쳐주며 짱짱한 타닌의 텍스처와 신선한 젖은 흙 향, 미네랄리티와 스파이스 등이 잘 어우러진 밸런스 좋은 와인이었다.

아름다운 5월에 창밖의 클로 드 부조 포도밭 풍경을 바라보며 이처럼 훌륭한 클로 드 부조 와인을 마시고 있다니! 아직 준비가 덜 된 나에게 선물처럼 꿈결처럼 다가온 순간이었다.

시음 와인 리스트

화이트

1 Pierre Labet, Savigny Vergelesses Premier Cru, 2011

(피에르 라베, 사비니 베르줄레스 프르미에 크뤼)

산뜻한 산도, 상큼한 시트러스와 더불어 잘 익은 사과, 배, 아까시 꽃. 오크 풍미가 느껴지는 부르고뉴 화이트라기보다 미네랄리티가 느껴지며 고소한 넛츠 풍미가 은은하게 깔리는 산뜻한 화이트 와인.

레드

2 Pierre Labet, Bourgogne Vieilles Vignes, 2012

(피에르 라베, 부르고뉴 비에으 비뉴)

체리, 라스베리, 딸기, 약간의 스파이스와 페퍼. 귀엽고 수줍은 시골 소녀를 보는 듯한 느낌. 완벽해서 좋은 게 아니라 매력이 있다. 풍 으기보단 새콤달콤한 베리 종류의 과실 풍미, 어쩐지 서툰 듯한 타닌과 스파이스의 조화.

3 Pierre Labet, Beaune Premier Cru, Aux Coucherias, 2012

(피에르 라베, 본 프르미에 크뤼, 오 쿠세리아)

예쁘고 영롱한 루비 색깔. 향에서 피어오르는 완전 달콤한 잘 익은 라스베리, 딸기, 장미꽃, 달콤한 계열의 감초, 민트, 바닐라 등의 스파이스가 좋다. 팰릿에서는 달콤할 것 같던 과실 풍미보다는 한층 더 맑고 깨끗하고 우아한 풍미가 느껴진다.

4 Château de La Tour, Clos de Vougeot Grand Cru, 2012
   (샤토 드 라 투르, 클로 드 부조 그랑 크뤼)
   잘 익은 레드커런트, 붉은 체리, 동시에 느껴지는 검은 체리, 블랙베리의 농축미 좋은 풍미. 장미꽃 향과 바이올렛 향. 매력적인 타닌의 좋은 의미의 거친 듯한 텍스처grippy, 신선한 숲속 흙과 산과일, 허브, 신선한 버섯 등의 풍미, 치고 나오는 개성있는 스파이스.

5 Château de la Tour, Vieilles Vignes, Clos de Vougeot Grand Cru, 2009(샤토 드 라 투르, 비에으 비뉴, 클로 드 부조 크랑 크뤼)
   체리, 레드 계열 베리의 아주 정제되면서도 농축되어 겹겹이 쌓인 깊은 풍미. 구조감 있게 받쳐주지만 텍스처는 부드럽고 매끄러운 타닌, 우아하게 사용된 오크 풍미와 신선한 젖은 흙향. 밸런스 좋게 느껴지는 약간의 미네랄리티와 스파이스. 밸런스, 복합미, 농축미, 구조감, 긴 피니시까지 아주 좋은 와인.

———— **본 로마네의 슈퍼스타 포도밭들** ————

"자, 이제부터는 전 세계에서 제일 비싼 포도밭들로 갑니다. 슈퍼스타 포도밭들이죠."

부르고뉴와 보르도의 '최고'라고 알려진 와이너리들의 와인은 한 병에 수십만 원에서 수백만 원까지 호가하지만, 와인 한 병이 수억 원에 팔리는 건 의아하기도 하다. 그림이나 시계, 주얼리, 자동차와 비교하면 와인은 '식품'이라 상할 위험이 높아 보관도 까다롭고 되팔기도 쉽지 않다. 그렇다고 마시자니 수억 원짜리가 잠깐 사이에 사라지는 것도 아깝고 안 마시자니 그러려면 식품을 왜 샀는가 하는 근본적인 의문도 든다.

"그 정도면 돈 그 자체지. 와인이라는 정체성보다는 자산이지. 수억 원짜리 와인을 그저 마시려고 사겠어? 금을 사듯 자산으로 사는 거겠지."

남편의 말대로라면 그 수억 원짜리 와인은 불행하겠다는 생각이 들었다.

"'가격' 그 자체를 위한 존재라니! 와인의 자아정체성 따위는 안중에도 없는 일이로군!"

"쉽게 말할 수 없긴 해. 그럼 당신은 얼마 정도부터 자산 그 자체가 아닌 '먹을 수도 있는' 최대치의 가격일 것 같아? 물론 이 질문에 대한 답은 100명이 있다면 100명 모두 다를 테지만."

정말 어려운 질문이었다.

“큰 맘 먹고 100만 원 이하.”

“한 병에 100만 원 이하면 마신다? 그럼 여러 명이 엄청 비싸고 희귀한 와인을 한 잔씩 마시는 데 90만 원을 낸다면?”

“으음.”

“아니면, 정말 전설적인 와인 생산자가 죽기 전에 마지막으로 만든 딱 한 병의 와인이야. 심지어 모노폴 포도밭이라 아주 희귀하지. 그런 와인을 만약 150만 원에 살 수 있는 파격적인 기회를 당신에게만 준다. 그럼 100만 원 이하가 아니라 안 살거야?”

“…”

우리는 답을 내릴 수 없는 이야기를 나누며 본 로마네 마을에 도착했다. 한 가지는 분명했는데 그 정도의 가격을 매기려면 되도록 ‘희귀해야 한다’는 사실이다. 물론 희귀한 것만으로도 안 되겠지만.

“자, 이제 내려서 사진 찍을 준비를 하세요, ‘로마네 콩티’ 포도밭입니다!”

우리는 경매에서 한 병에 몇 억씩 하는 가격에도 팔리는 로마네 콩티 포도밭에 서 있었다. 사진으로만 보던 돌담과 포도밭 앞의 십자가가 하늘 높이 뜬 햇빛과 겹쳐 눈이 부셨다. 투박한 돌 십자가는 누구의 작품인지 확실하지 않지만 이 포도밭을 처음 소유했던 생 비방 수도원Abbaye de St-Vivant의 수도사들이 세우지 않았을까? 아이러니하게도 이 십자가는 와인 애호가들의 순례지가 되었다. 세계에서 가장 비싼 와인을 생산하는 명품 포도밭이 된 로마네 콩티를 보기 위해 방문한 사람들은 이 십자가 옆에서 사진을 찍는다.

로마네 콩티 포도밭은 같은 이름의 와이너리 '도멘 드 라 로마네 콩티(약자로DRC라고도 표기한다)'의 모노폴 포도밭이다. 도노폴은 독점 포도밭이다. 슈퍼스타 와이너리의 슈퍼스타 모노폴 포도밭은 넘어설 수 없는 조합이다.

"모노폴이 그렇게 의미가 있나?"

"그렇지. 이렇게 포도밭이 조각조각 나뉜 부르고뉴에서 포도밭 이름 하나를 통째로 소유하고 있는 거니까. 만약 '클로 드 부조' 포도밭이 사이즈가 좀 더 작고, 한 와이너리의 모노폴이었으면 이야기가 달라졌을 거야. 하지만 리우디 16개로 구성될 정도로 면적이 크고 80명이 넘는 생산자가 나눠 생산하고 있으니 아무래도 희소성이 떨어지지. 로마네 콩티 포도밭 역시 역사적으로 클로 드 부조와 거의 비슷한 수준의 중요성을 가지고 있고, 중세 초기부터 클뤼니 수도사들이 개간했던 아주 유명한 포도밭이었어. 그런 포도밭이 리우디 하나로만 되어있고 면적이 크지 않은데다 같은 이름의 와이너리 하나가 독점하고 있으니 희소성이 커질 수밖에 없지."

"그럼 DRC의 로마네 콩티 와인은 무조건 몇 억이야?"

"그건 아니지만 기본이 몇 백만 원에서 천만 원 이상이지. 빈티지에 따라 몇 억까지도 하고. 로마네 콩티 부근에 DRC가 소유한 '라 타슈La Tâche'라는 포도밭이 또 있는데 이 둘도 슈퍼스타 와이너리의 모노폴 슈퍼스타 포도밭이기 때문에 가격이 떨어지기가 어렵지. 한 해에 생산되는 와인이 6천 병 남짓이야. 또 다른 슈퍼스타 포도밭 리쉬부르Richebourg는 그나마 면적이 넓고 11개의 와이너리가 나눠 가지고 있어. 이런 경우 DRC, 앙리 자이에^{Henri Jayer}, 도멘 르루아^{Domaine Leroy} 같은 전설적인 와이너리의 리쉬부르 와인은 어마어마한 몸값을 자랑하지만, 그 외는 와이너리에 따라 와인 가격에 약간의 차등이 있지. 내가 사랑하는 에셰조 포도밭은 더 극명해. 클로 드 부조 포도밭과 여러 모로 비슷해. 위치도 그렇고 소유주가 80명 정도 되는 것도 그렇고. 그래서 에셰조나 클로 드 부조 와인의 경우는 와이너리의 명성에 따라 와인의 가격도 달라져. 같은 에셰조, 같은 클로 드 부조라고 해도 생산자에 따라 품질의 차이가 크다고들 해. 하지만 개인적으로는 그 덕분에 접근 가능한 그랑 크뤼 포도밭들이고, 생산자마다 와인의 맛을 비교하는 재미도 있지. 그게 또 부르고뉴 와인의 철학이 아니겠어?"

"맞아요, 동의해요. 그렇기 때문에 나는 프르미에 크뤼 포도밭이 매력적이라고 생각해요."

이본느가 이어서 말했다.

"한 병에 몇 백, 몇 천만 원씩 하는 와인은 상징성은 있지만 마시기엔 너무 동떨어져 있죠. 부르고뉴 와인의 매력은 테루아르, 즉 수천 개의 리우디에 있으니 많은 생산자가 애정을 가지고 만드는 다양한 와인을 마셔보는 것이 진정한 부르고뉴 와인의 영혼이지요."

시토회 수도원의 근거지가 옆 마을 부조라면 후에 클뤼니 수도원 소속이 된 본 로마네 마을의 생 비방 수도원도 빼놓을 수 없다. 12~13세기에 본 로마네 마을 일대와 포도밭들을 기증받은 이후로 생 비방 수도원은 거의 650년간 로마네 콩티와 라 타슈 등 본 로마네 일대 유명 포도밭들을 경작했던 곳으로 알려져 있다.

수도원 소속일 때의 로마네 콩티 포도밭은 '크뤼 드 클로Cru de Clos'라고 불렸으나 17세기에 본 마을의 유지였던 크루넹부르Croonembourg 가문으로 넘어가면서 포도밭 이름이 '로마네Romanée'로 변경되었다고 한다. 사실 '로마네'가 무엇을 뜻하는지는 여전히 알 수 없단다. 당시에도 크루넹부르 가문의 로마네 포도밭 와인은 굉장히 유명했다고 기록되어 있는데, 양대산맥으로 유명하던 옆 동네 시토 수도회 '클로 드 부조' 포도밭 와인보다도 6~7배 비쌌고, 옆옆 동네 베네딕토회의 '샹베르탱 클로 드 베즈Chambertin-Clos de Bèze' 포도밭 와인보다도 비쌌다고 한다.

이후 1760년경, 크루넹부르 가문은 로마네 포도밭을 매각하기로 결정하는데 여기에 경합이 붙은 것은 루이 15세의 가장 사랑받던 정부 마담 퐁파두르Madame de Pompadour와 그녀의 숙적인 콩티 공작Louis François I, Prince de Conti이었다고 한다. 마담 퐁파두르는 어린 나이에 왕위에 올라 정사에 관심이 없던 루이 15서를 좌지우지하던 한국으로 치면 후궁이었고, 콩티 공작은 루이 15세의 유년기에 섭정했던 삼촌 오를레앙의 사위였다. 마담 퐁파두르는 루이 15세의 신임을 받던 콩티 공작을 무섭게 경계하여 음모를 꾸몄는데, 결국 궁중에서 콩티 공작의 영향력을 무너뜨리고 루이 15세와의 사이를 이간질하는 데 성공했다. 아무튼 콩티 공작은 세련된 문학적, 예술적인 취향으로 훌륭한 미술품 콜렉션도 보유한 인둘이었으니 로마네 포도밭이 탐날 수밖에 없었을 것이다. 사실 이 경합에 관해서는 실제 역사다, 로마네 콩티의 위상을 드높이기 위해 만들어진 이야기다 등 이견이 분분하다. 아무튼 중요한 것은 콩티 공작이 로마네 포도밭을 차지한 승자가 되었는데 포도밭 구입에 엄청난 돈을 쏟아부었다고 한다. 이 포도밭은 콩티 공작의 이름을 따 '로마네 콩티'가 되었다. 한편 마담 퐁파두르가 준비한 궁전 연회에서는 '콩티 와인'은 찾아볼 수 없었다는 후문이 있다.

로마네 콩티 포도밭은 콩티 공작 사후에 프랑스 혁명이 일어나면서 경매에 부쳐졌고 클로 드 부조도 함께 매입했던 쥘 우브라르를 거쳐, 1869년 자크-마리 뒤보 블로셰Jacques-Marie Duvault-Blochet가 평생의 소원으로 75세에 매입했다. 그후 그의 가문을 포함한 소유자들의 지분과 20세기 중반 몇 차례 지분 구조의 변화를 거친 끝에 현재는 빌랭Villaine 가문과 르루아 가문Leroy이 공동으로 도멘을 운영하고 있다. 1945년산 DRC의 로마네 콩티 와인은 매우 비싸게 거래되고 있는데(2018년에는 1945년산 로마네 콩티가 한화 약 6억 원에 낙찰되었다) 그 이유는 19세기 말 처음 유럽에 유입되어 유럽 전체 포도밭의 3/4 이상을 망가뜨렸던 포도나무 진딧물 필록세라의 영향으로 로마네 콩티는 1945년산 와인 600병을 마지막으로 1952년까지 생산되지 않았기 때문이다. 또한 이 1945년산은 콩티 공작 때 심었던 포도나무에서 생산된 마지막 와인이라는 의미도 있다.

──── 도멘 미셸 그로 ^{Domaine Michel Gros} ────

본 로마네의 슈퍼스타 포도밭들을 눈과 마음에 꼭꼭 눌러 담고 다음으로 향한 곳은 '그로 가문Gros Family'의 와이너리 중 하나인 '도멘 미셸 그로Domaine Michel Gros'였다. 부르고뉴에는 이름의 '성'만으로도 본인들의 유구한 역사와 정통성을 나타내는 경우가 많다. 대표적으로 와인 명가라 불리는 가문들이다.

그로 가문의 시작은 1804년 알퐁스 그로Alphonse Gros가 본 로마네에 정착하며 시작되었다. 프랑스 혁명 직후로 당시 수도원 소속이던 포도밭과 와이너리 들이 한창 경매에 부쳐졌을 때였다. 그렇게 시작된 그로 가문은 200년 이상 6대를 이어가며 본 토마네를 본거지로 와인을 생산하고 있다. 현재 그로 가문의 와이너리는 대를 이어 후손들이 상속받으며 총 4개의 도멘으로 나뉘어져 있다. 그중 하나가 도멘 미셸 그로다.

도멘 미셸 그로는 조용했다. 일손이 부족해 바쁘기 때문에 조용할 것이라 예상했다. 부르고뉴에 와서 방문한 와이너리 중 가장 현실적인 모습의 도멘이었다. 말하자면 관광객이나 방문자를 위한 건물이 아니라 와인 생산 자체를 위한 실용적인 건물로 보였다. 수확한 포도를 운반할 것으로 추정되는 큰 트럭과 장비 들이 마당에 있었다. 돌벽과 커다란 나무문으로 이루어진 건물은 소박하고 깔끔했다. 커다란 목조 문을 열고 들어간 곳에는 한 직원이 와인 테이스팅을 준비하고 있었다.

“우선 우리 도멘 와인들의 ‘과실 농축미’를 한번 느껴보셨으면 좋겠어요.”

그는 와인을 따르며 말했다.

“저희는 50명이 넘는 인원을 동원해 일일이 손으로만 포도를 수확합니다. 그만큼 수확은 우리 도멘에서 아주 중요한 부분이죠. 포도를 수확한 즉시 포도밭에서 선별하고, 포도송이가 밟히지 않도록 플라스틱 포도통에 선별하여 담아 조심스럽게 운반하여 과실 농축미는 물론 미묘한 향들이 그대로 보존되도록 해요. 저희는 비교적 오크를 강하게 쓰는 편입니다. 물론 와인에 맞게 사용하지만요. 과일의 농축미가 좋기 때문에 새 오크 비율을 높여 쓰더라도 결코 와인의 밸런스를 무너뜨리지 않고 그 개성을 드러낼 수 있죠.”

처음 두 와인은 ‘오트 코트 드 뉘’ 레지오날급 화이트와 레드 와인이었다. 엔트리급 와인으로는 굉장히 매력적이었다. 특히 레드 와인은 새콤달콤한 야생 베리들의 향연이 사랑스러웠고 팰릿에서 느껴지는 탄탄한 산도와 타닌, 스파이스가 만족스러웠다.

“그로 가문은 본 로마네 마을 와인들로 유명하죠. 그로 가문의 본거지니까요. 하지만 미셸 그로의 아버지이자 전설적인 와인 메이커였던 장 그로의 ‘오트 코트 드 뉘’ 포도밭들에 대한 애정을 아는 이는 드물어요. 그 포도밭들에 대한 애정은 장남인 미셸이 물려받았죠. 비록 레지오날급으로 분류되지만 저희 도멘이 보유한 오트 코트 드 뉘의 포도밭들은 테루아르의 개성을 분명히 드러낸다고 생각합니다. 특히 모노폴 포도밭인 퐁텐 생 마르탱Fontaine Saint Martin

은 장 그로를 이어 미셸이 애정하는 밭으로, 작년부터는 레지오날 와인으로는 특별하게 단일 포도밭 와인을 생산하기 시작했지요. 이 클리마는 독특하게도 주변 포도밭과는 다른 테루아르인 쥐라기 시대의 석회암과 마사토입니다. 이런 지질학적 구조는 남쪽으로 5킬로미터나 떨어진 코르통 언덕에서 발견할 수 있어요. 장 그로와 미셸 그로는 이 독특한 테루아르의 포도밭에 큰 애정을 가져왔죠. 이곳의 절반은 피노 누아, 절반은 샤르도네를 경작하고 있습니다. 오늘 테이스팅에는 준비하지 못했지만, 앞으로 저희 와이너리에서는 오트 코트 드 뉘 포도밭들의 테루아르에 집중한 와인들에 관해 더 연구할 예정입니다.”

세 번째와 네 번째 와인은 마을급 와인들로 본 로마네와 뉘 생 조르주 마을의 와인이었다. 마을급 와인이지만 직원은 포도밭 리우디 이름들이 표기된 지도를 펼쳐 각각 어떤 땅에서 나온 와인인지 설명했는데 참으로 인상적이었다. 본 로마네 와인은 세 개의 포도밭에서, 뉘 생 조르주 와인은 네 개의 포도밭에서 재배된 포도들로 양조되었다. 본 로마네와 뉘 생 조르주가 인접한 마을이라는 게 믿기지 않을 정도로 완전히 다른 스타일이었다. 본 르마네는 우아한 향에 비해 입안에서는 볼륨감 있고 마냥 부드럽지만은 않은 견고한 타닌과 오크 풍미가 제법 강하게 느껴졌다. 반면 뉘 생 조르주는 매력적인 산속 베리와 자두와 함께 부르고뉴 특유의 흙과 젖은 낙엽 등의 풍미가 다소 순박하고 수줍게 어우러졌다.

다섯 번째와 여섯 번째 와인은 단일 포도밭 와인들이었고, 그중

하나는 도멘 미셸 그로의 시그니처인 '클로 데 레아Clos des Réas' 포
도밭 와인이었다.

"'클로 데 레아' 포도밭은 그랑 크뤼 포도밭은 아니지만, 이를 포
기하면서까지 지켜낸 유서 깊은 프르미에 크뤼 포도밭입니다. 우리
도멘의 모노폴이기도 하고요. 그로 가문의 시작인 알퐁스 그로가
직접 구입한 포도밭으로 6대째 내려오고 있습니다. 때문에 그로 가
문의 시그니처 포도밭이라고 할 수 있죠. 본 로마네의 작은 레아 계
곡 돌출된 언덕에 위치한 이 포도밭은 우선 배수가 굉장히 우수하
며 부드럽고 매끄러운 타닌과 향수처럼 우아한 향을 내게 하는 석
회암과 마사토가 번갈아 가며 지층을 쌓은 토양입니다."

그로 가문의 삼남매가 포도밭을 상속받을 때, 장남 미셸이 리쉬
부르 그랑 크뤼 포도밭을 포기하고 프르미에 크뤼 포도밭인 클로
데 레아 포도밭을 가져왔다는 얘기는 나도 들은 적이 있다. 미셸에
게는 그 무엇보다도 이 포도밭이 상징하는 역사성이 더 중요했으리
라. 누군가는 그의 선택에 의문을 품을지도 모르지만 그의 와인 앞
에 서니 결연한 마음마저 들었다. 자신이 매기는 가치 앞에서 옳고
그른 선택이란 없지 않을까?

시음 와인 리스트

화이트

1 Michel Gros, Hautes Côtes de Nuits, 2012

  (미셸 그로, 오트 코트 드 뉘 블랑)

시트러스와 사과, 페어의 청량하고 잔잔한 오크 풍미와 어 우러진 우아한 향. 팔 릿에서 느껴지는 미네랄리티.

레드

2 Michel Gros, Hautes Côtes de Nuits, 2012

(미셸 그로, 오트 코트 드 뉘 루즈)

새콤달콤하고 선명한 라스베리, 레드커런트, 야생화 풍미가 사랑스럽다. 청량한 산도, 스파이스가 밸런스 좋게 어울림. 잠재력이 좋아 몇 년 더 숙성이 가능할 것 같은 매력 있는 와인.

3 Michel Gros, Vosn-Romanée, 2012(미셸 그로, 본 로마네)

붉은 베리와 검은 베리 풍미가 어우러져 있다. 농축된 아토마. 입안에서 상당히 볼륨감 있고, 농축미 있게 팰릿이 느껴지는데 오크 풍미가 다소 강하게 치고 올라오는 느낌이다. 토스팅을 강하게 한 새 오크의 뉘앙스가 있다. 타닌의 텍스처도 조금 거친 듯 씁쓸하다. 몇 년 더 숙성이 되면 좋겠다.

4 Michel Gros, Nuits-Saint-Georges, 2012(미셸 그로, 뉘 생 조르주)

라스베리, 딸기, 검은 체리 등의 과실 풍미와 함께 흙냄새, 젖은 낙엽 등의 부르고뉴 특유의 풍미를 잘 살린 와인. 조용히 새벽 산책을 하는 듯한 맑으면서도 기분 좋은 습도가 떠오른다. 여성스럽고 수줍다. 뉘 생 조르주 마을 와인을 생각할 때 떠올리면 좋을 것 같은!

5 Michel Gros, Vosn-Romanée Premier Cru, Clos des Réas, 2012

(미셸 그로, 본 로마네 프르미에 크뤼, 클로 데 레아)

짓이긴 체리와 라스베리의 사랑스러운 풍미와 우아한 장미꽃, 탄탄한 산도가

풍부하고 질감 있는 풍미 가운데 산뜻하게 받쳐준다. 오크 풍미의 밀도가 높다.

모카, 약간의 토바코 풍미. 잘 어우러진 복합미가 좋다.

6 Michel Gros, Nuits-Saint-Georges Premier Cru, 2008

(미셸 그로, 뉘 생 조르주 프르미에 크뤼)

앞선 와인들에 비해 병 숙성이 좀 된 와인. 레드커런트, 어두운 계열 베리의 농

축미, 장미꽃 향이 좋으면서 동시에 잘 숙성된 젖은 흙, 숲속 버섯, 젖은 낙엽, 토

바코와 신선한 담뱃잎 등이 잘 숙성된 부르고뉴 와인 정석의 예시를 보여준다.

전반적으로 부드러운 질감으로 세련되지는 않지만 클래식한 느낌이다. 개인적

으로 선호하는 내향적인 스타일의 부르고뉴 레드, 한적한 둑방길을 차분히 걷

는 듯한 분위기가 느껴져 좋다. 하지만 여전히 힘있고 철학적인.

———— 태양왕 루이 14세와 뉘 생 조르주 ————

루이 14세Louis XIV (1643~1715 재위) 치세에 부르고뉴 와인은 왕실과

귀족 들의 삶에 깊이 자리 잡은 중요한 문화적 상징이 되었다. 루이

14세가 특별히 부르고뉴 와인을 사랑했기 때문에 이전에는 주로

수도사들에 의해 생산되고 소비되던 부르고뉴 와인이 프랑스 왕실

과 귀족 들의 사랑을 받으며 명성을 다질 수 있었다.

태양왕이라 불리며 프랑스 절대왕정을 상징하던 루이 14세는 젊은 시절부터 고급 와인에 대한 남다른 애정을 가지고 있었으며, 그의 주치의였던 기 크레상 파공Guy-Crescent Fagon이 건강을 위해 보르도보다는 부드럽고 소화에 부담이 적은 부르고뉴 와인을 처방한 이후 루이 14세는 이 와인을 더욱 생활화하게 되었다. 파공은 루이 14세에게 '숙성된 부르고뉴 와인'을 권하면서 위에 부담을 주는 보르도의 강한 타닌보다 건강에 이로울 뿐 아니라 우아하고 부드러운 풍미를 지닌 와인이라고 강조했다. 이는 루이 14세가 자연스레 부르고뉴 와인을 선호하게 된 중요한 계기가 되었다.

그리하여 왕의 식탁에는 부르고뉴 와인이 오르기 시작했고, 그중에서도 특히 뉘 생 조르주 마을에서 생산된 와인이 그의 사랑을 독차지하게 되었다. 마실 때마다 입안 가득 퍼지는 섬세한 풍미와 깊고도 풍부한 향은 루이 14세의 마음을 사로잡았고, 왕은 저녁 연회에서 이 와인을 즐겨 따르며 귀족들에게 "이만큼 품격 있는 와인은 그 어디에서도 찾을 수 없을 것이다"라고 말하곤 했다는 일화가 전해진다.

특히 루이 14세는 뉘 생 조르주 와인의 부드러운 벨벳 같은 질감과 길게 이어지는 우아한 여운을 높이 평가했다. 이렇게 왕의 사랑을 받으면서 부르고뉴 와인은 프랑스 왕실과 귀족 들에게 없어서는 안 될 고급 와인으로 자리매김하게 되었다.

당시 기준으로 부르고뉴는 파리에서 상당히 먼 거리에 있는 지방이었기 때문에 지리적으로 이로운 샹파뉴나 항로가 발달한 보르도에 비해 와인 운반에 어려움이 있었다. 이런 이유로 부르고뉴 와인은 상대적으로 명성이 덜할 수밖에 없었다. 그러나 루이 14세와 왕실과 귀족들 사이에서 부르고뉴 와인의 뛰어난 품질에 대한 소문이 퍼지면서 부르고뉴와 파리를 잇는 주요 무역로가 개척되기 시작했다.

부르고뉴 와인에 대한 수요가 급증함에 따라 와인 생산과 유통을 전문으로 하는 네고시앙 하우스가 성장하게 되었다. 네고시앙은 소규모로 포도를 재배하는 농가로부터 와인을 사들여 이를 숙성 및 유통하는 역할을 맡았으며, 이러한 체계는 부르고뉴 와인의 품질을 체계적으로 관리하고 유럽 전역으로 공급할 수 있는 기반을 마련했다. 덕분에 부르고뉴 와인은 프랑스를 넘어 유럽 전역에서 명성을 얻게 되었고 네고시앙 하우스의 성장은 부르고뉴 와인의 국제적 위상을 높이는 데 중요한 역할을 했다. 이처럼 루이 14세의 애정에서 시작된 부르고뉴 와인은 단순한 유행이 아니라 와인 산업 전반에 걸친 구조적 변화를 이끌었으며 현재까지도 네고시앙 체계는 부르고뉴 와인 산업의 독특한 시스템으로 자리 잡고 있다.

궁정 연회가 열리면 왕의 곁에는 늘 부르고뉴 와인이 있었고 덕분에 부르고뉴 와인은 유럽 귀족 사회에서도 가장 사랑받는 와인이 되었다. 특별히 뉘 생 조르주가 위치한 코트 드 뉘는 와인 생산의 심장부로 자리 잡으며, 시간이 지나면서 '세계 최고의 피노 누아 와인 생산지'라는 명예를 얻게 된다. 만약 루이 14세가 부르고뉴 와인에 특별한 애정을 보이지 않았다면 오늘날 우리가 알고 있는 부르고뉴 와인의 명성은 다소 달라졌을지도 모른다.

아이러니하게도 태양왕이 가장 사랑했던 뉘 생 조르주 마을은 오늘날 과거의 명성을 완벽히 유지하지는 못하고 있다. 역사적 중요성에도 불구하고 뉘 생 조르주에는 그랑 크뤼 등급 포도밭이 없을 뿐만 아니라 부르고뉴 내에서도 상대적으로 덜 주목받는 와인 생산지로 남아 있다. 그러나 루이 14세가 남긴 왕실의 유산과 당시 부르고뉴 와인이 얻었던 명성은 여전히 부르고뉴 와인 역사에 깊은 흔적을 남기고 있으며 그 상징성을 지닌 특별한 와인 산지로 인정받고 있다.

여섯째 날
위대한 와인 생산자들을 만나다

— 샹볼 뮈지니: 도멘 기슬레인 바르도 Domaine Ghislaine Barthod —

부르고뉴에 머문 지 6일째다. 떠날 날도 코앞으로 다가왔다. 언제 또 오고 언제 다시 만날지 모를 사람들.

드디어 이 순간을 위해 부르고뉴에 왔다고 해도 과언이 아닌 바로 그날이 왔다. 단 하루지만 모든 걸 온전히 흡수하고 눈과 코와 입과 마음에 단단히 기억하고 저장하겠다고 다짐했다.

"오늘은 드디어! 부르고뉴 와이너리 투어 일정의 클라이맥스라고 할 수 있겠네요. 준비 되었나요?"

부르고뉴에서 가장 유명한 마을인 샹볼 뮈지니, 모레 생 드니 그리고 주브리 샹베르탱으로 떠나는 일정이었다. 이본느는 세 마을을 대표하는 와이너리를 방문하고 와인 메이커들과 직접 만날 수 있도록 약속을 잡아두었다고 했다.

"와인 메이커라고요? 직접 저를 만나주신다고요?"

"그럼요! 모두 내 친구들이라니까요?"

이본느는 크게 웃으며 말했다.

"사람은 성공할수록 성품이 드러나는 법이지요. 부르고뉴에서는 확연해요. 먼저 샹볼 뮈지니로 가서 사랑스러운 기슬레인을 만날 거예요. 기슬레인 바르도는 참 좋은 사람이에요. 세계적인 슈퍼스타인데도 거만함이라곤 전혀 찾아볼 수 없죠. 따뜻하고 친절해요. 그녀의 와인처럼 말이죠. 클로드 뒤가도 마찬가지고요. 난 클로드처럼 인자하고 겸손한 사람을 본 적이 없어요. 아주 어렸을 때부터 친구인데 그는 언제나 좋은 사람이었죠."

상볼 뮈지니 마을의 유명한 와인 메이커 기슬레인 바르도라니, 내가 부르고뉴에 온 이유인 주브리 샹베르탱의 클로드 뒤가라니.

"또 한 분은 누구죠?"

"클로 데 랑브레의 티에리 브루앵이에요. 하하, 정말 유머러스하고 재미있는 사람이에요. 나중에 이야기 나눠보면 금방 유머 감각을 드러낼 거예요."

이런 행운이 오다니 참으로 감사했다. 인생은 참 알 수 없다. 아무리 철저히 계획하고 죽어라 노력해도 안 되는 것이 있고, 뜻밖의 일이 선물처럼 눈앞에 뚝 떨어지기도 한다. 때로는 그런 선물 같은 하루가 삶의 방향성을 완전히 바꿔놓기도 한다.

상볼 뮈지니는 코트 도르에서 가장 우아하고 기품있는 레드 와인을 만드는 유명한 마을이다. 그 이름만으로 가지는 프리미엄이 있다. 상볼 뮈지니에는 두 개의 그랑 크뤼 포도밭이 있는데 뮈지니 Musigny와 본 마르Bonnes Mares다. 두 그랑 크뤼는 상볼 뮈지니 마을의 남쪽과 북쪽 양 끝에 위치해 있어 같은 마을로 묶기에는 테루아르의 개성이 너무 다르다. 뮈지니는 남쪽의 부조 마을과 인접해 있고, 본 마르는 북쪽의 모레 생 드니 마을과 인접해 있다. 샹볼 뮈지니의 그랑 크뤼 와인들은 시중에서 구하기도 어려울 뿐만 아니라 가격도 매우 고가다. 때문에 샹볼 뮈지니는 마을급 와인도 인기가 많고 보물처럼 포진해 있는 프르미에 크뤼 포도밭들 역시 큰 사랑을 받고 있다.

부르고뉴의 봄날, 하늘은 말 그대로 하늘빛으로 맑았다. 한적한 포도밭 한편에 있는 소담한 와이너리에 도착했다. 이본느가 대문의 초인종을 눌렀으나 아무 대답이 없었다. 이본느는 어디론가 전화를 했고 보기만 해도 기분 좋아지는 밝은 표정으로 기슬레인 선생님이 나왔다.

"미안해요! 일이 좀 생겨서 잠깐 포도밭에 나가 있었어요."

"아니에요. 한창 바쁠 텐데 제가 더 죄송하죠. 초대해 주셔서 정말 감사합니다."

진심이었다. 누가 봐도 분주한 상황인데 밝은 표정으로 친절하게 두 팔 벌려 환대해 주는 그녀의 모습에 감동을 받았다. 마치 오랜 친구를 만난 듯이 반겨 주었다.

"바로 셀러로 가죠."

기슬레인 선생님이 앞서 갔다. 도멘의 와인 퀴베들을 저장해 놓는 저온 저장고였다. 크기가 크지 않았는데 도멘의 와인 생산량이 그리 많지 않기 때문에 가능한 일이었다. 오크통들은 두 겹, 세 겹씩 가지런히 쌓여 있었다.

“음.”

안경을 쓰고 기슬레인 선생님이 오크통 앞에서 잠시 생각에 잠긴 듯하더니, ‘아 그래!’ 우리에게 오라고 손짓하면서 와인 잔을 들고 나왔다.

“2014년산 와인이에요. MLF가 막 끝난 햇 와인들이죠.”

오크통에서 직접 와인을 따라 주었다. 그녀는 2014년 빈티지에 대해 설명해 주었다. 무난하다면 무난한 해였지만, 정말 잘된 농사는 포도밭의 75퍼센트밖에 안 되었다며 조금은 아쉬움이 있었다고 했다. 첫 번째 와인은 샹볼 뮈지니 마을급 와인이었다. 13개의 포도밭의 수령이 50년 정도 된 포도나무 포도로 빚어졌다고 했다.

“모두 다른 테루아르의 포도밭들이죠. 얕은 토양, 깊은 토양, 돌이 많은 토양 등 수확한 포도들을 모아 다함께 양조를 합니다. 오크는 새 오크통도 쓰지만 25퍼센트 이상은 넘지 않아 전반적으로 오크의 뉘앙스만 주려고 하는 편이죠.”

그렇게 마신 샹볼 뮈지니 2014년산 와인은 정말 싱그럽고 달콤했다. 어떤 느낌이냐면, 숲속의 과수에서 잘 익은 과실을 따자마자 크게 한입 베어 문 것 같았다. 그만큼 향긋하고 싱그러웠다. 어딘가에서 풍기는 꽃향기가 더해진 숲속의 생그러운 맛, 나무의 이끼가 연상되는 아주 사랑스러운 와인이었다. 거기에 고소한 넛츠와 신선한 삼나무 풍미까지 향긋하게 어울렸고 입안의 질감이나 깊이 또한 풍부했다. 세상에, 이게 마을급 와인이라니!

기슬레인 선생님은 옆에 있는 오크통에서 다른 와인을 빼내어

주었다.

"프르미에 크뤼 포도밭이에요. 포도밭 이름이 '오 보 브륑^{Aux} Beaux Bruns'인데 '아름다운 갈색 머리카락을 가진 사람들'이란 뜻이죠. 포도나무 수령은 65년 정도 되었고 훌륭한 프르미에 크뤼 포도밭이죠."

잔에서부터 올라오는 향기가 정말 우아했다. 아주 순수하고 정제되고 정말 잘 익은 라스베리, 체리, 자두 등의 농축된 과실 풍미였다. 우아하고 정교하고 선명한 느낌의 와인으로 아주 잘 다듬어진 매끄러운 갈색머리에 갈색 눈동자를 가진 미녀를 보는 듯했다. 좋은 산도와 밸런스 잡힌 바디감과 알코올, 아주 매끄러운 텍스처의 타닌. 안에서 단단히 가지고 있는 듯한 당당함과 탄탄한 구조감, 마지막으로 미네랄리티까지.

세 번째 와인은 프르미에 크뤼 포도밭 와인으로 역시 2014년 병입 전의 와인이며 포도밭 '샴' 와인이었다.

"이름처럼 '매력적인^{charming}' 와인을 기대하면 될까요?"

"하하, 물론 매력적이긴 하죠. 한번 마셔보겠어요? 70년 수령의 포도나무들로 만들었답니다."

샴 프르미에 크뤼 와인은 어린 와인인데도 뿜어져 나오는 힘이 좋아서 내 눈이 동그래졌다. 아직 병입 전인데도 이런 에너지와 힘을 가지고 있다면 숙성 후엔 어떨지. 맛있게 잘 익은 검붉은 체리, 설탕에 절인 듯한 껍질, 보라색 자두, 블랙커런트의 느낌까지. 장미꽃과 제비꽃 향이 압도적으로 아름다웠다. 입안에서 풍성하게 씹히

듯 느껴지는 질감, 산뜻하고 탄탄한 산도, 섬세한 오크의 고소함까지. 사랑스러운 에너지와 힘, 생기가 넘치는 와인이었다.

"이렇게 멋진 와인들을 만들어 주셔서 감사해요."

갑작스러운 인사에 기슬레인 선생님은 수줍은 듯 웃었다. 맙소사, 이렇게 아름다운 와인을 만드는 거장이 사소한 칭찬에 이토록 쑥스러워 하다니! 아름다운 겸손이었다. 기슬레인 선생님은 다음 와인들로 우리를 안내했다.

"이번엔 병입 와인들이에요. 빈티지 차이를 느껴 보면 좋을 것 같아요. 첫 번째 와인은 2013년산 상볼 뮈지니 마을급 와인이고, 이제 막 병입 작업 중이죠. 2013년은 쉽지 않은 해였어요. 봄이 없었죠. 춥고 해가 없었어요. 여름엔 비가 많았고요. 그만큼 수확이 늦었답니다. 알코올 도수도 전반적으로 낮은 편이고요."

2013년산 상볼 뮈지니는 앞서 마셨던 2014년 빈티지와는 사뭇 다른 스타일이었다. 오크에서 오는 바닐라, 감초, 민트와 같은 스위트 스파이스sweet spices 풍미와 흙냄새가 보다 두드러졌는데 여전히 농축된 과실 풍미와 탄탄한 산도가 받쳐주었다. 다음은 2012년산 상볼 뮈지니 마을급 와인이었다.

"2012년도 쉬운 해는 아니었어요. 4~5월에 냉해가 있었거든요. 그때 마음을 많이 졸였죠. 다행히도 여름 날씨가 좋았어요. 충분히 따뜻하고 일조량도 많았고요. 나를 비롯한 농부들은 비로소 마음을 놓을 수 있었답니다. 개인적으로 2012년산은 장기 숙성에 적합하다고 생각해요."

2012년산은 깨끗한 딸기의 풍미가 농축미 있게 전개되었고, 잘 익은 농축미와 타닌으로 인해 와인의 볼륨이 꽤나 두툼하게 느껴졌다. 아직 오픈하기엔 한참 어리다고 느꼈는데 숙성되면서 점차 모습을 드러낼 것 같다.

마지막으로 기슬레인 선생님은 2011년산 프르미에 크뤼 포도밭 '레 크라Les Cras' 와인을 테이스팅해 주셨다.

"2011년은 유난히 여름이 빨리 왔어요. 그래서 수확도 빨랐죠. 포도밭 레 크라는 석회암 바위 위에 30센티미터밖에 되지 않는 얇은 표토가 깔린 포도밭이에요. 그만큼 포도나무들에겐 도전적인 환경이죠. 특유의 미네랄리티가 있답니다."

레 크라 와인은 잘 익은 딸기와 라스베리의 과실 풍미가 굉장히 매혹적인 단미를 선사했는데, 단미가 놀랍도록 섬세하고 우아하고 여성스러웠다. 타닌이 청초하고 매끄럽게 떨어지기는 했지만 단단한 힘이 있고 풍부했다. 매혹적이고 우아해서 애가 탈 정도였다. 산도는 아주 신선했고 허브와 같은 스파이스 그리고 미네랄리티 등이 테루아르의 개성을 드러냈다. 정말 좋은 와인이었다.

그녀의 와인을 모두 테이스팅하고 떠오른 것은 발레리나였다. '무대 위 우아하고 백조 같은' 발레리나가 아니었다. 초점은 더 근본적인 곳, 혹은 무대 뒤편으로 가 있었다. 발레리나가 중력을 거스르는 듯한 완벽하게 우아한 움직임을 만들기 위해서는 그것을 지탱할 단단한 힘과 훈련이 필요하다. 가늠조차 못할 세월의 훈련과 연습으로 만들어진 근육들, 토슈즈 속 상처와 흔적들로 만들어진 몸짓이 떠올랐다. '우아하고 기품 있어'라고 말하면 힘이나 에너지가 없는 것처럼 들리지 않는가? 하지만 프리마 발레리나Prima Ballerina의 아름다운 몸짓과 퍼포먼스를 그저 '우아하다'라고만 표현하기에는 엄청난 파워와 에너지, 생명력과 예술성, 막대한 훈련과 연습량이 그녀의 몸짓에 응축되어 있는 것이다. 샹볼 뮈지니 와인을 '우아하다'고 표현하는 것과 발레리나의 움직임을 '우아'하다고 말하는 것은 비슷한 연장선에 있다고 생각했다. 발레를 관람할 때 느끼는 감탄, 탄성, 격정, 역동, 에너지와 힘, 파워, 대사 한 마디 없이 서사와 성격을 표현하는 모든 감정들의 응축―도멘 기슬레인 바르도의 와인들이 그랬다. 와인 하나하나가 엄청난 파워와 에너지로 살아 숨쉬는 것 같은 생생한 개성과 숨결을 가지고 있어 마치 무대에서 하나의 배역을 맡아 스토리를 진행하는 깊은 내공의 프로페셔널한 발레리나 같았다.

기슬레인 선생님은 샹볼 뮈지니의 '기준'이자 '표준'과도 같은 존재다. 아버지이자 와이너리의 창립자인 가스통 바르도에게 젊을 때부터 강도 높은 도제식 교육을 받아 그녀의 내공은 가늠할 수 없이 탄탄하다. 그녀의 리더십 아래 와이너리의 명성은 국제적으로 높아졌고 샹볼 뮈지니 마을의 명성 역시 하늘을 찌를 듯 높아졌지만 내가 현실에서 만난 그녀는 허물없고 겸손하고 따뜻하고 다정한 사람이었다. 한편 와인과 포도밭을 말할 때는 정곡만 찌르는 프로페셔널함에 감탄했고 어떤 군더더기도 없었다. 도멘 기슬레인 바르도의 와인을 마시면 인자하고 따뜻한 그녀의 애티튜드에 와인에 대한 뜨거운 열정이 깃든 것을 느낄 수 있다.

와인 리스트

1 Domaine Ghislaine Barthod, Chambolle-Musigny, 2014

(도멘 기슬레인 바르도, 샹볼 뮈지니)

2 Domaine Ghislaine Barthod, Chambolle-Musigny Premier Cru,

Aux Beaux Bruns, 2014

(도멘 기슬레인 바르도, 샹볼 뮈지니 프르미에 크뤼, 오 보 브륀)

3 Domaine Ghislaine Barthod, Chambolle-Musigny Premier Cru,

Charmes, 2014

(도멘 기슬레인 바르도, 샹볼 뮈지니 프르미에 크뤼, 샴)

4 Domaine Ghislaine Barthod, Chambolle-Musigny, 2013

(도멘 기슬레인 바르도, 샹볼 뮈지니)

5 Domaine Ghislaine Barthod, Chambolle-Musigny, 2012

(도멘 기슬레인 바르도, 샹볼 뮈지니)

6 Domaine Ghislaine Barthod, Chambolle-Musigny Premier Cru,

Les Cras, 2011

(도멘 기슬레인 바르도, 샹볼 뮈지니 프르미에 크뤼, 레 크라)

아름다운 와인을 맛보고 샹볼 뮈지니를 떠나 북쪽으로 조금 더 올라가 모레 생 드니 마을에 도착했다. 이 마을은 부조 마을과 비슷한 면이 있다. 부조 마을은 '부르고뉴 와인의 왕비'라 불리는 샹볼 뮈지니와 부르고뉴 와인의 슈퍼스타 포도밭들이 대거 포진한 본 로마네 마을 중간에 끼어있다. 모레 생 드니 마을 역시 남쪽으로는 '왕비'라 불리는 샹볼 뮈지니, 북쪽으로는 '부르고뉴의 왕'이라 불리는 위풍당당한 주브리 샹베르탱 사이에 끼어있다. 포도밭 면적 또한 두 마을에 비해 작다. 여전히 코트 도르의 다른 마을들에 비해 인지도는 높지만 왕비와 왕 사이에 가려진 느낌을 지울 수는 없다. 실제로 1936년 프랑스의 원산지 명칭 표시 제도가 도입되기 전까지 유명 그랑 크뤼 포도밭 외의 모레 생 드니 와인들은 샹볼이나 주브리 마을 이름으로 판매되기도 했었다.

그래서인지 샹볼 뮈지니와 주브리 샹베르탱은 통상적으로 묘사되는 스타일이 있는 반면 모레 생 드니는 딱 떠오르는 스타일이 없다. 둘의 스타일을 섞어 놓은 것처럼 묘사되는 경향이 있지만 분명 모레 생 드니 또한 고유한 개성이 있을 터다. 문득 모레 생 드니의 와인 메이커들은 자신의 와인을 어떻게 묘사할지 궁금해졌다.

"모레 생 드니는 왕과 왕비 사이에서 그 위치나 알려진 이름이 조금 아쉽긴 해요. 그쵸?"

"샹볼 뮈지니와 주브리 샹베르탱 한가운데 끼어 있으니 말이죠.

전통적으로 모레 생 드니라는 마을 자체의 명성보다는 마을 내 그랑 크뤼 포도밭이나 와인 메이커의 개성이 더 입에 오르내리는 듯해요. 포도밭의 경우 그랑 크뤼인 클로 드 라 로슈Clos de la Roch나 클로 생 드니Clos Saint-Denis가 과거부터 워낙 유명했죠. 원래 마을 이름은 모레Morey였는데, 부르고뉴 마을들이 이름 뒤에 마을의 가장 유명한 포도밭 이름을 붙이는 게 유행처럼 번지면서 모레 마을도 뒤에 '클로 생 드니' 포도밭 이름을 붙여 '모레 생 드니'가 되었죠. 원산지 통제 시스템이나 이렇게 마을 이름 뒤에 유명 포도밭 이름을 붙이는 유행에 가장 큰 수혜를 입은 게 이 마을 아니었을까 싶어요. 샹볼과 주브리 사이에서 정체성을 만들어나갈 수 있게 됐죠."

"아하! 그러고 보니 샹볼-뮈지니도 그렇고, 주브리-샹베르탱도 그렇고 코트 도르 마을 이름들이 보통 하이픈 '-'으로 연결되어 있는데, 뒤가 모두 마을의 가장 유명한 포도밭 이름이네요?"

"맞아요. 어느 시대에나 마케팅이란 게 있으니까요. 1847년에 프랑스 왕 루이 필리프의 칙령으로 마을명 뒤에 유명 그랑 크뤼 포도밭 이름을 붙이는 것을 허용하면서 시작되었어요. 가장 먼저 주브리 마을이 뒤에 샹베르탱 포도밭 이름을 붙이면서 시작된 걸로 알아요. 그때부터 부르고뉴 코트 도르 마을명은 모두 '하이픈'이 붙은 복잡한 구조를 갖게 되었죠. 본-로마네도 마찬가지고요, 플라제-에셰조, 알록스-코르통, 퓔리니-몽라셰와 샤사뉴-몽라셰 모두 같은 맥락이에요."

"그런데 모레 마을은 가장 유명한 '클로 드 라 로슈' 포도밭이 아니라 왜 '클로 생-드니'를 붙였을까요?"

"제가 알기로 당시 굉장히 치열한 논의가 있었어요. 마을 이름이 '모레-라 로슈'가 될 수도 있었을 텐데 말이죠! '생-드니'를 붙인 건 아무래도 성인의 이름이기 때문일 거예요. 부르고뉴는 워낙 수도원의 역사가 깊은 곳이라 성인의 이름이 붙은 포도밭이 많지요. 마을을 대표하는 이름을 짓는데 둘 다 유명한 포도밭이라면 성인 이름으로 된 포도밭 이름을 붙이자고 결정한 게 아닐까 싶어요."

모레 생 드니에는 마을 단독의 그랑 크뤼가 4개 있다. 클로 드 라 로슈, 클로 생 드니, 클로 드 타르Clos de Tart 그리고 클로 데 랑브레 Clos des Lambrays(본 마르 포도밭은 샹볼 뮈지니 마을에 걸쳐 있다)다. 그중 클로 드 라 로슈와 클로 생 드니는 여러 명의 와인 성산자로 나뉜 반면 클로 드 타르 포도밭은 같은 이름의 도멘이 모노폴로 소유하고 있고, 클로 데 랑브레 포도밭 또한 같은 이름의 '도멘 데 랑브레' 와이너리가 '거의' 모노폴처럼 소유하고 있다.

"이제 그럼 도멘 데 랑브레로 가볼까요? 티에리에게 미리 연락을 해두었죠. 이 시간쯤이 괜찮다고 했어요."

도멘 데 랑브레는 지금까지 방문했던 와이너리들에 비해 도멘 자체가 상당히 컸고 우리를 맞이해준 티에리 선생님과 도멘의 정원을 거닐었다. 정말 잘 가꾸어진 아름다운 정원이었다. 푸릇푸릇 잘 다듬어진 잔디, 넝쿨의 조형물들, 작은 조각품과 잘 정리된 꽃들. 찬란한 봄날, 이토록 아름다운 정원을 거닐다 보니 과거 어디쯤으로 돌아가 프랑스 한 지방 영주의 정원을 걷고 있는 것만 같았다. 티에리 선생님은 연배에 비해 훤칠한 키에 호리호리한 몸, 장난기 가득한 표정과 자신감 넘치는 걸음걸이, 배짱이 두둑할 것 같은 인상이었다. 서글서글한 웃음과 밝은 얼굴로 우리를 맞아 주셨다.

"우리 도멘은 작년에 LVMH 그룹이 매입해 온전히 LVMH의 소유죠. 나는 1979년부터 도멘 데 랑브레의 와인 메이커로 있었어요."

"와, 벌써 그렇게 시간이 되었군요?"

이본느는 감탄하며 웃음 띤 얼굴로 말을 이어갔다.

"클로 데 랑브레가 그랑 크뤼 포도밭으로 승격한 것도 티에리의 공이라고 볼 수 있죠. 당시 티에리의 명성은 부르고뉴에서도 자자했어요. 티에리가 도멘 데 랑브레에 와인 메이커로 부임한 후에 클로 데 랑브레가 그랑 크뤼 포도밭이 되었죠."

"하하, 난 아주 게으른 와인 메이커예요. 지금도 와인을 한잔 하다 나왔죠. 일하면서 와인을 마실 수 있는 직업이라 좋다니까요."

티에리 선생님은 딴소리를 하며 너스레를 떨었다. 그러고 보니 코와 볼이 좀 빨간 것 같기도 했다.

"클로 데 랑브레(**화보 87**)는 1365년 시토회 수도원에서 일군 후, 중세 시대 200년 이상 이 지역 교회들이 소유하고 있던 포도밭이에요. 그러다 다른 부르고뉴 포도밭들과 마찬가지로 프랑스 혁명과 함께 포도밭 소유권이 경매에 부쳐졌고, 당시 소유자는 70명이 넘었죠. 그러다 19세기 말에 루이 졸리Louis Joly가 통합하여 이 도멘도 세워지고 클로 데 랑브레 포도밭도 거의 단독 소유가 되었죠."

"클로 데 랑브레 포도밭은 도멘의 모노폴이 아닌가요?"

"아쉽게도 아니에요. 정말 아쉽게도죠. 0.1퍼센트 정도의 아주 작은 땅을 도멘 타우페노 메르므Taupenot-Merme가 소유하고 있어 모노폴이 아니죠. 하지만 99.9퍼센트는 우리 도멘의 소유예요."

"루이 졸리가 통합했지만 클로 데 랑브레 포도밭은 거의 방치되었다고 봐야죠. 이후 여러 손을 거치다 여러 명의 소유주로 구성된 협력단에 매각되고 그때 에스테이트 매니저로 제가 처음 이곳에 왔지요. 벌써 40년 전 일이에요. 클로 데 랑브레의 테루아르와 미기후Microclimate는 정말 탁월해요. 게다가 그랑 크뤼인 클로 생 드니와 클로 드 타르 사이에 위치해요. 그런데도 클로 데 랑브레가 그랑 크뤼가 아니었다는 건 의문이었죠. 내 공로라고 말하긴 어려워요. 난 정말 게으르고 자연에 맡기는 와인 메이커거든요. 워낙 테루아르와 환경이 좋기 때문에 그랑 크뤼로 인정 받은 거죠. 우리 마을의 그랑 크뤼 중 클로 데 랑브레는 경사가 가장 가파르지만 모레 생 드니 마을의 스타일을 잘 드러낼 수 있는 토양으로 구성되어 있어요. 언덕 위쪽으로 갈수록 붉은 흙이 있는 암반지대이고 우아함이 강조되고요, 언덕 아래 쪽의 점토질 토양은 힘이 좋아요. 바로 뒤의 계곡 덕분에 미기후도 굉장히 좋죠. 너무 덥지도 춥지도 않아요."

그의 말에서 클로 데 랑브레 포도밭에 대한 애정과 자부심이 묻어났다. 제 손으로 그랑 크뤼를 만들어 낸 포도밭이니 얼마나 삶의 모든 열정을 담았을까.

"이런 질문이 어떨지 모르겠지만 모레 생 드니의 와인들을 양조하면서 이런 게 모레 생 드니의 스타일이다 혹은 개성이다라고 생각하신 게 있을까요?”

“늘 강조하지만 난 게으른 와인 메이커입니다. 자연주의적 철학을 가지고 있어요. 40년 전이나 지금이나 마찬가지죠. 요즘 ‘과학적인 것’에 관해 이야기를 많이 하는데 난 그런 것들을 믿지 않아요. 내가 하는 건 포도밭 바로 앞에 살면서, 그곳에 늘 있으면서 그때마다 확인하고 ‘보살피는caring’ 것뿐이죠. 그게 전부예요. 그때그때 필요한 것들을 손보고 땅과 날씨에 모두 맡깁니다. 내가 하는 건 별로 없습니다. 포도밭 근처에 살며 귀를 기울일 뿐이에요. 그러고 나면 스스로 드러내고 싶은 것들을 드러낼 뿐이죠. 그뿐입니다.”

그의 말엔 한 치의 망설임도 주저함도 없었다. 우리는 셀러로 자리를 옮기기로 했다. 정원에서 셀러로 이동하는 중에 이본느가 티에리 선생님에게 속삭이듯 물었다.

“새로운 소유주 LVMH는 어때요?”

“좋을 것도 나쁠 것도 없지.”

둘은 크게 웃었다. 셀러에는 세 개의 방이 있었는데 각 방의 천장은 앞쪽 방의 것보다 약간씩 낮았다. 마지막 방은 천장이 굉장히 낮게 느껴졌다. 티에리 선생님은 와인잔을 들고 오크통으로 가서 자연스럽게 와인을 따르기 시작했다.

먼저 오크통에서 바로 따른 2014년산 모레 생 드니 마을급 와인을 테이스팅했다. 체리, 잘 익은 라스베리와 같은 좋은 과실 풍미와 더불어 상당히 고소하고 너티nutty한 풍미와 함께 크리미한 질감이 느껴졌다. 유산발효 과정의 영향인 듯한데 막 발효를 끝낸 어린 와인이라 그런지 더욱 매력적으로 느껴졌다. 도멘에서 생산하는 와인 종류가 많지 않은 덕에, 두 번째 와인부터 클로 데 랑브레 그랑 크뤼 와인을 테이스팅할 수 있었다. 역시 2014년 빈티지였다. 블랙베리와 온갖 레드 베리의 향연, 향긋한 꽃향기, 고소한 견과류, 신선한 흙냄새와 감칠맛 나는 세이버리savoury한 뉘앙스와 미네랄 등 어쩐지 점잖으면서도 시크한 프랑스 남성이 떠올랐다. 프렌치 시크라는 단어가 떠오르는 클래식하면서도 세련된 와인이었다.

"개인적으로 2014년은 전반적으로 마음에 들지 않았어요. 하지만 클로 데 랑브레는 세 개의 서로 다른 리우디가 보완을 잘 해줬죠. 세 땅뙈기 모두 개성이 다르거든요. 리우디마다 수확도 따로 하고 양조도 따로 한 후에 블렌딩하는 방식으로 만드는데 그렇게 하면 클리마의 개성은 살리면서 복합미를 더해줄 수 있지요. 개인적으로 클로 데 랑브레 와인 중 가장 기억에 남는 빈티지는 1999년산입니다. 최고의 해였죠. 1999년산 클로 데 랑브레 와인은 지금 마셔도 한참 어리게 느껴진다니까요."

티에리 선생님은 와인병들을 가져와 와인을 따라주었다. 세 번째 테이스팅한 와인은 2013년산 클로 데 랑브레 그랑 크뤼 와인이었다.

"2013년산이에요. 마셔 봐요."

2013년산 클로 데 랑브레에서는 2014년산에 비해 라스베리, 딸기, 자두 등의 붉은 과실 풍미가 농축되어 새콤달콤 기분 좋게 올라왔다. 거기에 테루아르의 특징으로 생각되는 특유의 버섯의 세이버리한 풍미와 흙내음이 좋았고 보다 화사한 장미꽃 향이 퍼졌다.

"와! 맛있어요. 2014년산은 뭐랄까, 시크해서 섣불리 다가가기 어려운 느낌이라면 2013년산은 훨씬 친절하고 상냥해요. 무엇보다 너무 맛있어요."

티에리 선생님은 기분 좋게 웃으며 바로 네 번째 와인을 따라주었다.

"2010년산이에요."

내 반응이 몹시 궁금하다는 표정이었다. 2010년산 클로 데 랑브레는 먼저 향을 맡고 한입 머금은 후 한참을 음미했다. 마치 사진에서나 볼 법한 과실즙의 빨갛고 다디단 체리와 앵두, 달콤한 라스베리 풍미. 당도가 없는데 마치 있는 것처럼 달콤했다. 2013년보다 한층 더 화려한 모습, 뭐랄까? 정말 꽃이 피어나기 시작한, 가장 아름다운 꽃을 막 피워갈 듯한 느낌이랄까. 거기에 산도가 탄탄하게 받쳐주면서 아주 차밍하고 생기 넘치는 와인이었다.

"아름답네요 정말. 어떻게 표현해야 할지 모르겠는데 붉은 옷을 입은 캉캉댄스를 추는 아름다운 댄서를 보는 것 같아요. 캉캉댄스는 다소 관능적이고 유혹적인 뉘앙스의 춤으로 알고 있는데 그런 뉘앙스는 빼고 그냥 퍼포먼스 자체를 볼 때 뿜어져 나오는 매력과 에너지, 차밍한 느낌, 이런 것들이요."

기슬레인 바르도 선생님처럼 따뜻하고 푸근한 인상을 가진 분에게서는 강인함과 생명력이 넘치는 와인이 나오고, 티에리 브루앙 선생님처럼 배짱 있고 카리스마 있는 분에게서는 이토록 차밍한 와인이 나오다니 재미있게 느껴졌다. 물론 와인 메이커의 캐릭터와 와인의 스타일이 딱 맞아 떨어지는 것은 아니지만 말이다. '난 게으른 와인 메이커다. 모든 걸 자연에 맡긴다'라고 말하기에는 와인들이 너무 세련되었다.

"우리는 하나하나 손으로 골라내어 수확합니다. 그후 발효를 할 때 가지stem를 떼어내지 않고 한꺼번에 발효를 해요. 100퍼센트 모두요. 이런 경우는 전통적인 방식을 유지하는 부르그뉴에서도 아주 드물지요."

디스테밍destemming(가지를 떼어내는 작업)을 하지 않다니 놀라웠다. 그렇다면 포도송이 전체를 넣고whole cluster 발효를 한다는 것인데 아무리 부르고뉴의 전통 방법이라 해도 100퍼센트 그렇게 양조를 하는 것은 웬만한 노하우가 아니고는 타닌 특유의 쓴 질감과 과도한 페놀릭phenolic 등의 우려와 위험 부담이 있는 양조 기법이다. 보통 가지나 씨앗을 제거하지 않고 포도송이 그대로 발효를 하는 경우 세련보다는 다소 거칠고 야생적인 스타일을 기대하는 측면이 있는데 티에리 선생님의 와인은 오히려 세련되고 차밍한 와인으로 완성되어서 신기했다.

마지막으로 티에리 선생님은 화이트 와인인 퓔리니 몽라셰 프르미에 크뤼 '클로 뒤 카이에레Clos du Cailleret' 와인의 시음을 도와주셨다. 맨 마지막으로 화이트 와인이라니!

"이 와인은 특별해요. 정말 소량만 생산하는 퓔리니 몽라셰 프르미에 크뤼 포도밭 와인이죠. 어떤 빈티지에는 1000병 내외만 생산할 정도니까요. 그중 반은 우리 와이너리에서 모두 마신답니다. 하하. 이 보틀은 2004년 빈티지예요. 벌써 10년이 넘어가죠.”

바로 앞서 그랑 크뤼 레드 와인들을 시음했던 것이 무색할 정도로 이 화이트 와인은 화려하고 화사했다. 농축된 서양배, 살구, 말린 과일, 오렌지 껍질, 흰 꽃, 월넛, 꿀 등의 풍미가 환상적이었다. 거기에 산뜻한 산도로 밸런스를 잡아주고, 약간의 미네랄리티까지 굉장히 유려하면서도 화려한 화이트 와인이었다. 마지막 와인까지 음미하며 생산자의 중요성을 다시 한번 느꼈다. 나와 남편이 화이트 와인에 완전히 매료되어 두 잔째 마시는 사이 이본느와 티에리 선생님은 요즘 부르고뉴의 근심거리인 ‘상속세’에 관해 이야기를 나누었다. 부모가 죽으면 자식들은 동등하게 유산을 상속받는데 부르고뉴는 워낙 테루아르가 중요한 지역이다 보니 안 그래도 작은 포도밭이 더더욱 조각조각 나뉘어 상속된다는 게 첫 번째 문제였다.

“이젠 리우디까지 쪼개 나누고 있다니까.”

티에리 선생님은 안타까운 표정으로 말했다.

“더 큰 문제는 상속세를 낼 돈이 없다는 거지. 부르고뉴 포도밭 몸값이 하늘 높은 줄 모르니 상속세가 너무 높아 파산하고 빚을 져야 할 정도야.”

그러다 보니 오히려 외지에서 돈이 흘러들어오고 부르고뉴의 전통 와인 가문이나 생산자들은 많은 어려움을 겪는다고 했다.

“부르고뉴는 부르고뉴 사람들이 지켜야 할 텐데.”

은퇴를 염두하고 있다는 티에리 선생님의 눈가에 주름이 깊어보였다. 40년 전 방치되다시피 한 포도밭을 처음 맡아 열심히 일구었을 젊은 시절 티에리 선생님의 추억, 본인이 손수 일군 포도밭이 이례적으로 그랑 크뤼로 승격되었을 때 느꼈을 보람과 기쁨, 새로운 소유주와 다시금 힘을 합쳐 이 도멘과 포도밭을 일구었을 기억들. 도멘과 포도밭 곳곳에는 티에리 선생님의 젊음과 정성어린 손길이 녹아있을 것이었다. 아니 어쩌면 랑브레라는 이름과 티에리 선생님은 동의어일지도 모른다. 아이를 키우는 부모처럼 그저 포도밭 가까이에 살면서 돌보았을 뿐이라는 그의 말은 참으로 인상 깊었다. 40년의 세월과 자부심을 '난 그저 게으른 와인 메이커일 뿐이다'라고 표현한 것도 울림이 있었다. 소유주가 여러 번 바뀌고 마침내 거대 기업으로 넘어갔지만 클로 데 랑브레와 도멘에는 여전히 티에리 선생님이 남아 있었다.

티에리 선생님은 2017년에 공식적으로 은퇴하셨다. 잠시 보리스 샹피Boris Champy가 이었다가 LVMH는 2019년에 클로 드 타르와 도멘 드 라를로의 스타 와인 메이커인 자크 드보주Jacques Devauges를 영입해 도멘 데 랑브레의 공격적인 마케팅을 펼치는 중이다.

와인 리스트

1 Domaine des Lambrays, Morey-St-Denis, 2014

　(도멘 데 랑브레, 모레 생 드니)

2 Domaine des Lambrays, Clos des Lambrays Grand Cru, 2014

　(도멘 데 랑브레, 클로 데 랑브레 그랑 크뤼)

3 Domaine des Lambrays, Clos des Lambrays Grand Cru, 2013

    (도멘 데 랑브레, 클로 데 랑브레 그랑 크뤼)

4 Domaine des Lambrays, Clos des Lambrays Grand Cru, 2010

    (도멘 데 랑브레, 클로 데 랑브레 그랑 크뤼)

5 Domaine des Lambrays, Puligny-Montrachet Premier Cru, Clos

    du Cailleret, 2004

    (도멘 데 랑브레, 퓔리니 몽라셰 프르미에 크뤼, 클로 뒤 카이에레)

───── 주브리 샹베르탱과 나폴레옹 ─────

우리는 주브리 샹베르탱 마을로 가기 위해 모레 생 드니에서 북쪽으로 이동했다. 주브리 샹베르탱은 디종에서 가까운 유명 마을 중 하나다. 코트 도르의 가장 북쪽 지점에 위치하며 부르고뉴(혹은 코트 도르) 와인의 왕이라는 화려한 명성을 가진 마을이다. 아무리 본 로마네 마을이 슈퍼스타라고 해도 전통적으로 '부르고뉴의 왕'은 주브리 샹베르탱이다. 이곳은 '세계' 최고의 와인 산지이자 경이로운 자연이 형성한 지질학이 만들어낸 곳이다. 코트 도르 경사면에 완벽하게 자리 잡고 있으며 코트 도르가 머금은 수천 년 된 석회암으로 이루어진 절벽이 장관을 이루는 '콩브 드 라보^{Combe de Lavaux}의 지질학적·지형학적 이점을 그대로 받고 있다. 원래는 한 덩어리였던 거대한 암석 언덕이 수천 년에 걸쳐 날씨에 의해 금이 가고 갈라지고 넓어지면서 지금의 계곡이 되었고 좁은 계곡 입구로 다양한 암석과 미네랄 등 풍부한 물질이 점진적으로 충적 작용에 의해 씻겨 내려가면서 경사진 땅을 덮고 고원을 만들어냈다. 그러니 '지질학 박물관'이라 불리는 부르고뉴의 핵심 지형이 바로 '콩브 드 라보'와 연결된 주브리 샹베르탱인 것이다. 그렇기 때문에 주브리 샹베르탱 마을의 와인은 테루아르와 지형의 명성, '부르고뉴의 왕'이라는 명성에 걸맞게 아주 집중력 있고 힘이 있으며 무엇보다 '깊고 중후하다'는 평을 받는다. 피노 누아라는 가벼운 스타일의 포도 품종이 이토록 깊고 중후한 와인을 뽑아낸다는 것은 코트 도르 마을 내에서도 예외적인 일이다. 또한 '견고하다', '구조감 있다', '강렬한 풍미를 가지고 있다' 등의 수식어가 붙는다. 이러한 예외적인 수식어는 주브리 샹베르탱이 유명한 또 다른 이유 중 하나인 '나폴레옹' 황제와도 연결되면서 후광을 얻게 되었다.

나폴레옹만큼 파급력있고 상징성을 가지며 스토리가 재생산되고 입체적인 평가로 신비롭기까지 한 인물이 얼마나 있을까? 나폴레옹에 관한 스토리는 동서고금을 막론하고 예술가와 작가와 감독들에게 끊임없이 영감을 주고 있다. 나폴레옹은 부르고뉴의 주브리 샹베르탱 와인을 매우 사랑하고 아꼈다. 그가 왜 이 와인을 아끼고 사랑했는지는 기록과 역사에 기반한 상상의 영역이지만 말이다.

'나폴레옹은 애주가였다'라는 한 문장에도 수없이 많은 설명과 해석과 평가가 존재한다. 그가 애주가였다면 청년시절부터 유배시절까지 계속 그랬다는 것인가? 애주가란 주량을 의미하는가 아니면 미식의 영역을 의미하는가? 그렇다면 그는 취할 때까지 마셨을까? 술버릇은 있었을까? 아니면 절제된 애주가였을까?

프랑스의 황제, 유럽의 정복자로서의 그의 면모를 그린 수많은 명화 속 모습과 달리 그의 영혼은 프랑스의 변두리 '코르시카 섬'에서 시작되었다. 코르시카 섬은 나폴레옹이 태어나기 1년 전만 해도 이탈리아 제노바의 소유였고 프랑스로 영입된 지 얼마 되지 않은 곳이었다. 나폴레옹 가문은 이탈리아의 힘없는 귀족 혈통이었다. 젊은 시절의 나폴레옹은 여느 이탈리아인처럼 진한 커피를 좋아했으며 가풍에 따라 술에 대해서는 상당히 금욕적이었다고 한다. 어쩌면 술을 즐길 여유조차 없었을 것이다. 프랑스의 귀족 출신 자제들이 모인 유년군사학교에서 그는 온갖 멸시와 천대를 받았지만 점차 주목받기 시작했다. 이후 1년 만에 육군사관학교를 졸업하며 육군 포병 소위로 임관한다. 그렇게 한숨 돌릴 시점에 나폴레옹이 발령받은 곳이 부르고뉴 코트 도르에 위치한 오손Auxonne이었다.

'고급 미식', '세련된 미각'은 그와 거리가 멀었다. 와인은 주로 고향인 코르시카의 와인을 소박하게 마셨고, 심지어는 꿀이나 물을 타마셨다고도 한다. 또한 여느 군인과 마찬가지로 전쟁 전 긴장을 완화하고 활력 목적으로 주둔지의 와인을 보급품으로 마셨다고 한다. 그런 그가 부르고뉴 오손의 초임 소위로 있으면서 부르고뉴 와인 중에도 가장 품질 높은 '주브리 샹베르탱' 와인에 매료되었다는 것은 매우 신기한 일이다. 왜냐하면 이후 승승장구하며 사령관으로 이탈리아 원정에 나가 피에몬테에 있었을 때도 그는 최고급 바롤로

나 바르바레스코가 아닌 노동자들이 마시던 바르베라 품종 와인을 즐겨 마셨다는 기록이 있기 때문이다.

황제가 된 이후 나폴레옹은 모엣 샹동 샴페인 하우스의 장 레미 모엣Jean-Rémy Moët과 막역한 사이로 원정 후 자주 샴페인 하우스에 머물렀다고 한다. 왕비 조세핀Joséphine 역시 샴페인을 즐겼으며 나폴레옹 본인도 전쟁에서 승리한 후 샴페인 병의 목을 검으로 따며 축하한 것으로 유명하다. 나폴레옹은 "승리하면 다땅히 샴페인을 마셔야 한다"라고 말하며 '승리 후 샴페인을 터뜨린다'는 관습의 시초가 된 상징적 인물이기도 하다. 역설적이게도 이러한 전설과 달리 그는 '샴페인을 마시면 탄산 때문에 배에 가스가 차서 불편하다'고 말할 정도로 '와인에 있어서는' 사치나 허세가 없는 인물이었다. 유럽을 호령하던 그였지만 보르도의 최고급 와인으로 손꼽히는 샤토 라피트Château Lafite와 같은 와인이 아닌 가볍고 대중적인 클라레Claret를 마실 정도로 그의 미각은 검소했다.

나폴레옹은 과시나 허세를 매우 싫어해 고급스러운 연회보다는 간소한 식사를 선호했다. 그는 전쟁터에서도 군인들과 함께 간단하게 테이블 와인과 빵으로 끼니를 때우곤 했으며 이러한 소박한 식생활은 그의 실용적이고 절제된 성격을 잘 보여준다. 망명 이후의 삶에서도 음식에 대한 불만이나 특별한 요구 없이 지냈다는 일화는 나폴레옹이 먹는 것에 크게 집착하지 않았음을 증명한다.

다만, 나폴레옹 앞에 미식과 관련해 웅장하고 사치스러운 수식어가 붙는 이유는 그가 프랑스 와인과 미식 문화와 예술의 가치를 깊이 이해한 인물이었기 때문이다. 그의 재위 기간에 프랑스 와인은 유럽 대륙에서 독점적인 입지를 다지게 되었고, 아내 조세핀과 정책가들의 후원하에 프랑스의 미식, 문화, 예술은 더욱 꽃피우게 되었다. 그의 정책 덕분에 프랑스의 미식과 와인은 유럽 귀족 사회에서 하나의 기준으로 자리 잡았으며, 프랑스가 '미식의 나라'로 불리는 기틀을 마련한 중요한 시대적 배경이 되었다. 하지만 나폴레옹 자체가 그런 사람은 아니었다.

그런 그였기 때문에 육군사관학교 졸업 후 초임 소위였던 나폴레옹이 단순히 '미각의 이유로' 혹은 '최고급 와인이기 때문에' 주브리 샹베르탱에 매료되었다고 판단하긴 어렵다. 그의 주브리 샹베르탱에 대한 사랑은 단순한 취향을 넘어 무엇인가가 있었을 것이다. 왜냐하면 그 애착은 그가 소위에서 사령관으로, 프랑스 황제로 그리고 유럽을 호령하는 정복자로 성장한 후에도 변치 않았기 때문이다.

나폴레옹은 가장 단순한 음식을 선호한 동시에 언제나 주브리 샹베르탱 와인, 특별히 샹베르탱 그랑 크뤼 와인을 사랑했다고 전해진다. 주목할 만한 것은 그는 딱히 최고급 빈티지를 고집하지도 않았다는 것이다. 그는 그저 '샹베르탱 와인'이라는 사실만을 중요하게 여겼고 최고급 와인이라는 명성보다는 일상적으로 즐길 수 있는 와인으로서의 샹베르탱을 택했던 것이다.

그렇다면 그에게 샹베르탱 와인은 초임 장교 시절부터 겪어온 수많은 전쟁과 도전 속에서 '변치 않는 동반자' 같은 존재는 아니었을까? 결국 나폴레옹의 주브리 샹베르탱 사랑은 단순한 미식적 취향을 넘어, 그의 삶과 전쟁 속에서 심리적 안정감을 주는 상징적인 존재로 자리 잡았던 것은 아니었을까.

나폴레옹에게 주브리 샹베르탱 와인이 상징하는 '미식 이상의 것'은 무엇이었을까? 나폴레옹은 부르고뉴를 유난히 신뢰하고 애틋하게 생각했다는 기록이 있다. 부르고뉴는 나폴레옹이 유년군사학교와 육군사관학교에서 온갖 멸시를 이겨내고 처음 소위로 발령받은 곳이자 러시아 원정의 퇴각을 시작으로 계속된 실패로 몰락할 때 가장 힘이 된 곳이기도 했다.

나폴레옹이 퇴위하기 바로 몇 개월 전, 오스트리아가 부르고뉴 마콩을 침공했을 때 투르누스^{Tournus} 마을을 비롯한 북쪽 마을 군인과 농민 들이 진군하여 온 힘을 다해 막아낸 일이 있었다. 이 사건은 나폴레옹에게 큰 힘이 되었고 부르고뉴 국민들이 기특하게 보였는지 이례적으로 마을에 훈장까지 수여했다. 몇 개월 후, 나폴레옹은 유럽 동맹에 항복하고 엘바 섬으로 유배를 떠난다. 이때 엘바 섬 유배까지 함께하고 그를 보좌한 측근 중 한 명이 첫 소위 발령지였던 부르고뉴 오손 마을 출신의 근위대 장교 클로드 누아조^{Claude Noisot}였다. 그는 나폴레옹이 죽고 난 후 부르고뉴로 돌아와 은퇴하고 픽생 마을에 나폴레옹을 기리는 공원^{Parc Noisot}을 조성했다. 공원에는 나폴레옹의 고향 코르시카 섬에서 들여온 라리시오 소나무를 심었고, 나폴레옹이 엘바 섬 탈출 후 잠시 재위했던 100일을 기념하기 위해 100개의 계단을 조성했다. 또 자신의 친구이자 디종 출신의 유명 조각가인 프랑수아 뤼드에게 의뢰해 나폴레옹 조각상Le Révil de Napoléon을 세웠다. 그는 공원 내에 작지만 나폴레옹 박물관도 설립했다. 공원과 조각상, 박물관은 픽생 마을에 가면 볼 수 있다. 또한 클로드 누아조가 소유했던 픽생의 한 프르미에 크뤼 포도밭은 현재 '클로 나폴레옹Clos Napoléon'이라는 이름으로 남아 있다. 와이너리 '도멘 피에르 겔랭Domaine Pierre Gelin'의 모노폴인 이 포도밭 와인의 라벨에는 클로드 누아조가 프랑수아 뤼드에게 의뢰해 조각한 나폴레옹 조각상이 그려져 있다.

나폴레옹의 부르고뉴와 샹베르탱 와인에 대한 애정은 여러 일화로 전해 내려온다. 특히 헬레나 섬에 유배되어 있었을 때와 임종 직전의 이야기들이 대표적이다. 헬레나 섬에서 시종이었던 마르샹에게 "내가 더 이상 이 세상에 없을 때, 부르고뉴의 땅을 사게. 그곳은 용감한 자들의 땅이니 나를 믿게"라고 말했다는 전설 같은 이야기가 있다. 또 나폴레옹이 임종 직전에 "샹베르탱… 조세핀…"이라는 말을 유언처럼 남겼다는 일화도 전해진다.

실제로 나폴레옹은 엘바 섬과 헬레나 섬에서도 여러 지역의 와인을 공수해 마셨다는 기록이 있다. 그런데 이상하게도 샹베르탱 와인은 마시지 않거나 마시지 못했다. 이런 맥락에서 샹베르탱은 그저 '좋아하는 와인'을 넘어 그에게 회한이 서린 특별한 의미를 가진 것은 아닐까 상상해 본다.

주브리 샹베르탱 와인은 부르고뉴 지방에 대한 나폴레옹의 애정, 첫 소위 부임지로서의 기억, 자신을 믿고 따라준 이들, 결국 패

배하고 자신을 따르던 사람들마저도 망명지에서 함께하게 된 처지의 미안함, 비참함, 코르시카 섬 출신에서 프랑스의 황제, 유럽의 정복자가 된 자신의 삶, 물거품이 된 청춘의 꿈, 이 모든 것이 뒤범벅된 회한의 총합체가 아니었을까.

<h3 align="center">───── 주브리 샹베르탱: 클로드 뒤가 ─────</h3>

어느덧 여행의 시작이자 마지막 지점에 도착했다. 과연 이 여행이 가능할까? 막연하던 때가 고작 며칠 전인데, 마치 오래전부터 계획된 것마냥 자연스럽게 이어졌다. 그리고 모든 여정이 시작된 곳에 도착했다. 여행의 마지막 일정으로.

"클로드 뒤가 와인이 운명의 와인이었다고요?"

이본느가 호기심 가득한 표정으로 물었다.

"왜 하필 클로드 뒤가 와인이었을까? 재미있는 일이네요. 워낙 소량 생산하는 양반이라 말이지."

"포도밭 와인은 아니고 주브리 샹베르탱 마을 와인이었어요."

"오, 그렇다면 말이 되네요."

꼭 그렇지는 않았다. 클로드 뒤가 와인은 희귀하니까. 가격이 아닌 수량 자체의 문제다. 주브리 샹베르탱 마을급 와인이든 부르고뉴 레지오날 와인이든 와인을 전혀 모르는 관광객이 홍콩 거리의 와인 숍에 들어가 많고 많은 와인 중 하필이면 홍콩에도 몇 병 들어와 있지 않은 클로드 뒤가 와인을 마시게 될 가능성이 얼마나 될까. 그나저나 그 와인 숍 아저씨는 대체 왜 내게 클로드 뒤가의 주브리 샹베르탱 와인을 건넨 것일까? 생각할수록 물음표만 남는 질문이다. 생각은 꼬리에 꼬리를 물었다. 놀랍게도 그 덕분에 무모하지만 부르고뉴 여행을 떠나게 되었잖아? 덕분에 내가 기차에서 아르망을 만나 클로드 뒤가 와인 이야기를 꺼냈고, 덕분에 이본느를 만났고, 이렇게 클로드 뒤가 선생님을 만나러 가고 있잖아? 여러 번 생각해도 놀라운 일이었다. 이쯤되니 와인 숍 아저씨는 이런 일들이 일어날 것을 알고 모든 것을 초월한 표정으로(사실은 와인에 취한 것 같지만) '일부러' 내게 클로드 뒤가의 와인을 건네준 것 같다는 생각에 미쳤다. '훗, 너는 이 와인 때문에 결국 부르고뉴로 떠나게 될 거야. 그리고 우연과 우연이 거듭되어 결국 클로드 뒤가의 와이너리에서 이 생산자를 만나는 어마어마한 일을 마주하게 될 테지'하며 뒤돌아 비밀스럽고 의뭉스러운 미소를 지었을지도 몰라. 아무튼 마음이 무척 설렌 나는 창문을 내리고 차창 밖을 향해 소리를 지르고 싶은 걸 꾹 참았고, 덕분에 고장난 피리처럼 한숨인지 신음인지 모를 숨이 피식 새어나왔다.

'이건 진짜 말도 안 되는 일이야.'

우리는 도멘 클로드 뒤가에 도착했다. 도멘의 외관과 건물, 분위기는 지금까지 방문했던 곳들과 달랐다. 건물 자체도 와인의 명성에 기여하는 듯 역사적 상징성이나 위풍당당한 지위를 담거나 혹은 개인적으로 정성껏 가꾼 정원이라든지 미학적 취향을 담은 사유지 느낌이 아니었다. 그렇다고 실용적인 이유로만 지은 창고 느낌도 아니었다. 완전히 반대였다. 큰 감명을 받았는데 아주 담백했다. 소박하지만 간결하고 정갈하게 꾸려진 수도원 같았다. 건물을 들여다보면 돌의 색깔, 사이즈, 규격이 모두 제각각이었다. 애초에 이 건물 본연의 역할에 어떤 예술성이니 역사성이니 하는 거추장스러운 것들은 전혀 필요하지 않았던 것이다.

도멘이 나에게 질문을 하는 것 같았다. 수도원의 역할은 무엇인가? 수도원 건물이 으리으리하고 역사성과 상징성을 모두 담으며, 혹은 예술성을 띠고 미학적일 필요가 있는가? 그 본질에 맞게 필요한 것들을 위해 소박하고 담백하게 지어지면 되는 것 아닌가? '그런 거추장스러운 게 왜 필요해? 와이너리의 본질이 뭘데?' 그러고 보니 전체를 보았을 때 이 건물은 본질과 역할, 모든 것에 딱 알맞아 보였다. 주브리 샹베르탱의 가장 오래되고 가장 으리으리한 이름의 그랑 크뤼 포도밭 와인들이 이처럼 조용하고 소박하고 정갈한 도멘에서 만들어지다니. 분명 도멘의 주인도 이 모습을 닮았을 거라고 생각했다. 그때 단정한 체크무늬 셔츠를 입은 클로드 뒤가 선생님이 웃으며 걸어오셨다. 이본느와 클로드 뒤가 선생님은 서로 반갑다는듯 가볍게 포옹하며 인사를 나눴다. 나는 클로드 뒤가 선생님을 보고 최대한 활짝 웃으며 설렘을 담아 인사했다.

"초대해 주셔서 정말 감사합니다. 큰 영광이에요. 저희 부부는 한국인이고 선생님의 팬이랍니다."

클로드 뒤가 선생님은 약간의 놀람, 수줍음, 인상 깊음, 호기심,

칭찬에 대한 고마움이 뒤섞인 것 같은 겸손한 표정과 태도로 따뜻한 악수를 청하며 우리와 이본느에게 말했다.

"하하, 사실 난 실감이 안 나요. 한 번도 가본 적 없는 나라의 젊은이들이 나와 내 와인을 알고 있다니! 난 그저 평생 농사를 짓고 와인을 만들 뿐인데 참 멋진 일이군요."

"물론이죠. 선생님의 와인은 아시아에서도 명성이 높아요. 마주치기는 쉽지 않지만요."

"그래요? 나는 와인이 내 손을 떠나면 그 이후는 알 수가 없어요. 그때부턴 와인이 스스로 여행을 하는 셈이죠."

클로드 뒤가 선생님은 겸손하고 수줍은 듯 인자한 표정과 웃음을 지으며 말했다.

"선생님, 도멘 건물이 참 좋아요. 과하지도 부족하지도 않고 딱 알맞아 보여요. 돌로 만든 집인데 돌의 모양도 사이즈도 모두 제각각이지만 전체를 봤을 땐 무척 단정해 보여요."

주브리 샹베르탱이라는 마을 이름만으로도 수식할 것이 많다. 게다가 클로드 뒤가 와이너리에서 생산하는 그랑 크뤼 포도밭들은 역사성과 화려한 명성을 자랑한다. 이 정도 명성이라면, '내가 이렇게 엄청난 마을에서 엄청난 와인들을 생산합니다'라고 뽐내고 싶고 자랑하고 싶은 마음이 있을 법한데 그런 흔적은 찾아볼 수가 없었다. 대단히 인상적이었다.

"그래요? 1955년에 저희 아버지께서 구입하신 건물이죠. 원래는 마을의 수도원에서 운영하던 창고였어요. 그곳을 구입하여 개조하면서 우리 가족 양조장이 만들어진 거죠.”

수도원 같다는 나의 짐작이 맞아 내심 놀랐다. 이 담백함은 수도원 창고에서 나왔구나. 건물처럼 담백했을 클로드 뒤가 선생님의 아버지는 이곳을 구입하였고, 아버지와 똑같이 담백한 클로드 뒤가 선생님과 가족들은 묵묵히 이곳을 일구어 왔으리라. 중세식 수도원 창고를 개조한 와이너리 건물은 클로드 뒤가 와인 라벨에도 담백하게 그려져 있다.

클로드 뒤가 선생님을 따라 우리는 와인을 담은 오크통이 보관된 카브로 들어갔다. 약간의 주저함이나 고민도 없이 선생님은 와인 잔을 들고 오크통으로 향하더니 거대한 스포이드로 와인을 뽑아 건네 주었다.

“2013, 주브리 샹베르탱.”

수 년 전, 홍콩에서 내게 말을 걸었던 와인이 내 코 앞에 재등장했다. 그것도 와인을 직접 빚은 생산자의 손에서. 나는 추억에 잠길, ‘아, 이 와인을 직접 만들어진 곳에서 마시게 되다니’ 같은 잠시의 소회의 순간도 없이 와인을 한 모금 마셨다. 정말 깔끔하고 깨끗하고 담백했다. 군더더기라곤 찾아볼 수 없는, 탄탄한 근육이 붙었지만 당장이라도 가볍고 탄력있게 천장 위로 뛰어오를 것만 같은 생생한 체조 선수의 몸 같았다. 그런 사람의 몸엔 ‘군더더기’라곤 필요하지 않지. 중력을 거슬러 저 높이 회전하며 뛰어올랐다가 탄력있게 착지하기 위해서는 핵심만 깔끔하게, 대신 기량은 아주 생생히 남아 있어야 했다. 클로드 뒤가의 주브리 샹베르탱이 그랬다.

홍콩에서 내가 마주했던 주브리 샹베르탱과는 완전히 다른 캐릭터였다. 비록 한 와이너리의 같은 와인이라도 비슷한 DNA만 공유할 뿐 전혀 다른 외모와 성격과 스타일을 가진 형제들이니까. 때로는 형제임을 알아차리기 어려울 만큼 다르기도 하다. 비단 빈티지의 차이만이 아니다. 동일한 빈티지라 해도 병마다 다르다. 나는 가끔 생명력 있는 와인이 자신이 오픈되는 그날의 분위기, 인물들, 습도와 온도 등 모든 것을 고려해 맛과 향을 바꿔 나타나는 상상을 한다. 그 와인을 마시고 놀라는 사람을 보면 마치 일란성 쌍둥이가 똑같은 옷과 헤어스타일로 나타나 사람들이 혼란스러워 하는 것을 보며 성공한 듯 웃는 것과 같은 은밀한 희열을 느낀다.

"와, 정말 깔끔하고 깨끗하면서도 아주 생생하네요."

맑고 깔끔하고 담백하다, 애둘러 말하지 않고 스트레이트하다, 아주 직접적이고 직설적인데 전혀 무례하지 않고 부드럽다. 과실 향과 풍미도 생생하고 아주 쨍하지만 여전히 부드럽다, 오크의 터치마저 밸런스있다.

이윽고 클로드 뒤가 선생님은 2014년산 주브리 샹베르탱을 꺼내어 주셨다.

"2014년 와인이에요, MLF를 막 끝낸 어린 와인이죠. 어려운 빈티지라 쉽지 않았어요."

이제 막 자리를 잡아가는 와인답게 싱그러운 과일 향과 MLF의 영향인 듯한 고소한 풍미들이 올라왔다. 선생님은 바로 옆 배럴에서 와인을 한 잔 더 뽑아주셨다.

"2014년산, 같은 주브리 샹베르탱 마을급 와인이지만 이 와인은 아주 작은 특별한 땅 조각에서 생산한 와인이죠. 테루아르가 달라요. 앞선 와인들의 포도밭 토양에는 전반적으로 고운 점토 비율이 높다면 이 땅은 석회암의 비율이 더 높죠. 여긴 우리 가문이 7~8세대를 이어오며 오랫동안 경작한 땅이에요. 마을급 와인을 만드는 구획이라 조명을 받지 못해서 이 땅의 포도는 네그시앙에게 팔았죠. 하지만 이 포도가 특별한 것을 알게 된 후로는 주브리 샹베르탱 '라 마리'라는 이름으로 따로 병입하고 있어요. 생산량은 이 다섯 통의 오크 캐스크 정도로 소량이지만요. 한번 마셔보겠어요?"

루비 컬러의 영롱한 색이 무척 예뻤다. 삼나무 향과 감초 향이 싱싱하다 못해 달게 느껴졌다. 아주 힘 좋은 과실 풍미와 어우러진 덕분이었다. 과실 풍미에서 솟아오르는 힘이 넘실댔다. 아직 어린 와인이었지만 확연히 앞선 주브리 샹베르탱 와인들보다 좀 더 몸집이 있고 과실 풍미도 남성적인 느낌이 들었다.

클로드 뒤가 선생님은 이번엔 조금 뒤쪽 오크 배럴 줄로 자리를 옮겨 와인을 꺼내어 주었다.

"주브리 샹베르탱 프르미에 크뤼 와인이에요. 프르미에 크뤼 포도밭 와인들을 섞은 건데 보통 레 크레피요^{Les Craipillot}와 라 페리에르^{La Perrière} 두 포도밭 와인을 섞죠. 이 와인도 생산량이 얼마 안 돼요. 오크 캐스크 다섯 통 정도죠. 중간 정도로 토스트한 새 오크통만 100퍼센트로 사용했어요."

건네 받은 와인 잔에서부터 농축된 과실 풍미가 마구 올라왔다.

잘 익은 붉은 체리부터 딸기, 거기에 블랙베리 풍미까지 농축된데다 아직 오크통에서 자고 있는 어린 와인이어서 그런지 삼나무와 다크 초콜릿 풍미가 기분 좋게 감겼다. 산도도 좋고 타닌의 질감도 아주 고운 세련된 와인이었다. 모든 게 아주 편안하고 깔끔하고 산뜻한, 굉장히 매너가 좋은 친절하면서도 담백한 와인이었다.

"두 번째 프르미에 크뤼 와인, 라보 생 자크 와인이에요. 더 척박한 환경에서 자란 녀석들이에요. 포도밭이 더 높고 경사가 가파른 언덕 위에 있죠."

탄탄하고 산도와 타닌, 농축된 어두운 과실 계열의 풍미가 앞선 와인들에 비해 훨씬 더 치밀하고 꽉 찬 구조감을 선보였다. 그러면서도 아주 우아하고 기품 있었다. 약간의 미네랄리티도 느껴졌다. 역시 100퍼센트 새 오크통을 사용했다고 했지만 오크의 풍미를 크게 알아차리지 못할 정도로 전반적으로 촘촘히 층층이 여러 겹으로 쌓여 복합미를 만들어내는 듯했다.

프르미에 크뤼 와인까지 끝마치자 클로드 뒤가 선생님은 준비가 됐냐는 듯 웃으며 나를 바라보았다. 지금까지 마신 와인도 너무 훌륭하고 탄탄했는데 정말 가늠할 수 없고 상상하지 못할 정도의 전설적인 와인들을 만나볼 차례였다. 그것도 직접 빚은 와인 메이커의 손으로 뽑은 와인들을. 거침없는 발걸음과 몸짓으로 클로드 뒤가 선생님은 와인 한 잔을 금세 뽑아내 우리에게 건네었다.

"그랑 크뤼, 샴 샹베르탱Charm Chambertin 와인이에요."

클로드 뒤가의 그랑 크뤼 삼총사 중 막내 와인이다. 와인을 한 모금 마시고 탄성을 내뱉었다. 아, 이건 정말 정력적이었다. 여느 소설이나 영화에서나 나올 듯한 캐릭터다. 영국이든 프랑스든 어느 귀족 가문에 여러 형제가 있는데, 그중 남자 주인공의 막냇동생쯤 되는, 아주 정력적이면서 서글서글하고 다소 자유분방하며 운동도 아주 잘 하는, 그래서 인기도 많지만 어쩐지 한곳에는 정착하지 못하고 다소 터프한, 하지만 아주 잘 다듬어져 세련되고 귀족적이다. 반드시 막냇동생일 필요는 없다. 남자 주인공의 사촌이나 친척 혹은 친한 친구 중에 종종 등장하는 그런 호방한 인물이랄까. 과실의 농축미가 아주 풍성하고 관대하게 흘러넘친다. 그러면서도 귀족이라면 갖추었을 법한 세련되고 섬세한 측면—그러니까 향기로운 꽃향기라든지 어떤 미네랄리티가 곳곳에서 발견되며 정제된 우아함이 있다. 직설적인 화법이 관대하고 시원스럽고 호탕한 태도와 뒤섞여 매력이 되었다. 다만 타닌의 질감이 다소 거친 느낌도 있다. 하지만 여전히 호방하고 정력적이다.

"이 와인은 그랑 크뤼 그리오트 샹베르탱이에요. 샹베르탱 포도밭 밑에 아주 작은 그랑 크뤼죠. 샴 샹베르탱이나 샹베르탱 포도밭에 비하면 면적이 매우 작아서 포도밭 소유주도 많지 않고요. 매해 오크 캐스크 두 통 정도만 생산하죠. 600병 정도 될까요."

클로드 뒤가 선생님의 말처럼 그리오트 샹베르탱 포도밭은 주브리 샹베르탱에서 아주 작은 그랑 크뤼 포도밭에 속한다. 소유주도 많지 않기 때문에 클로드 뒤가의 대표 그랑 크뤼 와인 중 하나다. 와인을 마시며 다시금 감탄했다. '아, 뭐 이런 와인을 만들지?' 싶은 생각마저 들었다. 엄청난 귀족이나 왕족을 알현하는 기분이었는데 '이분'은 마치 뼛속부터 고귀한 혈통으로 자란 범접할 수 없는 공주님 같았다. 이런 식으로 와인을 표현하는 나 자신이 다소 어색하지만 정말이었다. 생기 넘치면서 아름답고 우아하고 관대하고 조화로운 온갖 붉은 과실의 풍미가 고급스럽게 향연을 벌였다. 이건 '아주 잘 익었다', '농축미가 좋다' 정도가 아닌 굉장히 고급스럽고, 우아하고 섬세한 풍미였다. 달콤함 또한 뭐랄까, 정성을 다해 예술적으로 만들었을 것 같은 매우 정교한 디저트의 달콤함이었다. 스타일이 샴 상베르탱과는 완전히 다른데 그 둘을 관통하는 귀족적이고 관대한 뉘앙스가 남매로 보이게 했다. 눈이 부시게 예쁘고 청순했다. 깔끔한 산도와 미네랄리티가 너무도 세련되었다. 단순히 '예쁘다', '아름답다'가 아닌 직관적으로 범접하기 어려운 귀족스러움이 있었다. 맙소사, 이렇게 담백하고 겸손한 클로드 뒤가 선생님의 손에서 빚어진 이토록 귀족적인 와인이라니! 선생님의 체크무늬 셔츠, 막 입은 것 같은 점퍼, 작업용 신발, 무엇보다 더할 나위 없이 겸손한 표정과 웃음과 농부의 투박한 손, 이 소박한 중세식 수도원 건물 속 카브에서 프랑스 왕궁을 방문하여 고귀한 공주를 알현하다니. 이건 정말 예삿일이 아니었다. 마지막 와인을 마실 때까지 머릿속은 어떤 공주를 닮았을까로 꽉 차 있었다. 마리 앙투아네트의 귀족적 자태와 젊음과 닮아있을 것 같았지만 그녀보다는 훨씬 덜 교만하고 자비로울 것 같다. 아키텐의 엘레오노르의 부유한 유년기와 세련된 감각은 공유할 것 같지만 자유분방하고 정력적이진 않다. 이사벨라 왕비처럼 아름답지만 정치적이고 야망에 차 있진 않다. 이런 저런 프랑스의 왕비와 공주 들을 바쁘게 떠올리며 들뜬 나의 감탄에 클로드 뒤가 선생님은 무척 즐거워하셨다. 물론 남편과 이본느도 재미있어 했다.

그러는 사이 클로드 뒤가 선생님은 그랑 크뤼 삼총사의 마지막 와인을 따르고 있었다.

"샤펠 샹베르탱."

클로드 뒤가 선생님은 다른 부연 설명 없이 와인을 건넸고 나도 선생님을 따라 '샤펠 샹베르탱'이라 외친 후 한 모금 마셨다. 지극히 개인적인 생각이지만 클로드 뒤가 그랑 크뤼 삼총사 중 아무래도 가장 평판이 높고(세 포도밭 모두 유명하지만) 말하자면 맏이 같은 상징성을 가진 와인이랄까? 와인을 마신 후에 머릿속에 꽉 차는 이미지가 있어 숨을 크게 내뱉듯 말했다.

"나폴레옹 같아요."

최전성기에 전장을 누비던 나폴레옹 황제가 떠올랐다. 나폴레옹의 위풍당당함을 묘사한 자크 루이 다비드의 〈알프스 산맥을 넘는 나폴레옹〉의 모습 같달까. 알프스 산을 넘는 그 웅장함, 용맹함, 생생함. 샤펠 샹베르탱의 위풍당당함은 차원이 달랐다. 클로드 뒤가의 와인은 어떤 인물이나 캐릭터처럼, 미술 작품이나 음악처럼 하나의 성격과 생각을 가진 존재처럼 생생하게 표현되는 깊은 컬러감, 위풍당당하고 폭발할 것 같은 느낌이 있었다. 에너지, 농축미, 넓고 웅장한 스케일. 어쩌면 드보르자크의 〈첼로 협주곡 B단조〉의

1악장같이 속도감 있고, 첼로와 호른의 연주처럼 대담하고 웅장했다. 와인의 웅장함에 압도당했다면 과장일까? 하지만 정말 그렇게 생각했다.

여덟 개의 와인을 테이스팅하는 시간은 마치 강약이 완벽하게 조절되어 숨도 못 쉴 만큼 재미있고 흥미진진한 장편 소설을 밤새 읽는 것 같았다. 엄청난 흡인력의 영화를 가슴 졸이며 기승전결에 몰입돼 따라가며 보는 것만 같았고, 매 악장 감수성의 높낮이를 모두 건드리는 오케스트라의 공연을 보는 것만 같았다. 그렇게 나는 이 모든 걸 기록해야 한다는 생각으로 작은 수첩과 볼펜을 지니고 쉼 없이 메모했다. 한 손에 와인잔을 들고 한 모금 마셨다가 다시 배럴 위에 수첩을 기대어 두었다가 떼기를 반복하며 기록할 수 있는 최대한 많은 단어들을 적었다.

클로드 뒤가 선생님은 카브의 오래된 와인들을 보관한 곳으로 우리를 안내했다. 1970년대 와인들이라고 하셨는데 거미줄처럼 곰팡이가 피어 있었다. 어떤 이유인지 묻진 않았지만 클로드 뒤가 선생님은 ‘와인병을 보관하는 데 때로는 곰팡이가 좋은 역할을 할 수도 있죠. 그래서 어느 정도만 관리하고 내버려둔답니다’라고 말했다. 그러면서 우리가 마신 와인 배럴에서 약간 거리가 있는 반대쪽으로 우리를 안내했고, 조심스럽게 나와 남편에게 물었다.

“혹시, 브랜디도 좋아해요?”

예상치 못한 질문이었지만 나와 남편은 이구동성으로 “네 물론이죠”하고 진심으로 대답했다. 남편은 모든 종류의 증류주를 좋아한다. 나는 좋아하지는 않지만 유일하게 브랜디는 마신다. 클로드 뒤가 선생님은 우리의 열렬한 대답에 수줍어 하시며 배럴에서 브랜디를 뽑아 와인잔에 담아 주었다. 브랜디는 포도를 원료로 만든 증류주다. 코냑과 아르마냑은 브랜디의 일종으로 각각 프랑스의 코냑 지역, 아르마냑 지역에서 정해진 방식대로 만들어야 그 이름으로 불릴 수 있다. 그 외 지역에서 같은 방식으로 만든 제품은 일반적으로 '브랜디'라고 부른다.

"부르고뉴에는 와인 메이커들이 모이는 저녁 연회가 있답니다. 일종의 와인 생산자들의 축제죠. 그때 선보일 브랜디예요. 2013년에 배럴에 넣어서 숙성이 아직 덜 되었어요."

클로드 뒤가의 브랜디는 달콤했다. 상업적으로 출시하는 것이 아니라 축제에서 친구들과 마실 브랜디라 디저트 와인처럼 살짝 달콤하게 만들었다고 덧붙이며 어떠냐고 물어보셨다. 이렇게 개인적인 작업물까지 우리에게 공유하며 의견까지 물으시니 마치 선생님의 친구가 된 것 같아 기분이 좋으면서도 이 모든 상황이 비현실적으로 느껴졌다.

"그리고 이것도."

또 다른 오크 배럴에 스포이드를 넣으며 클로드 뒤가 선생님이 말했다.

"이건 마크 드 부르고뉴인데 이탈리아의 그라파grappa처럼 포도주를 만들기 위해 포도를 압착하고 남은 껍질을 증류시켜 만든 술이죠. 2002년부터 숙성시킨 녀석인데 테이스팅해 볼래요?"

물론, 해야죠!라고 말하려는데 나보다 더 적극적으로 남편이 와인잔을 받았다. 이건 정말 소름이 돋을 정도였다. 살구, 말린 자두, 무화과, 꿀, 흰 꽃, 오렌지 껍질, 넛츠, 헤이즐넛. 마크 드 부르고뉴를 몇 번 마셔본 적이 있는데 이 정도로 농축된 풍미가 아니었다.

"맙소사, 이제 다른 브랜디나 마크 드 부르고뉴, 그라파는 못 마시겠는데요."

남편이 말했다.

"상업적으로 출시를 안 하신다고요?"

그는 매우 진지했다.

"하하, 그냥 개인적인 거죠. 친구와 가족과 마시기 위한 것이지 출시할 계획은 없어요. 지극히 개인적인 취미랄까…"

이렇게나 맛있고 훌륭한 증류주를 '개인적인 취미'라고 하다니. 거장의 카브에 온 것을 다시금 실감했다. 다신 마실 수 없는 한잔이라고 생각하니 더욱 이 맛을 기억해야 한다는 의무감이 들었다. 남편도 눈을 감고 음미하는 듯했다. 물론 다른 와인들도 소량 생산이라 평생 다시 마실 기회가 거의 없다는 것은 마찬가지지만, '개인적인' 브랜디나 마크 드 부르고뉴는 다른 차원의 것이었다. 오직 그의 카브에 초대되어 그가 따라주어야만 마실 수 있다. 그런 의미에서 처음 본 젊은 부부에게 시간과 품을 내주고 별것 아닐지 모를 나의 표현과 묘사 들에 기꺼이 즐거워해 준 클로드 뒤가 선생님에게 너무 감사했다. 우리는 한 시간이 넘도록 클로드 뒤가의 카브에서 웃고 마시고 즐거워하며 시간을 보냈다. 이별이 아쉬울 만큼 친밀한 대화를 나눈 우리는 서로를 따뜻하게 꼭 안아 주었다.

"이렇게 시간을 내주셔서 감사해요. 워낙 바쁜 시기일 텐데."

"하하, 아니에요. 이제 반 은퇴를 한 셈이라 그리 바쁘지 않아요. 아들딸이 실질적인 것들을 하고 나는 이렇게 브랜치를 만들고 친구들과 마시면서 손님들을 맞이하는 걸 더 즐겨 보려고 해요."

"은퇴가 언제죠? 은퇴를 아직 공식적으로 하진 않은 거죠?"

이본느가 물었다.

"이제 슬슬 손 떼야지. 거의 은퇴한 것이나 다름없지만 말이야. 허허."

그렇게 부르고뉴 여행의 시작이자 끝이 된 주브리 샹베르탱 그리고 클로드 뒤가 선생님에게 진심을 담은 감사의 인사를 드리고 자동차에 탔다.

이제 정말, 모든 일정이 끝났다.

클로드 뒤가 선생님은 우리가 방문했던 2015년 빈티지 양조를 끝으로, 아들 베르트랑Bertrand과 딸 레티티아Laetitia에게 와이너리 경영과 양조를 물려주고 공식적으로 은퇴하셨다. 여전히 클로드 뒤가 와인은 주브리 샹베르탱의 정수를 담은 아주 정교하고 세련된 와인으로 사랑받고 있다.

와인 리스트

1 Claude Dugat, Gevrey-Chambertin, 2013

    (클로드 뒤가, 주브리 샹베르탱)

2 Claude Dugat, Gevrey-Chambertin, 2014

(클로드 뒤가, 주브리 샹베르탱)

3 laude Dugat, Gevrey-Chambertin La Marie, 2014

(클로드 뒤가, 주브리 샹베르탱 라 마리)

4 Claude Dugat, Gevrey-Chambertin Premier Cru, 2013

(클로드 뒤가, 주브리 샹베르탱 프르미에 크뤼)

5 Claude Dugat, Gevrey-Chambertin Premier Cru, Lavaux Saint-Jacques, 2013

(클로드 뒤가, 주브리 샹베르탱 프르미에 크뤼, 라보 생 자크)

6 Claude Dugat, Charmes-Chambertin Grand Cru, 2013

(클로드 뒤가, 샴 샹베르탱 그랑 크뤼)

7. Claude Dugat, Griotte-Chambertin Grand Cru, 2013

(클로드 뒤가, 그리오트 샹베르탱 그랑 크뤼)

8. Claude Dugat, Chapelle-Chambertin Grand Cru, 2013

(클로드 뒤가, 샤펠 샹베르탱 그랑 크뤼)

9,10 클로드 뒤가의 '개인적인' 브랜디와 마크 드 부르고뉴

——— 코트 드 뉘 주요 와인 마을 ———

코트 도르 언덕의 북쪽 편인 코트 드 뉘는 전체 와인 생산량의 약 95퍼센트가 레드 와인이다. 전 세계적으로 가장 비싼 와인들이 이

지역에 집중되어 있다.

마르사네

코트 도르 언덕이 시작되는 가장 북쪽에 위치한, 코트 드 뉘에서 가장 늦은 1987년에 AOC에 승격된 와인 생산지 마을이다. 전통적으로 인지도가 낮은 마을로 아직 프르미에 크뤼나 그랑 크뤼 포도밭이 없다. 하지만 최근 부르고뉴 와인의 가격이 상승하고 큰 인기를 끌면서 마르사네를 기반으로 한 와이너리들이 좋은 평가를 얻으며 약진하고 있다. 특히 마르사네 마을 테루아르에 대한 관심과 연구가 높아지면서 새로운 프르미에 크뤼 포도밭 탄생을 기대하고 있다. 레드와 화이트 모두 생산하지만 레드가 주력이다. 부르고뉴에서는 희귀하게 로제를 생산하는데 품질이 상당히 높다.

픽생

생산지로 비교적 늦게 등록되었고 프르미에 크뤼 포도밭이 6개다. 젊은 와인 생산자들이 마을의 인지도와 마을 와인의 품질을 알리기 위해 노력하고 있고 테루아르에 대한 연구가 활발히 이루어지고 있다. 코트 드 뉘에서 아직까지는 접근 가능한 가격대를 형성하고 있지만 날이 갈수록 품질이 눈에 띄게 향상되고 있는 생산지다.

주브리 샹베르탱

전통적, 역사적으로 부르고뉴 황금의 언덕 코트 도르에서 가장 유명하고 인기가 많으며 최고급의 와인을 생산하는 간판 와인 생산지다. 총 9개의 그랑 크뤼 포도밭을 보유하고 있으며 타 지역의 그랑 크뤼 만큼 품질과 명성을 자랑하는 프르미에 크뤼 포도밭도 여럿 보유하고 있다. 코트 드 뉘에서 가장 남성적이면서 몸집이 크고 동시에 기품있고 우아한 와인을 만든다는 평을 듣는다.

그랑 크뤼: Chambertin(샹베르탱), Chambertin-Clos de Bèze(샹베르탱 클로 드 베즈), Chapelle-Chambertin(샤펠 샹베르탱), Charmes-Chambertin(샴 샹베르탱), Griotte-Chambertin(그리오트 샹베르탱), Latricières-Chambertin(라트리시에르 샹베르탱), Mazis-Chambertin(마지 샹베르탱), Mazoyère-Chambertin(마조예르 샹베르탱), Ruchottes-Chambertin(루쇼트 샹베르탱)

모레 생 드니

위아래로 유명 마을 사이에 끼어있는 작은 마을이다. 그렇기 때문에 두 지역 와인의 개성을 섞어놓은 듯 묘사하는 경향이 있지만 특유의 섬세하고 우아하고 단단한 과실 풍미를 가지고 있다. 또한 역사가 깊은 5개의 그랑 크뤼 포도밭을 소유하고 있다.

그랑 크뤼: Clos Saint-Denis(클로 생 드니), Clos de la Roche(클로 드 라 로슈), Clos des Lambrays(클로 데 랑브레), Clos de Tart(클로 드 타르), Bonnes Mares(본 마르)

샹볼 뮈지니

'보석'과도 같다는 평을 듣는 마을이다. 샹볼 뮈지니의 와인에는 순수하고 매혹적인 측면이 있다. 다이아몬드처럼 반짝이며 화려한 면모도 있고 독특한 스파이스를 가진 것이 특징이다. 그랑 크뤼 포도밭은 2개뿐이지만 품질이 매우 높고 매력적인 프르미에 크뤼 포도밭들이 포진해 있다.

그랑 크뤼: Musigny(뮈지니), Bonnes Mares(본 마르)

부조

부르고뉴의 역사적 심장이라 불리는 마을이다. 중서 시대 부르고뉴 포도밭을 깊게 연구하고 현재까지 테루아르 중심의 체계를 잡은 시토회 수도사들이 처음 포도밭 농사와 와인 양조를 시작한 본거지다. 현재도 '샤토 뒤 클로 드 부조'에서 타스트뱅 기사단이 정기적으로 모임을 하고, 부르고뉴의 미식과 양조 문화를 지켜간다. 부조 마을은 그랑 크뤼 포도밭은 '클로 드 부조' 하나 뿐이지만 마을 면적의 80퍼센트 이상 차지한다는 점이 독특하다. 때문에 시중에서 마을급 부조 와인과 프르미에 크뤼 와인을 쉽게 찾아보기는 어렵다.

그랑 크뤼: Clos de Vougeot(클로 드 부조)

본 로마네

자타 공인 슈퍼스타 와인 생산 마을답게 전 세계에서 가장 비싼

와인들을 배출하는 곳이다. 압도적 그랑 크뤼 포도밭들을 보유하고
있다. 본 로마네 와인에는 와인에 붙을 수 있는 좋은 수식어가 죄다
붙는다. 놀랍도록 향기로운 꽃향기가 특징적이며 부드럽고 매끄러
운 질감과 복합미, 농축미, 긴 피니시 등을 꼽을 수 있다. 세상에서
가장 아름다운 와인을 생산하는 와인 생산지로 알려져 있다.

그랑 크뤼: Echézeaux(에셰조), Grands-Echézeaux(그랑 데셰조), (에
셰조와 그랑 데셰조는 플라제 에셰조 마을 소속이지만 규모가 작고, 본 로마
네 마을의 와인과 비슷한 부분이 많아 본 로마네 마을 소속 그랑 크뤼로 묶인
다.) Romanée-Conti(로마네 콩티), La Romanée(라 로마네), Romanée
Saint-Vivant(로마네 생 비방), Richebourg(리쉬부르), La Tâche(라 타슈),
La Grande Rue(라 그랑드 뤼)

뉘 생 조르주

코트 드 뉘의 가장 남단에 위치한 마을로 그랑 크뤼는 없으나 41
개의 프르미에 크뤼 포도밭을 보유하고 있다. 전반적으로 생기 가
득하고 친근한 와인을 생산한다. 유명 코트 드 뉘 마을들에 비해 정
교함이나 우아함은 떨어지지만 친근하고 소박한 스타일의 와인을
생산하며 흙내음 등의 어씨한 개성이 두드러지는 편이다.

일곱째 날
그리고 에필로그

──── **기록의 끝, 부르고뉴를 떠나며** ────

여행의 기록은 여기까지다. 클로드 뒤가 와이너리를 방문한 이후로 나는 글도 사진도 남기지 않았다. 부르고뉴를 떠나 파리로 이동했는데 파리에서도 마찬가지였다. 디종과 부르고뉴 와이너리에서 내 모든 기록의 힘을 쏟았기 때문에 더 이상 열심히 기록할 힘이 없어졌는지도 모르겠다.

클로드 뒤가 와이너리 방문을 끝으로 이본느 부인과도 마지막 인사를 했다. 숙소까지 차를 태워준 그녀는 참 좋은 시간이었고 이별이 아쉽다는 듯 나와 남편을 꼭 안아 주고 숙소 앞에서 사진도 찍었다. 이본느 부인은 쾌활하고 프로페셔널하고 열정적이고 내게 참 좋은 인상으로 남은 사람이다. 내 인생 전체를 통틀어도 함께한 시간이 단 3일뿐인데 10년이 지난 지금도 그녀의 표정이나 발걸음, 말투까지 생생하게 기억난다. 그녀의 자동차, 자동차 내부의 비좁은 공간, 그녀가 신은 신발과 그녀의 트렌치 코트와 가방 색깔, 가방을 매고 풀던 그녀만의 방식과 머리 색깔. 이런 기억은 지금도 남아 있는 한 장의 사진 덕분이겠지. 글을 쓰는 동안 내가 이본느 부인에게 부르고뉴 기행을 책으로 쓰고 싶다면서 책이 나오면 한 권 보내주겠다고 했다는 것을 남편이 말해줬다. 나는 화들짝 놀라 '내가?'라고 되물었다. 여행을 다녀온 한참 후에 끄적이면서 책을 만들겠다고 생각했는데 이미 여행 중에 생각했었다니 놀라웠다. 남편의 말을 듣고 생각해 보니 그런 이유로 내가 이렇게 열심히 기록을 한 것에 수긍이 갔다. '책을 쓸 운명이었나 보다. 이렇게 많은 기록이 남아 있다니!' 기특하다고 생각하면서 작업을 했는데. 아무튼 어찌된 영문인지 당시에 책을 쓰면 보내 주겠다고 말한 그 글이 10년이 지나서야 비로소 완성되니 묘한 감정이 든다. 정확히 어떤 감정인지는 모르겠다. 그동안 뭐 하느라 이렇게 오래 걸렸을까 하는 생각과 동시에 이제라도 완성한 것에 대한 안도감이 뒤섞였다.

  마지막 날 저녁, 우리는 너무 배가 고파 숙소 앞 작은 비스트로에서 따뜻한 스튜를 허겁지겁 먹었다. 결혼식 당일 저녁이 생각났다. 결혼식에서 뇌가 멈춘 것처럼 기억을 잃고 1시간가량 미소를 짓고 있다가 식이 끝난 후 서로를 바라보며 정신을 차린 우리는 너무 배가 고파 겨우 옷만 갈아입고 스키야키를 먹으러 갔다. 나는 신부화장에 올림 머리 그대로, 남편은 스프레이로 빳빳하게 세운 머리 그대로인 채 허겁지겁 음식을 먹어 치웠다. 그제야 우리가 부부가 되었다는 따뜻한 생각이 들었다. 부르고뉴에서 스튜를 먹던 마지막 날도 그랬다. 10년을 지나 돌이켜봐도 그날은 내 인생에서 예상치 못한 놀랍고 멋지고 소중한 하루였다. 행복했다기보다는 너무 놀라서 어떻게든 이 순간을 모조리 담아 두고 싶어 온 힘을 다 쓴 하루이기도 했다. 그 시간들을 따뜻한 스튜에 녹이며 허겁지겁 허기를 채운 다음 그제야 현실감이 돌아왔던 것 같다. '아, 내가 이토록 꿈 같은 멋진 시간을 보냈구나. 이제 내일이면 꿈을 꾼 것처럼 여기를 떠나는구나.'

부르고뉴에서 예상치 못한 우연들이 마치 계획된 것처럼 완벽하게 맞물려 꿈 같던 시간을 보낸 것이 무색하게, 다음 날 일찍 다급하게 파리로 이동한 우리는 도시 속의 평범한 관광객이 되어 있었다. 이른 아침에 헐레벌떡 일어나 급히 짐을 챙겨 기차를 놓칠까 봐 택시를 타고, 아름다운 다락방이 있던 숙소를 나왔다. 해가 뜨기도 전에 서둘러 나오느라 디종과는 제대로 인사도 하지 못했다. 적절한 예인지 모르겠지만 남녀가 로맨틱한 하룻밤을 보내고 한 사람이 인사도 하지 않은 채 살금살금 떠나버리는 영화의 한 장면 같았다. 남은 사람은 허무, 아쉬움, 대체 어젯밤은 뭐였나, 억울한 기분마저 들지 않을까? 물론 인사도 없이 도망치듯 가버린 쪽은 나였지만. 그래서인지 늘 그날의 마지막이 아쉽고 마음에 걸렸다.

10년이 지난 지금, 그래도 그 모든 기억과 기록 들을 붙잡고 글을 완성하고 나니 그나마 마지막 날의 아쉬움이 조금은 달래지는 듯하다. 10년 만에 재회해 '기차 시간 때문이었어. 파리에서도 일정이 있었고'라고 오해를 풀고, 비록 10년이나 연락하지 못했지만 난 늘 널 그리워했어. 내 인생에서 너와의 일주일이 너무도 소중했기에 늘 기록하고 보관하고 지니고 다녔어. 덕분에 와인 공부도 하고

내 인생의 전환점이었음을 설명하고 글이 이토록 늦어진 이유도 이
야기하며, 글을 쓰면서 얼마나 행복했는지 모른다고. 10년 만에 글
을 완성해 오늘 네 앞에 섰다고—이제야 떳떳하게 말할 수 있게 된
기분이랄까. 어쩐지 과몰입인 것 같지만 그 정도로 부르고뉴에서의
일주일은 늘 내 안에 가지고 있던 '빚'이었다. 고마운 빚, 10년 만에
그 빚을 갚을 수 있게 되었다.

　이게 가능할까 생각했던 시간이 많았다. 10년 전 단 일주일의 기
억 그리고 어떻게든 그 순간을 놓지 않겠다고 조깃한 수첩과 종이
에 적어둔 기록, 수 차례 이사를 하면서도 지니고 다닌 종잇조각들.
다행히도 마른 뼈에 살이 붙고 끝내 생명을 불어넣은 것처럼 나의
마른 뼈에도 살이 붙고, 한편의 글로 완성되었다. 이제야 아쉬움과
고마움과 애틋함을 뒤로 하고 넘어갈 수 있을 것 같다. 마지막 날
제대로 하지 못한 이별 인사를 이제야 기쁘게 할 수 있을 것 같다.
오늘 밤엔 뜨끈한 스튜를 와구와구 먹어야겠다.

참고 자료

- 곰브리치, E. H. 『서양 미술사』, 예경, 2001
- 양정무, 『난처한 미술 이야기』, 민음사, 2018
- 요한 하위징아, 『중세의 가을』, 을유문화사, 2006
- 이진숙, 『시대를 훔친 미술』, 민음사, 2015
- Chase, Sarah Leah. *Pedaling Through Burgundy*, Workman Publishing, 1995
- Curtis, Charles MW. *The Original Grand Crus of Burgundy*, WineAlpha, 2014
- Demossier, Marion. *Burgundy: The Global Story of Terroir*, Berghahn Books, 2018
- Landrieu-Lussigny, Marie-Hélène & Pitiot, Sylvain. *Climats et lieux-dits des grands vignobles de Bourgogne*, Éditions du Meridien, 2012
- Nanson, Bill. The Finest Wines of Burgundy: A Guide to the Best Producers of the Côte d'Or and Their Wines, Aurum Press, 2012
- Norman, Remington. *The Great Domaines of Burgundy*, Mitchell Beazley, 2010
- Preston, B.G.Dijon, *France – A Starting Point Travel Guide*, 2021
- Roberts, Andrew. Napoleon: A Life, Penguin Books, 2014
- Robinson, Jancis. *The Oxford Companion to Wine*, Oxford University Press, 2015
- Shattock, Alan. *Dreaming in Dijon*, Trafford Publishing, 2008
- Tebben, Maryann. *Savoir-Faire: A History of Food in France*, Reaktion Books, 2020
- BIVB – Bourgogne Wines Official Website. www.bourgogne-wines.com
- Burgundy Tourism Official Website. www.burgundy-tourism.com